국수는 돈이다

제면의 원리를 알면 상품이 보인다

국수는 돈이다 제면의 원리를 알면 상품이 보인다

2022년 7월 25일 초판 인쇄
2022년 8월 1일 초판 발행

지은이 | 차욱진
발행인 | 윤용호
발행처 | 석학당 출판사
등 록 | 2001.10.23 제10-2238호
주 소 | 서울시 마포구 토정로 222(서울시 마포구 신수동 448-6)
전 화 | 02) 719-6116
팩 스 | 02) 719-6120
홈페이지 | http://www.shdbooks.co.kr
전자우편 | sdh6116@achol.com

N : 979-11-87621-48-5

18,000 원

국수는 돈이다

차욱진 지음

도서출판 석학당

머리말

평범 속에 비범이 숨어 있는 제면의 원리를 정확히 알게 되면, 변함없이 사랑받는 국수 시대에 걸맞은 맛과 제품 개발을 하여, 삶의 목표를 한층 앞당기고 성공할 수 있을 것이다.

본인이 발효공학을 전공하면서 익힌 발효의 오묘함에 대한 호기심은 제면연구 개발의 시작이 되었다. 1976년 삼립식품주식회사(현 SPC삼립)에 입사해서 24년 동안 제면, 제과, 제빵을 비롯해서 외식산업, 냉동식품, 조리식품 등을 연구 개발, 생산, 실무 업무를 담당하면서 더욱 발전하였다.

1980년도 일본우동 기술 도입으로 하이면이 도입되고 정착되는 과정에서 김맛 하이면의 시리즈 냉동면, 가락국수 등의 제품 기술을 섭렵하고, 첨가물, 면 스프 개발을 위한 일본 연수를 지속적으로 받았다.

한편 미국농무성 초청 연사로서 미국산 소맥의 제면성 세미나에서 주제 강연을 하였으며, 이는 미국 소맥협회에 동양 국수에 맞는 밀 개량 필요성과 특성을 이해시키는 계기가 되었다.

고속도로 휴게소에 우동 판매를 비롯해서 100여 군데 국수 체인사업부를 수행하면서 제면 사업부가 전격 시작되었다. 이로써 다양한 우동류와 라면의 개발 판매가 이루어졌다. 또한 유탕면인 중화라면, 호탕면, 청라면, 라조라면과 기름에 튀기지 않은 건라면인 샤우면의 개발과 생산을 맡게 되는 등 많은 노력으로 다양한 제면 기술을 터득하고 본격적으로 다양한 제품을 생산하게 되었다.

제면 기술은 동양에서 시작된 기술이고 제빵 기술은 서양 문화에서 시작된 것이다. 하지만 제면 기술은 문헌이나 기술로 정립된 것을 찾기가 어려워 많은 애로를 겪었다. 그래서 그동안 연구실에서의 제품 개발, 생산 현장에서 얻은 내용을 밑바탕으로 제면 관련 문헌, 기술 정보 검색 등으로 보충하여 석사, 박사 논문을 완성했고 현장에 적용하여 완성도를 높였다.

한국과학기술정보연구원(KISTI) 전문위원으로 7년 동안 연구하여 최신 기술 정보를 활용기도 했다. 대학교에서 20년 동안 교수 연구 생활, 현장 실무를 바탕으로 산학협동을 주선하며 정년을 마쳤다. 이후에 ISO 22000 심사원으로서 식품공장 심사 활동을 통해 현장 기술을 점검하며 기술 적응의 현주소를 볼 수 있었고, 식품기술사로서 식품가공 분야에서 면류의 NCS 국가직무능력 표준화 집필 작업 등을 하고 늦게나마 본격적으로 출간을 결심하게 되었다.

제면 기술 저서가 평소에 절실히 요구되어, 그동안 실무과정에서 얻은 기술과 국내외 기술 모은 것들을 정리 차원에서 출간하게 되었다.

면은 인류의 탄생과 함께 식품의 오랜 역사 속에서 제조 과정과 방법, 가공 기술이 참으로 다양하게 발전해 왔다. 사람들의 국수에 대한 사랑은 대단하다. 전국 온 동네에 국수 가게가 없는 곳이 없고, 새참에서 한 끼의 주식으로 또한 귀한 손님맞이 비즈니스 메뉴로도 발전하게 되었다. 이제는 전 세계 어느 곳에서도 그 나라의 다양한 국수 메뉴가 생활의 명품이 되고 맛집의 자랑거리가 되었다.

그만큼 국수는 보통의 식사를 넘어 즐거움과 대화 속의 성찬이 되었다. 우리나라 긴 역사 속에서 선조들의 지혜로 탄생된 전통국수가 더욱 발전되어 미래의 먹거리로 계속 사랑을 받게 될 것이다.

이번에 이 시대에 공감하는 차원에서 출간하게 되었고, 국수에 관심이 있는 모든 분들에게 국수의 제면 경험을 알려 주고 싶었다. 세계적으로 식품산업에 영향을 주는 제면 산업 발전이 보탬이 되어 대한민국 제면 K푸드가 더욱 발전하게 되고, 국수 사업전반의 지속적인 번창을 기대해 본다.

2022년 7월

저자 **차 욱 진**

차 례

CHAPTER **01**

면의 유래

1 면 원료 밀의 유래

면의 유래는 원료인 밀의 기원을 아는 데서 시작된다. 밀의 기원과 전파는 지중해 동쪽 해안인 옛 팔레스타인, 시리아, 요르단 일대와 북쪽으로 터키와 코카서스, 동쪽으로는 아프가니스탄의 지중해성 기후지역 일대에 야생종의 밀이 자생하였고, 터키의 신석기 유적조사에서 기원전 7000년경을 중심으로 맥류 경작이 시작되고, 기원전 5000년경에는 인도, 중국, 영국 등지에서도 경작된 것으로 추정되고 있다.[1)]

우리나라에 유입된 경로는 기원전 2~1세기경 지중해 농경 문화가 동쪽으로 전파된 경로를 따라 페르시아, 티베트를 지나 동쪽의 끝, 미얀마 북부, 운남의 서단을 포함하는 일대에 집중되었다가 몽고, 중국을 거쳐 우리나라에 들어와 일본으로 전파된 것으로 본다.

국수는 한글 고유의 말이나 한자로 쓸 때는 국수(掬水)라고 쓴 것이 많다. 삶은 면을 헹군 뒤에 「물속에서 건져 올린다」라는 의미를 가진 국수라고 하는 문자를 사용한 것이다.[2)]

1) 이성우, "동아시아 속의 한국면류사고(J. East Asian of Dietary Life)", 2(2), p.181-200, 1992.

국수의 재료는 밀가루를 비롯한 쌀, 메밀가루, 곡류 및 서류의 전분가루 등이 쓰이고 있다. 중국의 경우에는 밀가루가 주로 쓰이고 우리나라와 일본에서는 메밀가루, 기후적으로 밀의 재배가 곤란한 중국의 남부, 동남아시아에서는 쌀이 주로 쓰이고 있다. 우리나라는 기후 풍토 면에서 쌀 농사에 비하여 밀 재배가 그다지 적합하지 못한 연유로 밀가루가 확고한 주곡의 위치를 차지하지 못했다.

우리나라 밀 재배는 백제시대의 군창(軍倉)에서 밀이 쌀, 보리, 녹두, 귀리, 콩, 팥 등과 함께 출토되었고 그 출토된 양이 쌀, 보리, 녹두 다음으로 많았던 것으로 미루어 삼국시대에 밀농사를 지었음은 확실하다. 한편 메밀을 보면 메밀의 원산지가 한대지역을 제외한 동아시아 북부 특히 만주지방 흑룡강 상류 연안 일대와 바이칼호 일대라 한다. 따라서 메밀도 상고시대로부터 우리나라의 중요한 곡물이었다.[3)]

2 우리나라의 면의 유래

면의 시대적 배경을 나누어 보면 주원료인 곡류의 작황상태 파악이 필요하며, 역사적 토출유물, 문헌, 기술지 등으로 유추할 수 있다.

맥(麥)류의 재배가 시작된 시기는 삼국시대 이전인 고조선시대로 보고 있고 삼국시대에는 밤과 함께 맥류가 주곡을 형성하였다. 여하 간에 맥류가 삼국시대에 전국에 걸쳐 재배방법이 三國史記를 통하여 알려졌다. 고고학적 견해에 따르면 청동기시대에 들어서면서 보리, 콩, 팥, 조, 수수, 기장, 쌀 등 오곡의 형성을 보아 왔고 보리가 청동기시대에 재배되고 있었던 근거는 여주 지방의 유적에서 조, 수수, 쌀과 함께 보리가 출토되었기 때문이다.

맥류 중에는 대맥(大麥)에 이어 소맥(小麥)의 재배 사실이 확인된 것은 초기 철기시대에서 이미 강원도 고성의 패총에서 쌀과 함께 밀이 출토되었고, 김해에서

---

2) 石毛直道, 윤서석 외 8명 역자, 문화면류학의 첫걸음, 신광출판사, 2000.
3) 장지현, 한국전래 면류음식사 연구, 수학사, p.374-414, 1994.

쌀, 보리, 조, 콩, 팥 등과 함께 밀이 출토됨으로써 초기 철기시대까지 밀, 보리가 전국적으로 확산, 재배되어 있었다는 것이 고고학적으로 뒷받침되고 있다.

우리나라 국토에서 맥류가 재배되기 시작된 것은 청동기 시대로 맥류 중 대맥(大麥)이 청동기시대에 재배가 시작된 뒤에 소맥이 초기 철기시대에 뒤이어 재배되고 있다는 사실이 고고학적으로 뒷받침 된다면 맥류의 식용기원을 청동기대로 볼 수 있다. 소맥이 초기 철기시대 이래 확인되었다면 삼국형성기 이전에 우리나라는 맥류식이 보편화되고 있었다는 것을 알 수 있다.

맥류가 어떤 형태로 식용되고 있었는지는 정확히 가려낼 수 없지만 대체로 그 특성으로 미루어 분식(粉食) 위주의 음식이 주종을 이루었을 것으로 추정된다. 품종에 따라 립(粒)식(食)도 가능하지만 철기시대에 이미 맷돌이 출현하였던 것으로 보아 맥류의 제분이 가능하였을 뿐만 아니라 양산화도 가능하였던 것으로 미루어 소립(小粒)곡인 조, 피, 기장과 함께 분식이 유행되었을 것으로 믿어진다.

따라서 맥류의 재배배경과 함께 확인된 맷돌의 이용배경으로 보아 삼국형성기 이전부터 면류음식이 식용기원을 삼국 형성기로 접근시킬 수 있다는 것이 문헌상의 배경으로 미루어 보나 고고학적 배경으로 살펴보아도 무리하지 않는다. 더더욱 철기시대에는 이미 조리도구도 토기(土器), 석기(石器)에서 철기로 전환되고 있다는 것을 짐작한다면 어떤 형태로든 면류 음식은 삼국형성기에 이미 자리잡고 있었다고 본다.

우리나라에서 국수의 상품화가 이루어진 시기가 고려시대이고, 불교가 고려시대의 국교가 되면서 사찰의 경제력이 생기게 되었고 제면업도 함께 관장하게 되어 국수의 상품화가 시작되었다. 그 이후 임원십육지(林原十六地)에서 국수집에서 쓰던 국수틀을 소개하였는데, 이는 국수의 상품화가 계속되었다는 것을 짐작케 한다. 또한 일반가정집에서도 작은 크기의 국수틀을 상비하는 경우가 많았고, 보통 단단한 나무로 된 안반과 면봉을 구비해 두고 칼국수를 만들었다고 기록한다.

고려사 성종 8년(989) 최승노의 덕을 기리기 위한 하사 품목 중 포 1,000필, 麵 3백석, 쌀 6백석, 乳香 100량, 大茶 100斤을 부조하였다라는 것에서 밀가루가 왕의 하사품목에 등장할 정도로 면은 밀가루이고 귀한 것으로 상류사회에서 주로 이용되고 있다는 것을 말해주고 있다.

면은 아직 세속적으로는 밀가루를 가리키고 있고 고려도경에서는 당시 밀이 적어서 중국 화북지방에서 사들여오니 밀가루가 매우 비싸서 큰 행사가 아니면 쓰지 않았다고 나타났다. 그러나 부족하였지만 국수는 없었던 것은 아니다.

또 면이 중국사신의 견문기록인 『高麗圖經(1123년)』을 보면 "음식이 여러 가지 나오는데 국수가 맨 먼저 나온다"라는 기록으로 국수가 대중화되지 않은 특수 음식으로 시사해 주고 있다. 또한 고려사 같은 문헌상에 사대부들의 제사에 국수를 썼다고 한 것을 보면 국수는 상류사회의 음식이었던 것으로 사료된다.

그리고 이 시대의 국수는 아무나 만들어 먹었던 일상식이 아니었고, 두부처럼 절에서 국수를 만들어 팔았다는 기록도 있다.

서경의 『高麗圖經』에서 1167년 송나라 서경이 개성에 머물면서 당대의 고려 사회의 풍물을 전하는 서적에 면류 음식으로 대접을 받았던 사례 기록에서 "서경이 돛을 단 배를 타고 송나라 사신들과 해양사정을 두루 살피기 위해 황해바다의 여러 섬을 들렀을 때 사람을 보내 음식을 대접하였는데 이때 음식이 10여종이었는데 면 음식이 먼저이고 해물은 진기하였다. 음식을 담은 그릇은 금과 은을 많이 쓰고 청색자기도 섞여 있다. 쟁반과 소반은 거의 나무로 만들고 옻칠이 되어 있다." 여기서 면류가 정립되어 있을 뿐만 아니라 간식 혹은 간편식으로 면류가 부상하고 있다는 것이다.

조선시대에 와서 신숙주에 의해 완성된 『국조오례의(國朝五禮儀, 1474)』 중 사대부에서 서민에 이르기까지 제사음식을 제한하면서 차례상의 음식 내용을 보면 六品 이상의 관직에 있는 공인에게만 과실, 채소, 포, 식혜, 떡, 국, 술 등과 함께 면류 즉 국수가 허용되고 있다는 것을 말해주고 있다.

『亂中日記(1595)』의 일지 중에 慶尙水使가 찾아와 권수사의 생일이라 하기에 造麵(국수를 만든다)하고 술을 마셔 몹시 취해서 가야금을 들으며 피리를 불면서 날이 저문 뒤에 생일 축하연을 마쳤다 한 것이다.

선조 29년(1596년) 허준의 『동의보감(東醫寶鑑)』에 보면 〈麵〉과 면을 이용한 조리음식 〈한식면(寒食麵)〉의 한글 번역을 麵을 밀ᄀᆞᄅᆞ로 표시했고 寒食麵을 한식날 ᄆᆡᆼ근 밀ᄀᆞᄅᆞ 국수로 혼용하였다.

오희문의 『쇄미록(碎米錄, 1599)』에 보면 정유재란이 일어난 지 2년 후의 일로 문가의 제사상을 위한 음식 중 백미 2斗로 떡을 만들고 백미 9升으로 밥을 짓고, 木末(교맥분(蕎麥粉), 메밀가루) 8승(昇)으로 국수를 만들었다. 당대까지만 하여도 면이 국수류 즉 麵類 음식을 대변하고 있고 면류의 원료도 소맥, 교맥분 등 곡류의 종류에 제한 두지 않고 그들 분말로 면이 만들어지고 있었다는 강력히 뒷받침되고 있다.

조선 전기에 『노걸대언해(老乞大諺解)』에 보면 "습면(濕麵)"이 대역으로 〈즌국슈〉라 하였다.

습면은 젖은 국수로 온면(溫麵)을 말한다.

『방언류석(方言類釋, 1778)』에 보면 면이 우리나라에서 〈국슈〉로 받아들이고 있다는 것이고 중국에서는 〈면〉이라 하고 만주족은 〈항스〉라고 하고 몽고족의 방언으로는 〈호로해부다가〉, 일본에서는 〈소우멘(素麵)〉이라 하였다고 밝혔다.

농업경영과 유통경제의 관련서적 서유구의 금화경독기(金華耕讀記, 1827)에 중국의 국수인 삭면(索麵 : 가는 면)을 우리나라에서 국수라고 표현하였다.

農家十二月俗詩(1861)에서 면은 원래 밀가루를 뜻하였다고 한 것으로 보아 중국에서 밀이 전래된 이래 우리나라 사람들이 麵을 국수라는 의미로 사용한 듯하다. 중국에서는 밀가루의 뜻을 지닌 면으로 만든 모든 제품을 병(餠)이라고 하였다.

조선시대 이후의 문헌에 등장한 전통국수는 60여종에 이르며 수제비는 15종이 넘는다.

우리나라의 전통국수를 정리하면 〈표 1-1〉과 같다. 표에서 보듯이 우리나라 국수의 주요 재료는 메밀가루이다.

우리나라는 풍토상 밀농사에 적합하지 않으므로 밀은 일부 고장에서 또는 일부 副作物로 재배되었으나 메밀은 상고시대에서부터 우리나라의 주요 곡물이었다.

메밀(蕎麥)을 탈피하여 깨끗하게 정제한 것을 국수 반죽에 쓰이는데 이것을 백국이라고 한다. 궁중에서는 메밀국수(白麵)를 가장 으뜸으로 쳤으며 국물은 꿩고기를 삶은 육수를 썼다고 한다.

표 1-1 우리나라의 전통면류 종류

출처	이 름	재 료	반 죽 법
음식디미방	면(메밀국수)	메밀, 쌀 5승에 거피하여 불려 건진 녹두 한복자	정제한 메밀을 거피하여 불린 녹두와 석서에 갈아 더운 물로 눅게 반죽
	시면(녹말국수)	녹두녹말 2승, 밀가루 7홉의 비	밀가루 죽에 녹두말을 섞어 반죽
	토장(녹두나화)	시면가루, 깨국	시면가루를 중탕으로 익혀 식혀줌
	탁면(착면)	녹말가루, 오미자국	토장과 같은 반죽
	별착면	밀가루, 토장가루깨국, 오미자국	밀가루와 녹말을 동량으로 반죽
	차면	고운 메밀가루, 밀가루 또는 녹말	메밀가루에 녹말, 밀가루 섞어 반죽
	난면	밀가루, 달걀	밀가루에 달걀을 섞어 반죽
증보산림경제	목맥면(木麥麵)	메밀쌀 한말, 거피한 녹두 2승	메밀국수와 유사
	갈분면(葛粉麵)	갈분, 녹두녹말	
	창면(昌麵)	녹말가루, 오미자 또는 두을죽국	
	사면(絲麵)	녹두녹말	녹말을 물에 개어 바가지 구멍으로 흘리면서 끓는 물에 넣어 익혀 건짐
	산서면(山庶麵)	산서	일반국수법과 같음
규합총서	화면(花麵)	녹말가루, 진달래꽃, 오미자국	진달래꽃에 녹말 묻혀 익혀 오미자에 띄어낸 것
	난면(卵麵)	밀가루, 달걀노른자, 오미자국	밀가루에 달걀흰자를 섞어 반죽
	왜면(倭麵)	왜면, 오미자국이나 깨국	
	메밀국수	메밀가루, 녹말가루	
	난면	밀가루, 달걀, 오미자국, 깨국, 장국, 표고, 생선	
	냉면	메밀국수, 미나리, 파, 밤, 유자, 석유	
	약면	녹말응이순것에 콩가루, 깨간 것, 달걀 반죽한 국수, 오미자국, 깨국, 장국	
시의전서	온면	메밀국수, 장국, 웃기	
	밀국수	밀가루, 달걀, 꿀 또는 날콩가루, 오미자국, 닭국, 꿀, 고추, 부추, 양념	
	콩국 국수	밀국수, 콩, 석이, 호박, 고추	
	냉면	메밀국수, 장국, 고기, 석이, 깨소금, 실고추	
	장국냉면	메밀국수, 고기장국, 석이, 실고추	
	비빔국수	국수, 숙주나물, 묵	

메밀가루는 점성이 작으므로 녹말을 섞어 익반죽을 하며 밀가루를 사용하는 경우에는 반죽을 단단하게 하기 위하여 달걀로 반죽을 하였다. 이와 같이 국수의 물성적인 측면뿐만 아니라 메밀이나 밀에 우리환경에서 구할 수 있는 콩이나 깨를 섞어 영양을 고려한 점이 우리국수 문화의 한 측면이다.

오늘날 보편적인 냉면은 飮食法(1854년)에, 비빔국수는 시의 전서(19세기 말)에 기록되어 있어 냉면은 18세기 이후에 우리나라에 정착된 것으로 생각된다.

3 우리나라 면(麵) 음식 문화

오늘날의 '국수'라는 우리나라 낱말을 공용명칭으로는 면(麵, 麪)의 한자표기가 우리나라를 비롯하여 중국, 일본 등의 동북아시아의 면류 음식 문화권 내에 공종하고 있다. 우리나라의 전통적인 음식에서 면 음식이 중요한 역할을 해 왔다고 생각된다.[4)]

면(麵)이라는 것은 맥말(麥末)로서 밀가루로 만든 국슈, 국수(匊水)로 정약용의 시비(是非論)에서 나타났다. 쌀의 낱알 형태인 입식(粒食)을 주식으로 삼아왔던 배경에서 본다면 면 음식의 조리 문화는 주식을 보완하는 음식은 분명하다. 그러나 가루 음식의 차원에서 보면 면 음식은 만두류, 떡류 등의 분식으로 만들어져 있었던 음식들과는 인연이 깊어 주식을 보완하는 간식류의 역할을 하여 온 것이 문헌상으로도 명확하다.

전래의 면류 음식들은 선조들의 음식 문화 속에서 불가분의 관계를 유지하면서 조선조 말기까지 계승된 특별 음식으로 정착된 것이다.

고려 시대부터 국가, 종단, 집안에서의 차례나 추모의 뜻을 가리는 의미의 제사 음식인 제향(祭享)음식으로 내려왔고, 백일 잔치에서 길(吉)을 상징하는 국수는 돌상의 필수식품이고, 수명이 길기를 기원하는 뜻으로 어른의 생일 잔치에 쓰이는

---

4) 장지현, 한국전래 면류음식사 연구, 수학사, p.14, 1994.

생신(生辰)음식, 설날에 쓰이는 세시(歲時)음식, 부부의 인연이 길기를 기원하는 원하는 뜻으로 혼례식이나 귀하신 손님에 대접하는 접대(接待)음식, 국가난이나 어려운 식량난을 극복하기 위한 비상식량 역할로 생활에서 수제비 등과 같은 면으로 한끼를 해결해주었던 구황(救荒) 음식으로 없어서는 안될 음식으로 내려왔다.

이외에도 계절의 별식, 간단한 접객상차림의 주격음식, 평소의 점심용, 일품요리형 음식 등으로 쓰여오고 있다.

전통국수 이외에 1920년대 이후 화교에 의하여 우리 음식화가 된 짜장면류의 중국식 국수, 일본의 우동, 소바류가 도입되고, 1960년대부터 이미 정부에서 집중관리하는 물가 관리의 대상 품목으로 짜장면, 라면 등이 우리나라의 국수문화에 큰 비중을 차지하고 있다.[5] 일본국수의 파급에 이어 서양 음식법의 국수의 도입, 라면의 보급, 스파게티의 도입 등으로 국수 문화의 일대 변혁이 일어나 외식산업 및 간식으로 우리 식사메뉴에 큰 자리를 잡아가고 있다.

4 세계적인 국수의 유래 배경

세계적으로 인정받은 국수의 유적으로 가장 오래된 것은 2500년 전 중국의 서부 신장 위구르 자치 지역의 투르판의 화염산(火焰山) 주거지역에서 발견되었다. 현재 전통 국수 라그만(laghman)과 유사한 모양의 화석이다.[6]

국수란 말의 기원은 지금으로부터 2000년 전 중국의 한시대(漢時代)에 처음 기록되었는데 밀가루로 만든 대중화된 식품의 역사의 기록은 東漢때부터이다. 밀가루 식문화에 있어 유럽이 빵의 문화였다면 아시아는 면의 문화라고 할 수 있다.[7]

국수는 동양의 중국에서 실크로드를 통해 서양으로 간 국수 문화로 성장한 서양국수인 마카로니(Macaroni)나 스파게티(Spaghetti)제품과 구별하기 위여 동양국수

5) 양세욱, 짜장면전, 프로네시스, p.147, 2009.
6) 농촌진흥청. 국수 만화경. RDA 인테러뱅, 2013.7.31(105호).
7) Bin Xiao Fu, “Asian noodles : History, classification, raw materials, and processing”, Food Research International, 41, pp.888~902, 2008.

(Oriental noodle)라고 부르기도 한다.[8)9)]

東漢시대에는 후한대(後漢代)에 이르러 비로소 『사민월령(四民月令)』 밀가루를 삶은 것 자병(煮餅), 위진(魏晉)시에는 물에 삶은 밀가루 탕병(湯餅)이라고 했다. 당나라 때는 찬물에서 건져 올린 냉면(冷麪)이라 했고 명나라 때는 탕면(湯麵)으로 불리웠다. 이 중 "냉면(冷麵), 열면(熱麵)은 모두 다 오늘날의 삶은 국수(過水麵)이며 탕면은 오늘날의 온국수의 뜻을 지니고 있다. 실제로 국수라는 명칭으로 불리우게 된 것은 당, 송나라 때였다.[10)]

면으로 만든 음식은 『방언류역(方言類繹)』이나 『급취편(急就篇)』에서는 한결같이 병(餠)이라고 기록하고 있으며 『제민요술(齊民要術)』(500년대 초)에서는 국수를 병(餠)에 소속시켜 곡물을 선상(線狀)으로 가공한 것을 수인병(水引餠)이라 하였다.[11)]

당시대(唐時代)에는 칼국수에 대한 기록이 있으며, 송시대(宋時代)에는 밀가루 제품인 병(餠)에서 국수를 독립시켜 면류(麵類)라 이르게 되어 밀가루 이외의 곡물로 만든 국수도 면류라고 부르게 되었다.

중국어 사전인 『사해(辭海)』에서는 "면(麵)이란 곡물의 가루를 가리키는 것으로, 특히 밀가루를 가리키지만 옥수수가루(玉米麵), 백미가루(白米麵), 좁쌀가루(小米麵)도 면(麵)이다"라고 기록하고 있다.

일본은 지금부터 1200년 전, 奈良時代의 律令制 하에서 귀족 문화가 번성한 시대에 중국의 수(隋)·당(唐)문화의 도입 때 전래문물 속에 당(唐)과자와 면 유사식품이 도입되었다.

우동(うどん)은 서기 894년 鎌倉時代 시대 스님에 의해 중국에서 도입되어 사원에서 수업 중 아침 저녁 두 번의 식사 사이에 점심(点心)의 가벼운 음식으로 시작되었다. 饂飩을 비롯한 점심은 불교행사, 집회 등 대접용으로 국물에 나물 등을

8) 서명수, 산시, 석탄국수, 나남, 2014.
9) KBS 누들로드 제작팀 이욱정, 누들로드, 예담, 2009.
10) 齊民要術, 9권, 餠法, 第 82條.
11) 王 藴編著, 飮食天地出版社 出版, 1984년 7월 출간.

곁들인 것이다. 또 이런 식습관이 얼마 지나지 않아 2번 식사의 일본인의 식생활을 3번 식사로 바꾸는 계기가 되었다. 또한「うどん屋」,「そば屋」등에서 우동이 대중 음식으로 되었고 明治時代가 되면서 도쿄에서 '나베야키 우동(鍋焼うどん)', 오사카에서는 '키츠네 우동(きつねうどん)'이 태어나 일반 서민의 음식으로 정착해 본격적인 제면 기계가 개발된 것도 이 시대이다.

소바(そば)가 국수로 보급된 것은 에도시대에 들어간 이후이다. 그때까지 소바는 배합방법을 몰랐기 때문에 국수모양으로 성형할 수 없었고, 소바 반죽이나 소바 만두로 해서 먹을 수밖에 없었다. 寛永年間(1624~1644年)에 우리나라 조선의 元珍 스님에 의해 배합방법이 알려지면서 메밀국수로서 급속히 발전에 이른 것이다. 이것은 당시에는「そばきり」라는 명칭으로 불렸다.

1965년 소화40년 삿포로 라면이 폭발적인 인기를 불러, 중화면이 우동, 소바 생산량을 능가할 정도의 기세를 나타냈다. 즉석라면이 처음 등장한 것은 1958년 닛신식품이 개발한 '치킨라면'이 제1호로 인스턴트 라면으로 등장했다.

1976년 9월 컵면의 등장으로 다시 인기는 고조되고 국제적인 식품으로서 세계에 퍼지고 있다.[12)]

밀가루 식문화에 있어 유럽이 빵의 문화였다면 아시아는 면의 문화라고 할 수 있다. 입사한 이후 40여 년 동안 처음 밀가루를 이용해서 제빵의 원리를 이해하고 터득하는 과정에서 국수와 무발효빵의 반죽 과정이 거의 비슷해서 빵 만들고 남은 반죽을 현재 굽지 않고 삶아 먹는 수제비와 유사해서 응용해 조리를 할 수 있는 가능성을 조금이나마 이해할 수 있을 것 같다.

베트남, 태국 등의 동남아시아의 쌀 주식 문화 속에서 전통적인 쌀국수가 있다. 베트남은 중국과의 오랜 교류를 통해 남방지역의 쌀국수를 들여왔으며 자국 식재료와의 결합을 통해 독특한 요리문화를 형성하였다.

880년 중반까지 베트남은 소고기를 먹지 않았으나 하노이를 중심으로 쇠고기와 주식 쌀을 습식 처리하여 분쇄하여 만든 쌀국수를 함께 먹기 시작했다. 쌀국수의

---

12) 小田聞多, 新めんの本, 식품산업신문사, p.143-148, 일본.

퍼(Pho)의 어원도 프랑스의 식사를 뜻하는 포토푀(pot au feu : 불처럼 뜨거운 그릇)의 푀(feu)에서 기인한다. 1950년대 이후 소고기 쌀국수를 팔면서 조리법이 유행되었다.

태국은 중국의 다이족에 의해서 쌀 분식(粉食)이 전래되었다. 태국의 면 문화는 인도네시아, 라오스뿐만 아니라 네덜란드에도 영향을 주고 바미(bami)는 중국의 라미엔(拉麵), 미폭(麵薄)과 형태가 흡사하다.[13)]

5 국수 산업의 변화와 발전

해방 후 발간한 조선말 큰사전[14)]에 따르면 "국수는 음식의 한 가지로 메밀가루나 밀가루나 감자가루 따위를 반죽하거나 혹은 얇게 밀어서 가늘게 썰고, 혹은 가는 국수를 구멍으로 내리 눌러서 흘러 빠지게 함, 이것을 삶아 장국 따위에 말아서 먹음"이라고 되어 있다. 식품의약품안전청의 식품공전상에서 "면류라 함은 곡분 또는 전분 등을 주원료로 하여 성형, 열처리, 건조 등을 한 것으로 생면, 숙면, 건면, 유탕면을 말한다" 정의하고 있다.[15)] 일반적으로 국수류는 원료에 물과 기타 원료를 넣어 반죽하고 면대를 형성한 다음 잘라서 만들거나 반죽을 압출하여 만든 제품이다. 국수류의 원료로는 주로 밀가루가 쓰이나, 전분, 메밀가루, 녹두가루(또는 전분), 쌀가루 등이 쓰이기도 한다. 면류는 원료의 종류, 제조 방법, 제품의 성상 등에 따라 그 종류가 매우 다양하다.

오늘날의 〈국수〉란 우리나라 낱말을 뒷받침하고 있는 통용 호칭으로 〈麪〉, 〈麵〉, 〈粫〉의 한자표기가 우리나라를 비롯하여 중국, 일본 등 동남아시아의 유사 음식문화권 내에 공존하고 있다. 우리나라에서는 국수의 원료를 중국과 달리 밀가루에 한정하지 않고 메밀가루, 녹두가루, 고구마, 감자 전분 등을 써 온 것으로 보

13) 농촌진흥청, 글로벌화 되어가는 국수의 세계, RDA 인테러뱅, 2013.7.31(105호).
14) 조선말큰사전(hangeul.or.kr), 1957.10.19 한글학회, 을유문화사, p.423
15) www.foodsafetykorea.go.kr/foodcode/식품의약품안전처 홈페이지/식품 및 식품첨가물 공전

인다. 우리나라의 독특한 국수 형태로서는 칼국수, 냉면, 당면 등을 들 수 있다. 국수의 재료는 세계적으로 보면 밀가루를 비롯한 쌀가루, 메밀가루, 녹말가루 등이 쓰이고 있다.

중국의 경우에는 밀가루가, 우리나라와 일본에서는 메밀가루가, 기후적으로 밀의 재배가 곤란한 중국의 남부, 동남아시아에서는 쌀이 주로 쓰이고 있다.

세계적으로 국수는 지리적, 사회적, 문화적 환경의 영향을 받아 발전하고 있다. 경제수준이 급속히 높아짐에 따라 국민들의 생활 수준도 향상되어 식생활에도 많은 변화가 오고 있다. 최근 식품에 대한 소비자의 기호는 다양화, 고급화, 건강 혹은 천연 지향화 및 간편화의 경향을 나타내고 있다. 한편 사회가 더욱 산업화되고 가정도 핵가족화 되면서 바쁜 도시생활과 여성의 사회 참여 기회가 늘어남에 따라 주부의 가사노동시간 단축이 요구되고 있고 코로나 사태를 통해 가공 식품의 인스턴트화나 배달 조리의 간편화는 식생활의 필수조건으로 되어가고 있다.

이제는 전통식품이며 산업적으로 중요한 식품의 면류는 간식이 아닌 주식의 자리를 지키게 되었으며 매우 다양한 고객의 요구에 따라 종류의 제품들이 끊임없이 개발되고 있다.

음식에 대한 선호도는 국내 · 외의 사회적 환경과 외래문화, 국제화의 영향으로 시대적으로 변화되었다. 한민족이 정착한 풍토에 순응하고 생업에 맞추어 이룩한 전래음식은 변모하는 생활 풍조 속에서도 항상 기본 바탕을 뿌리를 이루어왔다.

오랫동안 나라마다 전통적인 여러 가지 방법을 통해 검증되어온 식품의 하나로 국수가 탄생된 것 같다. 그 중에서 우리의 식생활에 큰 몫을 차지하고 있는 부분이 면류 가공제품인 국수라고 생각된다.

그 예의 하나로 예전부터 우리 문화에서 국수는 福이 길게 이어지기를 바라는 마음이 담긴 상징물이라 할 수 있고, 행복의 음식으로 長壽, 祝福 등을 기원하는 생일, 혼례, 회갑례 등의 자리에 주로 올려졌던 음식으로 내려왔다.[16]

70년대 우리나라의 식품산업은 정부 정책 산업인 중화학 공업 및 기간산업 육

---

16) 장지현, 한국전래 면류음식사 연구, 수학사, p.374-414, 1994.

성책의 우선 순위에 밀려 정책적인 지원을 받지 못함은 물론 소비 산업으로 타 산업 분야에 비하여 기술 수준이 식품 선진국과 비교해 보면 뒤지고 있는 실정이었으나 90년대 초부터 한국산업의 수출 지향과 K-food라는 식품의 세계화로 식품 산업이 발전하게 되었다. 오늘날 쌀에 이어 제2의 식량으로 자리잡고 있다.

식품의약품안전처의 식품 생산실적 통계에 따르면 2016년도 면류의 총 생산량은 932,880톤이며, 총 생산액은 2,510,105,403천 원으로, 총 식품 생산량의 약 2.65%, 총 생산액의 약 5.25%를 차지함으로써, 식품산업에서 면류가 차지하는 비율이 높음을 알 수 있다.[17)]

소득 수준의 증대, 코로나 사태로 건강에 대한 관심도 증가, 인구의 고령화, 1인 세대 증가 현상 등 사회 변화가 다양해질 것으로 예상됨에 따라 향후 신제품 개발 및 마케팅 동향은 다음과 같은 방향으로 전개될 것으로 예상된다.

첫째, 건강 지향 및 프리미엄 제품 개발이다. 전반적인 가공식품의 판매 감소에도 불구하고 이른바 웰빙을 추구하는 건강 지향, 프리미엄 제품들이 높은 성장세를 기록했다. 따라서 업체들은 면 소재의 다양화 및 고급화, 오리지널 식감 확대, 생면류의 다양한 제품 개발, 원재료의 맛과 영양을 최대한 간직한 스프 기술의 혁신 등 연구개발이 활발해질 전망이다.

둘째, 목표 지향적 제품 차별화이다. 라면의 주 소비층이라 할 수 있는 청소년층의 절대 인구수 감소와 고령화에 따라 다양한 연령층을 대상으로 한 제품 개발이 이루어질 전망이다. 따라서 기존의 소품종 대량생산 체제에서 다품종 소량생산 체제로의 전환과 이에 따른 생산성 향상 및 영업 효율화가 중요한 과제가 될 전망이다.

셋째, 안전성에 대한 강화이다. 전제 가공식품의 안전에 대한 관심이 고조되는 사회적 현상에 따라 면에 대한 올바른 정보를 제공하고 안전성에 대한 홍보를 강화하는 등 소비자들의 불안 요인을 보다 적극적으로 해소해 나갈 것으로 보인다.

---

17) 식품의약품안전처, 2016년 식품 및 식품첨가물생산실적, 식품의약품안전처, (정책-식품-2016), 24.

넷째, 코로나 사태 이후 전세계적으로 식품 비상사태를 대비한 전략상품으로 전환되어 농업의 중요성을 인식하여 식품의 원료가 비축되고 소비자에게 과소비, 폐기율 감소에 대한 인식과 더불어 자연적으로 가격상승요인으로 제조의 원가가 상승될 것으로 보인다.

다섯째, 코로나 시대로 인한 재택 및 거리두기로 온라인판매의 택배가 급상승하게 되어 포장 기술 향상, 신선화의 극대화, 기후 변화, 친환경적이고 폐기물 간소로 인한 eco 포장 기술이 발달될 것이다.

여섯째, 앞서 소개한 우리나라의 전통면류의 종류에서 보듯이 그 지역의 고유의 다양한 식재료와 생활이 숨어 있는 요리기술과 잘 적용된 탕조적인 국수를 볼 수 있다. 우리나라의 전통적인 국수는 세계적인 국수로 탄생될 수 있는 무한한 가능성이 크다.

선조의 지혜와 전통으로 내려오는 우리 식문화에 대한 발굴과 맛 재현의 꾸준한 연구로 우리나라 국수가 세계적인 맛으로 발전될 것이다.

CHAPTER 02

제면 원료

1 주원료

1) 밀가루

(1) 국내 밀(小麥, wheat)의 수급현황

밀(wheat, *Triticum asetivm*)은 쌀, 옥수수와 함께 세계적으로 가장 널리 재배되는 중요한 곡물이다. 밀의 품종은 수천 종이 있으나 실용상 중요한 것은 20여종이다. 크게 구분하면 보통 밀과 마카로니나 스파게티를 만드는 듀럼 밀로 나눈다.

국수의 원료인 밀의 사용량을 보면 국내산 소비율 비중은 0.2% 수준으로 대부분 외국에서 원료인 식용밀을 수입하여 국내에서 제분 및 가공하고 있다. 수입산 소맥분 대비 3배 이상 가격이 높고, 다품종 소량 재배 등 경작 환경이 취약한 관계로 국내산 소맥분 사용률은 1% 미만 수준이다. 식용밀 주요 수입국으로는 미국과 호주이며, 미국에 대한 수입 의존도는 지속해서 증가하고 있는 것으로 나타나고 터키산 식용밀 사용이 2018년 이후 지속적으로 증가하고 있으며, 호주, 캐나다, 프랑스 수입 규모가 감소하고 있다.

2019년 기준으로 수입밀은 총량 229.5만 톤으로 미국산 107.8만 톤(46.9%), 호주산 107.6만 톤(46.8%), 캐나다산 13.6만 톤(5.9%), 기타 0.5만 톤(0.2%)을 차지하였다.[18] 국내 생산량은 3만 톤(자급률 1% 미만 내외)으로 취약한 상황이다. 2019년 기준 소맥분 사용량을 살펴보면, 총 132만 4,820톤으로 면류가 41.1%로 가장 큰 비중을 나타내고 있으며, 이어서 빵류(15.7%), 과자류(12.9%), 비식품류(8.0%), 장류(3.9%) 순이다.[19]

특히 밀가루 소비량 중 제면용은 약 80%가 인스턴트면인 라면 제조에 사용되었으며 나머지 20% 정도가 여러 형태의 국수로 소비되었다.

점차 국내밀의 사용요구가 높아지고 정부의 국내밀 재배 정책 장려로서 2003년 국산 밀 재배 면적 3,281 ha에서 10,000톤 생산, 2004년은 재배면적 3,792 ha에서 12,600톤이 되었으나, 2020년 밀 재배면적은 약 5,200 ha로 지난해의 3,700헥타르보다는 약 40% 늘어났다. 이는 지난해 2019년 정부가 무려 35년 만에 밀 수매비축을 재개했기 때문인 것으로 풀이된다. 농식품부는 2020년산 밀 3천 톤을 40 kg당 3만 9천 원 선에 수매할 계획이다.[20]

향후 면시장의 방향은 고도성장 산업에서 저성장으로의 변화 및 경쟁 업종으로 시장의 특성이 변화됨에 따른 소비자 욕구의 다양화, 시장의 세분화, 대량 판매에서 소량다품종으로 제품의 수명이 줄어드는 현상이 나타나고 있다.

(2) 밀의 생육에 따른 특성

보통밀은 다시 밀 단백질인 글루텐의 함량에 따라 경질 맥과 연질 맥으로 나누고, 경작시기에 따라 봄에 파종하여 여름에 수확하는 춘소맥(春小麥)과 가을에 파종하여 초여름에 수확하는 추소맥(秋小麥), 원맥의 색이 붉은색을 띠면 적색, 하얀색을 띠면 백맥으로 구분한다.

밀은 크게 나누어 밀알의 단단함에 따라 경질맥(硬質麥)과 연질맥(軟質麥)으로 구분된다. 글루텐 함량이 많고 단단한 밀을 경질맥이라고 하며, 단백질 함량이 적고 상대적으로 전분 함량이 높은 밀알이 무른 밀을 연질맥이라고 한다. 단단한 경

18) 한국제분공업협회, 한국제분공업 현황, 2005.
19) 한국농수산식품유통공사, 2021.
20) 농림부, 식품산업종합 통계, 한국농촌경제연구원, 2005.

질맥보다 연질맥에서 얻은 밀가루의 입자가 곱다.

〈표 2-1〉에서 일반적으로 경질맥은 단백질 함량이 많고 반대로 연질맥은 단백질 함량이 다소 낮다. 일반적으로 수타형식으로 만드는 칼국수, 우동, 소면, 가락국수는 연질밀을 스파게티, 빵, 라면, 일부 건면은 경질맥을 사용한다.

면의 적성으로는 전분입자의 단단함과 연함이 중요하다. 일반적으로 밀이 단단하면 단백질량이 많은 경향이 있는 것과 같이 전분입자도 단단한 경향이 보인다. 반대로 밀이 연질이면 전분입자도 연질인 경우가 많지만 예외도 있다.

〈표 2-1〉 원료밀의 종류와 밀가루의 특징

원료밀	용 도	단백질량 (%)	글루텐질	회분함량 (%)	구 분
경질밀	제빵용	11.0~13.5	강하다	0.4~0.5	강력분
중간경질, 연질	국수, 다목적용	9~11	부드럽다	0.4	중력분
연질밀	제과용	7~9	아주 부드럽다	0.4 이하	박력분

(3) 밀의 구조

밀은 구조적으로 배아(germ), 내배유(endosperm)와 껍질(bran) 등 세 부분으로 구성된다. 쌀, 보리 등의 곡류와는 달리 배유부가 무르기 때문에 도정을 하면 쉽게 부스러지므로 보통 제분하여 밀기울을 제거하고 가루로 만들어 사용한다. 밀가루 음식을 분식(粉食)이라 하고 쌀 음식을 입식(粒食)이라는 말이 여기서 나왔다.

〈그림 2-1〉와 같이 밀의 구조는 피(bran), 배아(germ), 배유(endosperm)의 3층 구조로 나누어진다. 껍질(bran)은 내배유 바깥쪽으로 전체 밀알의 14.5%를 차지하는 껍질층은 외피세포, 하피, 세포관, 내순 섬유 등과 피와 종피, 배주심외피, 호분세포층과 간층, 내부 껍질층으로 되어 있다. 밀알 전체의 2~3%를 차지하는 배아는 상당량의 지방이 함유되어 있어 저장성이 좋지 않다. 배아(germ)에는 약 9.4% 배아는 발아하는 부위이다. 배유(endosperm)는 밀알 전체의 약 83%를 차지하고 있으며 밀가루를 구성하는 주 부위이다. 내배유에는 크기 모양 위치가 다른

3가지 형태의 전분이 있다. 경질밀로 만든 밀가루는 초자질의 내배유를 가지고 있어 모래알 같은 특성을 나타낸다. 내배유(endosperm) 특히 배유(endosperm)층은 주요 가식(可食) 부위로써 80~85%를 차지하고 있으며, 단백질과 전분 그리고 소량의 섬유소(2%)로 구성이 되어 있다.[21] 이들을 분리하지 않고 그대로 제분한 것을 통밀(whole wheat 또는 graham)이라고 한다.

통밀은 촉감이 거칠고 소화속도가 늦고 잘 되지 않아 이용도가 낮으나, 근래에는 건강 기능적 성분인 식이섬유, 무기질, 비타민 등의 함량이 높아 맞춤형으로 통밀을 선택적으로 선호하는 경우가 많다. 정선된 밀의 제분은 먼저 밀기울이 배유부와 쉽게 분리할 수 있도록 약간의 수분을 주어 축이는데 이것을 템퍼링(tempering)이라고 한다. 흡습한 밀 알갱이를 처음에는 거친 롤러(break roller)로 조각 낸 다음 체를 치고 다시 고운 롤러(smooth roller)로 가루를 내는 조작을 수차 되풀이하면서 밀기울을 제거한다. 밀의 배유부는 83% 정도이지만 밀기울과 배유를 배유부와 완전히 분리하는 것이 쉽지 않기 때문에 제분 후 얻을 수 있는 밀가루는 72~75% 정도이다.[22]

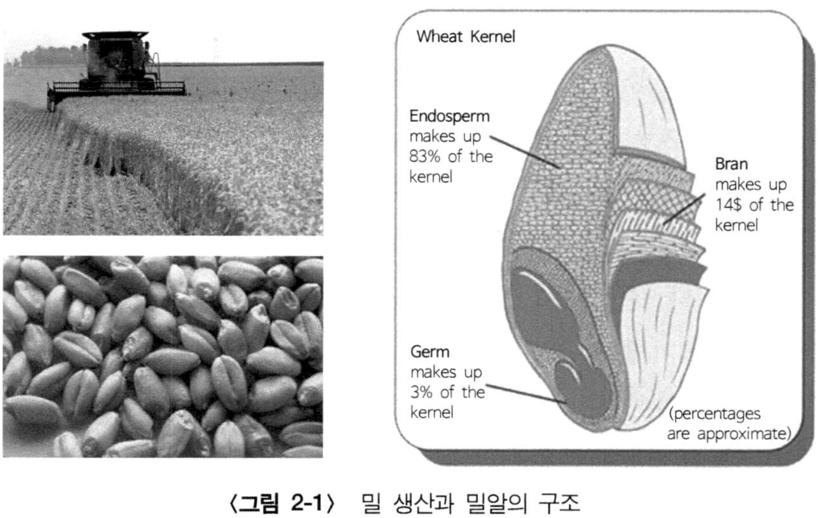

〈그림 2-1〉 밀 생산과 밀알의 구조

21) 수입밀과 국내산밀의 품질과 가공특성 비교, 최재필, 충남대 석사논문, 2019.
22) 사단법인 한국제분공업협회, 「밀과 밀가루」, 1997.

(4) 밀가루의 주성분

밀가루의 일반성분으로는 탄수화물 70~76%, 단백질 6.5~13%, 수분 13~14.5%, 회분 0.3~0.65%로 구성으로 되어 있다. 밀의 생육 조건에 따라 단백질과 전분의 물성이 달라진다. 추운 지방에서 재배된 밀은 단단하고 온화한 지역의 밀의 부드러운 연질맥의 특성은 수분, 회분, 단백질, Amylose 함량이 화학적 특성과 전분질의 구성의 차이에서 온다.

그래서 밀가루를 사용하는 제빵, 제면의 제조과정에서는 반죽의 강도, 점성, 탄성, 측정치에서 오는 물리적 특성치를 확인하여 사용적성에 맞는 맥분을 선택해야 한다.

밀가루 품질의 차이를 나타내기 위한 것이 밀가루 등급에 의한 표시이다. 〈표 2-2〉 밀가루의 단백질 함량에 따라 강력분, 준강력분, 중력분, 박력분 순으로 나누어지며, 밀가루의 회분 함량에 따라 1등분, 2등분, 3등분, 등외로 나눈다. 일반적으로 식품가공용으로는 2등급 이상이 많이 사용되며, 3등급과 등외의 경우는 공업

〈표 2-2〉 면용 맥분의 종류, 등급별 회분, 단백질과 용도의 관계

등 급	1 등급		2 등급
회분량(%)	0.3% 전후	0.4% 전후	0.5% 전후
강력	생라면, 중화면 스파게티 식빵용	중화면 기계식 라면	중화면 (12~13) 메밀면 (13~14)
준강력	중화면 (10~12)	중화면 (11~12.5) 즉석면 (10.5~12.5)	메밀면 (11.5~12.5)
중력	숙면 건면 다목적 (8.0~9.0)	숙면 건면 즉석면 (8.5~9.5)	숙면 건면 즉석면 (9.5~10.5)
박력	스낵 카스테라 케익용 (7.0~7.6)	-	-

*( )는 단백질 함량 % 수치

용 원료(전분, 합판, 제지 등) 및 사료용으로 이용되고 있다.

① 탄수화물

곡류에는 70~76% 정도의 탄수화물로 이루어져 있고 그 성분이 식물체의 세포벽을 구성하는 물질로서 전분을 비롯해서 물에 녹지 않으며 인체 내의 소화 효소에 의해서 소화되지 않는 탄수화물의 형태로 섬유질(cellulose), 헤미셀룰로오스(hemicellulose), 펙틴, 검류 등이 있다. 밀가루를 만드는 과정에서 껍질을 제거된 상태에서는 전분(澱粉)이 대부분을 차지한다. 따라서 밀가루를 이용한 빵이나 면과 같은 2차 가공품에 있어서 밀가루 속의 전분 함량과 전분의 질적 특성이 제품특성에 중요한 영향을 미친다.

종래 밀가루의 평가는 등급 외에는 주로 글루텐량의 다소와 그 질의 좋고 나쁨으로 구분하여 왔지만 최근에는 전분의 특성과 면의 식감의 관계 등 전분의 질도 밀가루의 평가에 아주 중요한 부분을 차지하고 있다. 밀가루 전분의 질은 밀의 품종특성으로부터 오는 선천적인 것과 제분 과정에서 오는 후천적인 것이 있다.

〈그림 2-2〉 전분의 아밀로오스와 아밀로펙틴의 구조와 같이 전분의 분자 구조적인 차이로 아밀로오스(amylose)와 아밀로펙틴(amylopectin)으로 구성되어 있다. 곡류의 종류에 따라 아밀로오스와 아밀로펙틴의 함량에 약간의 차이가 있다. 일반적으로 밀, 쌀의 전분은 80%의 아밀로펙틴과 20%의 아밀로오스로 구성되어 있으며 찹쌀, 찰옥수수의 전분은 100%의 아밀로펙틴으로 구성되어 있다.

㉠ 아밀로오스(amylose)

글루코오스가 β-1,4결합으로 약 3,000개 정도가 직쇄결합으로 연결된 섬유상 분자구조를 이루고 있다. 글루코스(glucose)가 한 개 이상의 alcohol기(OH)와 1개의 aldehyde기(CHO) 또는 ketone기(CO)를 가지는 화합물 α-1,4결합에 의한 직쇄상 구조의 전분이며 분자량은 200 이상이다. 요오드 분자는 아밀로스의 나선 구조에 들어맞으므로 진한 보라색/파란색 반응을 나타내며 β-amylase에 의해 분해되어 말토즈가 생성된다.

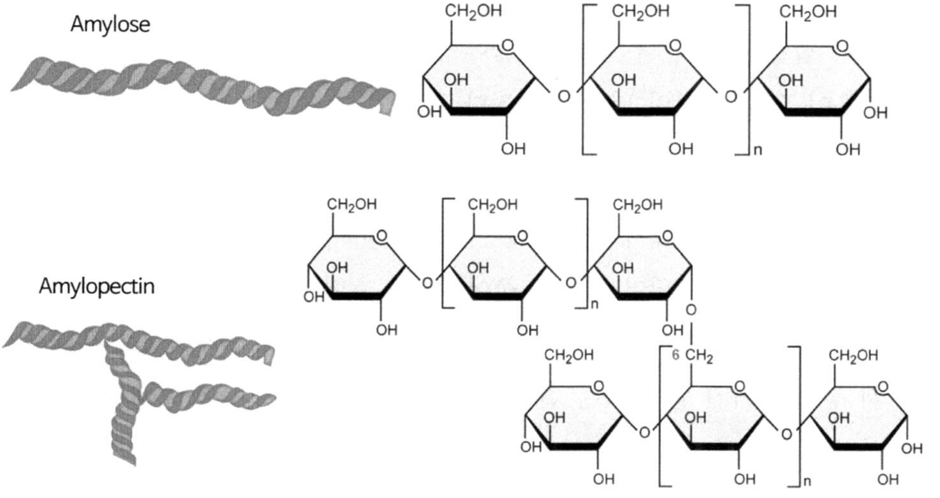

〈그림 2-2〉 전분의 아밀로오스와 아밀로펙틴의 구조

아밀로스는 전분 구조의 20~30%를 차지한다. 아밀로스는 물에 녹지 않아 전분의 불용성 원인이다. 식물에서 아밀로스는 에너지 저장 장치로 기능한다. 아밀로스가 말토오스와 같이 더 작은 탄수화물 형태로 분해되면 에너지원으로 사용된다.

ⓛ 아밀로펙틴(amylopectin)

아밀로오즈의 직쇄상 구조에 α-1,6결합의 가지로 연결되어 있다. 가지를 만드는 1,6결합은 포도당 24~30 분자마다 분쇄상 결합을 한다. 요오드 용액에 의해 적자색 반응을 나타낸다. 아밀로펙틴은 전분의 일부인 고도로 분지된 다당류이다. 일반적으로 전분의 70~80%는 아밀로펙틴으로 구성되어 있으나 전분의 종류마다 아밀로펙틴의 함량이 다르다. 아밀로스에서와 마찬가지로 α-1,4- 글리코 시드 결합과 연결된 일부 포도당 분자가 아밀로펙틴의 선형 구조를 형성한다. 2,000~200,000개의 포도당 단위가 단일 아밀로펙틴 분자의 형성에 참여하고 있다. 이로 인해 아밀로펙틴의 분지 강성이 낮아 물에 용해된다. 아밀로펙틴은 효소를 사용하여 쉽게 분해될 수 있다. 이것은 식물 에너지 저장 분자이자 에너지원이다.

특히 찹쌀에 많이 들어 있다. 물에 불리는 정도에 따라 아밀로펙틴의 호화반응이 달라져 떡의 맛이 달라진다.

ⓒ 전분의 성질

전분 입자는 물속에서 가열하면 물을 흡수하여 팽윤하고 결정으로 단단해진 전분 입자가 팽윤되어 입자가 풀어지면서 호화상태로 된다. 전분 가루를 물에 풀어 가열하면서 서서히 주걱으로 교반해주면 어느 시점에서 투명해지면서 점성을 가진 풀이 되는 현상이 나타난다. 〈그림 2-3〉에서 보면 전분의 호화과정 천연의 전분 입자는 micell이란 사상(絲狀)분자가 다발모양으로 밀착하여 미세 결정을 이루고 있으며 이 상태의 전분 알맹이의 micell구조를 β-starch라 하는데 물과 함께 가열하면 micell구조가 풀려 α-starch가 된다. 즉 β-starch에 물을 붓고 열을 가하면 전분 입자가 팽윤하여 micell구조가 파괴되어 점성이 높은 반투명의 콜로이드 상태가 되는데 이러한 변화를 호화(gelatinization)라 한다.

전분은 호화가 시작되는 호화개시온도가 각각 다르다. 밀의 전분의 호화개시는 약 55℃ 정도이면 물리적 변화가 시작된다. 호화된 전분은 소화 효소의 작용을 받게 된다. 이것이 냉각되면서 구조가 재결합상태가 되어 다시 굳어지면서 노화가 되어 미생물에 의한 오염도 빠르게 되는 이유이다.

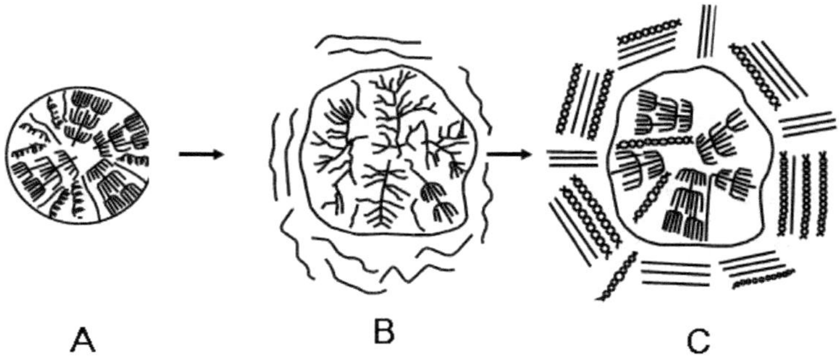

〈그림 2-3〉 전분의 가열 호화 구조변화 과정 A : 베타전분입. B, C : 알파화 전분

호화되어 익은 풀이 냉각되기 시작되면서 시간이 경과되면 다시 굳어지는 현상이 나타나며 α-starch이 β-starch로 전환되는데 이 현상을 전분의 노화(retrogradation)라고 한다.

소맥전분도 다른 전분과 비교할 때 소맥전분으로서 하나의 공통적인 특징을 나타낸다.

〈그림 2-4〉 아밀로그래프와 측정한 데이터를 보면 전분이 호화될 때 점도의 변화이기 때문에 구성전분 및 효소의 활성에 크게 영향을 받는다.[23] 이러한 성질을 측정하는 아밀로그래프를 통해 판단한다.

항 목		전분의 종류					
		쌀	감자	타피오카	고구마	옥수수	밀
전분의 호화온도(℃)		63.6	64.5	69.6	72.5	86.2	87.3
전분의 점도(B.U.)		680	1,028	340	683	260	104
비율	아밀로펙틴	80	77	83	80	74	75
	아밀로오즈	20	23	17	20	26	25
전분 입자의 크기(μm)		2~10	5~100	5~36	15~55	4~26	2~38

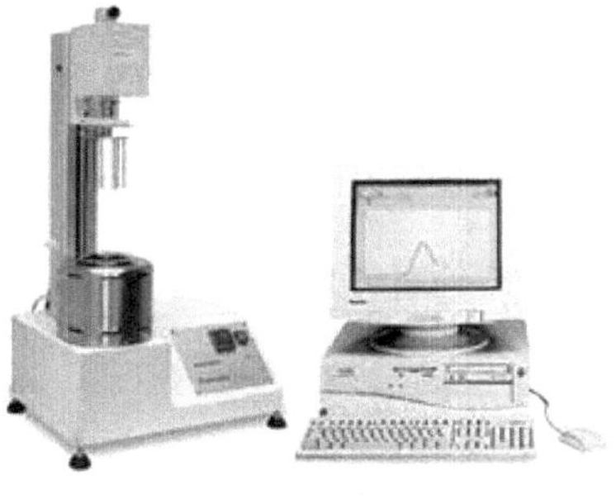

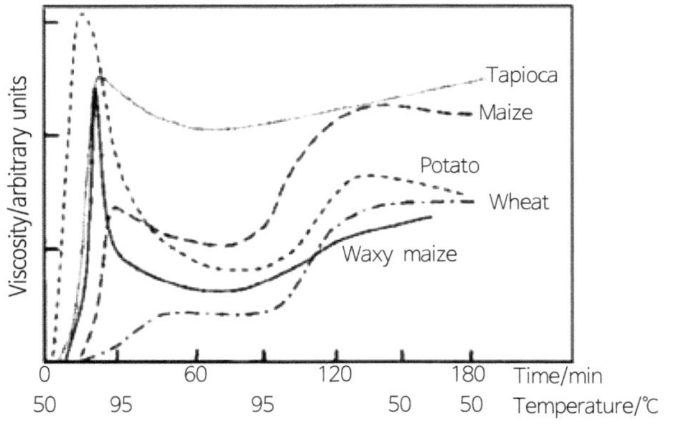

〈그림 2-4〉 아밀로그래프와 측정한 데이터의 예

23) 김성곤, 경질과 연질 밀가루의 이화학적 성질연구, 식품과학회지, vol.11, no.1, 1979.

측정할 밀가루, 쌀가루에 정해진 양의 물을 가한 후 일정시간 가열과 냉각, 유지를 반복하는 동안의 점도변화를 측정하는 것으로써 전분의 호화 특성을 분석 평가할 수 있다. 호화도는 제조공정 중 열변성 여부를 판단하는 지표가 되며, 입자크기나 품종구분, 완제품의 노화정도를 평가하는 지표로 사용할 수 있다.

원맥의 원산지의 생육조건에 따라 전분입자의 특징이 다르다. 전분의 구조의 단단함에 차이가 나타난다. 빨라 팽윤하고 빨리 용출되는 전분을 연질 전분, 그 반대를 경질 전분이라 하면 면의 식감의 매끈매끈함, 단단함, 탄력, 찰기 등은 연질 전분을 가진 밀가루로 만드는 것이 좋다. 전분의 성격을 나타내는 아밀로오스 함량도 면의 식감과 관계가 있으며 연질을 나타내는 전분일수록 아밀로오스 함량이 적다. 제면에 있어서 원료로서 다른 전분을 배합하여 질적인 변화를 바라는 경우가 있다. 뒤의 부원료 전분소개에서 자세히 설명된다.

② 단백질(蛋白質)

밀가루의 품질을 좌우하는 가장 중요한 인자로서 단백질 함량(quantity) 및 질(quality) 모두가 중요하다. 밀은 단백질 9~15%로 불용성인 글루테닌(glutenins), 글리아딘(gliadins)과 수용성인 알부민(albumins), 글로부린(globulins)과 프로테오시스(proteoses), 메소닌(mesonin) 등의 구성분을 가지고 있다. 이 중 불용성인 글루테닌(glutenins), 글리아딘(gliadins)이 물과 함께 물리적으로 반죽 제조시에 비로소 단단한 고무와 같은 탄력과 점성이 있는 독특한 물질인 글루텐을 형성하게 된다.

곡분류 중에서 밀가루가 가지고 있는 중요한 특성은 밀 단백질로 배합수와 수화되면서 반죽 혼합 과정에서 물리적 힘을 받아 SH결합이 SS결합으로 진행되어 이 단백질은 물과 결합하여 소위 글루텐(Gluten)을 형성한다.

밀 단백질 가운데 20% 정도는 수용성 단백질인 알부민(albumin)과 글로블린(globulin)이며 80% 정도가 물에 녹지 않는 글루텐이다. 〈그림 2-5〉에서 보는 바와 같이 글루테닌과 글리아딘의 특성과 글루텐의 형성모습에서 글루텐은 글리아딘(gliadin)과 글루테닌(glutenin)으로 나누는데 글리아딘은 점성을, 글루테닌은 탄성을 나타내 이들로 인하여 점성과 탄성의 수화된 글루텐이 형성된다. 밀은 다른 곡류와는 달리 물과 함께 반죽을 하면 독특한 점탄성을 가지게 되어 이러한 특성을 이용해서 제빵, 제면에 이용되고 있다.

밀가루로 면을 만들 때 전분질과 물과 단백질이 수화되면서 점성과 끈기를 가진 반죽이 되며 이것을 수타로, 기계로 얇게 길게 밀어도 잘 밀리는 역할을 한다. 면대 구조형성에 중요한 역할을 하며 작업 공정시 글루텐은 점탄성이 강하여 반죽을 제조한 후에는 밀어서 펴기가 어려우나 잠시 방치해 두면 탄력이 점점 약해져 밀어서 펴기가 쉬워진다. 이러한 이유로 제조 공정 중간에 휴지 공정이 있는 이유이다.

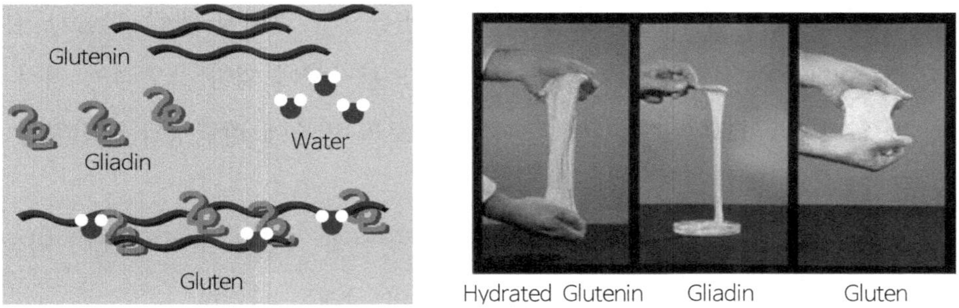

〈그림 2-5〉 글루테닌과 글리아딘의 특성과 글루텐의 형성모습

㉠ 글리아딘(gliadin)

글리아딘은 α, β, γ 및 ω 글리아딘으로 분류되는데, α-, β, γ gliadins은 분자량 36,000을 가진 폴리펩타이드 체인의 단백질로서, 분자량 당 3~7개의 S–S결합을 갖고 있다.

글리아딘은 두 개의 황의 디설파이드 결합이 분자 내에 존재하여, pH가 4.5에서 10까지 변하여도 글리아딘의 점도나 구조가 변하지 않는 입체구조로 비교적 안정화되어 있는 구상의 단백질이다. 따라서 다른 단백질과의 상호 결합력이 작은 편이다.

많은 양의 글리아딘을 갖고 있는 밀가루 신장성이 커서 잘 늘어나는 성질을 나타낸다. 한편, ω-글리아딘은 분자량이 70,000 정도이며 SH기나 SS기를 갖고 있지 않으므로 다른 단백질과 비공유 결합으로만 반응한다.

그래서 제품의 특성에 따라 밀가루의 단백질의 양과 질이 품질에 영향을 주므로 선택의 요인이다.

㉡ 글루테닌

글루테닌은 중성에서 70%의 에탄올에 녹지 않는 고분자량 단백질로서, 많은 종류의 sub-unit가 분자간 S-S결합을 한 구조로 되어 있다. 글루테닌을 SDS 폴리아크릴아마이드 전기영동법으로 분석하면, sub-unit 중 1~3개는 고분자로서 탄력성이 강하며, 5~7개는 저분자량으로 점성이 큰 성질을 보인다. 〈그림 2-6〉의 글루텐의 글리아딘의 S-S결합의 현미경 관찰 모습과 같이 sub-unit들은 서로간 결합함과 동시에 큰 분자량에 의한 표면적이 커서 다른 폴리펩타이드와 SS결합이 용이해짐으로써 반죽에 탄력성과 단단함을 제공한다.

최적의 혼합상태에서의 반죽은 글루텐의 점탄성 성질을 보이나 오버 믹싱하게 되면 글리아딘의 성질에 가까운 반죽의 상태를 보인다.

품종이나 제면성에 관계없이 밀가루의 단백질 함량이 높을수록 단백질의 S-S와 S-H 함량이 증가한다.[24)]

$$\underset{\text{시스테인}}{2P-CH_2SH} \xrightarrow[\text{-2H}]{\text{산화}} \underset{\text{시스틴}}{P-CCH_2-S-S-CH_2-P}$$

(P=단백질)

24) 고병경, 한국산 소맥과 수입 소맥의 단백질 특성 비교, 한국 식품과학지, vol.31, no.3, 586-592, 1999.

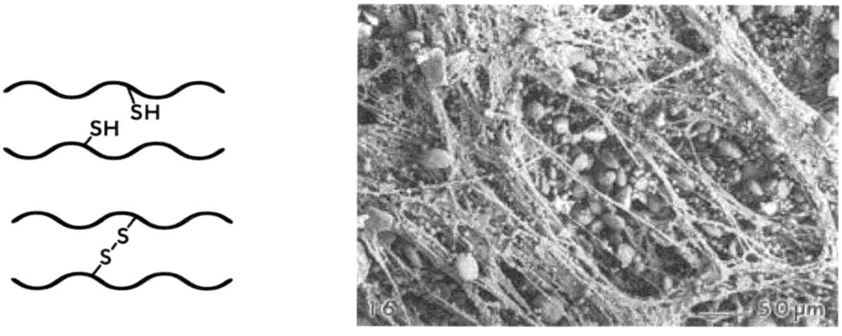

〈그림 2-6〉 글루텐의 글리아딘의 S-S결합과 반죽의 gluten결합된 모습[25)]

글루텐의 함량과 그 질에 따라 밀가루는 여러 용도로 사용하는데 강력분은 그 함량이 약 13% 정도이며 점탄성이 강하여 팽창력이 좋아 빵, 유탕면을 만드는데 사용되고, 중력분 10~11% 정도로 점탄성이 적당해서 중력분은 일반적으로 소면, 칼국수, 우동면류에 사용되고, 7~9%의 박력분은 제면의 반죽상태 조절용이나 손가루와 과자나 케이크류를 만드는데 사용된다. 식감에 있어서 단단한 질감을 요구하는 중화면에는 글루텐이 많은 강력분 또는 준 강력분을 사용하기도 한다.

③ 수분(水分)

밀가루에 포함하고 있는 수분량을 말하며 건조에 의해 감소된 중량을 건조 前의 밀가루 중량에 대한 백분비로 표시한다.

밀가루의 수분함량 측정은 수분측정기에서 135℃로 한 시간 측정한다. 밀가루의 평균수분은 13~14% 정도로 하고 있다.

④ 회분(灰分)

회분은 밀가루의 등급을 나타내는 것으로 회분함량 자체는 제분의 상태 또는 제분기술을 나타내는 지표로 중요하다. 회분함량은 밀가루 시료를 태우고 남은 무기물의 양이며 배유보다 외피에서 회분함량은 높게 나타나기 때문에 일반적으로

25) http://www.woorimil.or.kr/bbs/우리밀살리기 운동분부홈페이지

낮을수록 밀가루 품질이 좋게 평가된다.[26)]

밀가루에는 0.3~0.65%의 회분이 함유되어 있다. 회분함량은 밀 껍질 쪽으로 갈수록 많아지고 배유부 부분으로 갈수록 적어진다. 밀의 회분함량은 밀이 자란 환경, 기후, 토양, 강우량 등에 따라 다르며 제분과정에서의 껍질 쪽 부분의 함량에 의해 차이가 난다.

회분함량이 높을수록 색상이 어두워진다. 밀가루의 색상이 최종 면제품의 색상에 그대로 반영되어 직접적으로 영향을 주기 때문에 회분량이 다음의 단백질량과 더불어 중요한 분야로 취급되고 있다.

회분의 성분은 주로 무기물 성분으로 인산 49%, 칼륨 35%, 마그네슘 10%, 칼슘 4%, 나트륨 0.5%, 철 0.5%, 유산 0.2% 등으로 이루어져 있다. 영양학적인 면을 고려해서 제품의 색상보다 회분함량이 높은 통밀가루이나 2등급분을 사용하기도 한다. 메밀면을 만들 때 반죽 형성에 도움을 주기위해 저렴한 2등급의 맥분을 사용해서 색상과 맛에 영향이 없고 원가절감의 효과를 보기도 했다.

(5) 밀가루의 특성치

밀가루에는 이화학적 성분의 분석치로 보아 여러 가지 성분의 함량에 다른 특성치가 다르게 나타난다. 〈표 2-3〉 밀가루의 이화학적 물성 및 특성치를 판단하여 밀가루 선택으로 품질향상에 큰 도움이 된다.

〈표 2-3〉 밀가루의 이화학적 물성 및 특성

구분		내 용
물리적 성상	색상	밀가루의 고유의 색상은 연한 담황색을 띤 백색으로 이는 carotenoid계의 황색색소가 함유되어 있기 때문이며 표백, 열성에 의해 제거할 수 있다.
	입도	밀가루 입자의 크기는 일반적으로 130μ 이하이며 입자가 작을수록 색상이 희고 부드럽다.
	흡수율	흡수율은 밀가루를 반죽할 때 첨가되는 물의 양으로 측정하며, 2차 가공 제품(빵, 면 등)의 수율과 직결된다. 일반적으로 단백질의 함량이 높고, 손상전분이 많으면 흡수율은 증가한다.

26) Hinton, J. J. C. The distribution of ash in the wheat kernel, Cereal Chem, 36 : 19-31, 1959.

구 분		내 용
화학적 성질	수분	밀가루의 수분 함량은 보통 14% 이하로서 수분 함량의 차이에 따라 제품의 보관성 등에 많은 영향을 준다.
	회분	밀가루에 함유된 무기질의 함량을 말하며 제품 품질, 등급구분, 제분능력 등의 척도라 할 수 있다.
	단백질	밀가루별로 보통 8~13% 정도 함유하고 있으며 밀가루 단백질의 약 80%는 gluten으로서 밀가루 특유의 성질을 갖게 하는 중요한 성분이다.

① 색상

면류의 경우 밀가루의 색상이 그대로 면의 색상에 반영되므로 중요한 특성치의 하나이다. 앞서 설명한 회분의 함량이 색상에 영향을 주고 또한 색소에 의하여 밝은 노란색을 가지고 있다. 밀가루의 색소는 주로 카로티노이드계의 색소로 밀의 종류에 따라 함량이 다르며, 제분된 밀가루는 색소에 의하여 밝은 노란색을 지닌다. 분질이 많은 연질맥 계통이 대체로 밝은 편이고 초자질이 많은 경질맥 계통이 어두운 편이다. 같은 제품의 경우 껍질의 혼입이 적은 제품일수록 밝고 입자가 고울수록 밝은 흰색을 보인다. 분석방법은 페카 테스트법과 광학기기(백도계)를 이용하여 반사율을 수치화하여 비교 측정한다.

밀가루가 붉은 색, 푸른 색 또는 회색의 색상을 띠고 있는데 이는 제분 중 겨의 혼입, 먼지 또는 손상된 밀 등에 기인한다. 밀가루의 색소는 캐로티노이드(carotenoid)계 색소, 플라본(flavones) 및 클로로필(chlorophyll)의 분해물질 등이다.

밀가루의 입도(granularity)도 색깔에 영향을 미친다. 밀가루가 고울수록 밝고 흰색을 띄우게 된다. 밀가루의 색깔을 향상시키기 위해 용도에 따라 과산화벤조일(benzoyl peroxide), 이산화염소(chlorine dioxide, ClO_2) 등의 표백제를 쓰기도 하는데 밀가루의 수분과 반응하여 발생기 산소를 생성한다. 이 발생기 산소가 캐로티노이드계 색소를 산화 분해시켜 표백효과를 나타낸다.

최근에는 제분 업체에서도 자연스런 밝은 색상을 선호하여 표백을 하지 않은 무표백분으로 생산을 주로 하고 있다. 색상은 화학적 양으로 표현되는 것에 대해

빛의 반사량이라는 물리량으로 표현된다. 극히 간단하게는 육안으로 비교하여 어느 쪽이 좋은가 판단할 수 있다.

밀가루의 색깔을 측정하는 방법으로 흔히 페카 테스트(Peker test)라고 하는 방법이 쓰이는데 유리판 위에 밀가루를 소량씩 나란히 놓고 주걱으로 눌러 밀가루 표면을 비교한다. 이 방법은 기본적으로 겨의 혼입정도를 판단하는 것이다. 최근에는 기계적인 방법에 의하여 밀가루의 색깔을 측정하는 시도가 널리 이루어져 있다.

② 입도(粒度)

밀가루를 구성하는 입자군(粒子群)의 거칠음으로 밀가루의 입도는 제분조건이나 밀 배유부의 강도에 따라 다르다. 연질맥을 사용하는 박력분의 입도가 가장 가늘고 경질맥만을 사용하는 강력분이 가장 거친 편이다. 밀가루의 입도 분포는 1~200μm에 이르기까지 다양한데 보통 10~100μm 사이가 50% 이상을 차지한다.[27)]대부분의 밀가루는 100mesh 체를 다 통과했다.

입도가 고울수록 밀가루가 밝은 색상을 띠며 밀가루의 수화속도가 빨라진다.

밀가루의 입도는 제분 조건하에서 밀 배유부가 쉽게 부서져 나오는 반면 硝子質이 높은 경질밀은 배유부를 분리하기 위해 에너지 투입이 높아져야 한다. 즉 입도는 일정한 제분조건 하에서 밀배유의 부서지기 쉬운 정도(friability)를 나타내는 지표가 된다. 또한 밀가루의 밀도는 입도 및 입자 형태에 의하여 영향을 받게 되는데 제분과정에서 파이프를 통한 밀가루의 흐름에 영향을 미치게 된다.

밀가루의 입도는 밀가루의 수분 흡수 속도와 밀접한 관계가 있다. 입도가 고울수록 밀가루의 水和(hydration)속도가 빨라지게 된다. 또한 밀가루의 입도는 색깔과도 관계가 있는데 특히 회분 함량이 낮은 밀가루의 경우 미분쇄에 의해 밀가루 색상이 상당히 밝아지게 된다. 일반적으로 국수 또는 과자용의 밀가루는 미분쇄 가루가 2차 가공 적성이 좋은 것으로 알려져 있다.

---

27) 윤연희, 김성곤, 호주산제면용밀가루 리올로지 성질과 입도분포, 한국농화학회지, 41권 5호, p.367~371, 1998.

밀가루의 제면 적성의 지표로서 아밀로오스의 양이 중요하다. 전분은 밀가루의 가장 주된 성분으로서 아밀로오스(amylose)와 아밀로펙틴(amylopectin)으로 구성되어 있다. 밀전분의 아밀로오스 함량은 대략 25% 정도이며 나머지는 아밀로펙틴이다.

제면에서 전분의 역할은 단백질 함량과 질 못지 않게 함유된 전분의 성상에 따라 큰 역할을 하고 있다는 것은 최근에 알려지고 있다.

아밀로오스 함량이 낮고 아밀로펙틴의 비율이 높은 것, 아밀로그래프의 호화개시온도가 낮고 최고 점도가 높고 break down(전분의 팽윤 후 용출)이 큰 성질의 전분질, 즉 빨리 팽윤하고 빨리 부서지는 연질전분을 포함한 밀가루로 만든 면이 부드럽고 점탄성이 커서 식감이 우수하다고 한다. 그래서 최근 업계에서는 밀가루의 특성에 변화를 줄 수 있는 여러 가지 전분을 별도로 첨가해서 면의 식감을 개선하는 방식을 이용하고 있다.

③ 맥아당 수치(maltose value : MV)

말토스가는 수분, 회분, 단백질량과 같은 성분조성은 아니고 밀가루에 화학 반응(자기소화)을 일으켜서 그 결과 얻어지는 특성치이지만 밀가루의 성질을 이해하는데 중요한 특성치의 하나이다. 밀은 제분될 때 고속 롤(roll)식 분쇄기로 분쇄해서 밀 입자의 단단함과 롤러의 회전비에 따라 밀가루의 주성분인 전분입자의 일부에 균열이 생긴다. 손상전분은 제분 가공 중 고속으로 회전하는 두 개의 롤에 의해 밀알이 분쇄될 때 전분립이 충격을 받아 전분의 입자가 손상을 받은 것이다. 밀가루의 손상전분 함량은 밀의 경도와 관계가 있어 연질밀보다 경질밀에 손상전분의 함량이 많게 된다.

전분입자에 균열이 있으면 아밀라제가 작용하기 쉽기 때문에 균열이 없는 일반입자에 비하여 빨리 분해된다. 전분입자는 전분분해효소인 α-amylase 및 β-amylase에 분해되고 고분자에서 저분자의 당류로 변하지만 손상된 전분입자에는 물이 침투하기 쉬움으로 밀가루의 흡수작용, 즉 일정한 단단한 반죽 덩어리를 만드는데 필요한 물의 양도 증가시킨다. 이와 같이 전분입자에 발생하는 균열의 다소가 2차 가공 시 반죽단계 및 제품에 여러 가지 영향을 주는 요인으로 된다. 제분 과정에서 일어나는 균열 손상으로 제분 손상(製粉 損傷)으로 전분을 손상 전분(損傷 澱粉 : damaged starch)이라고 한다. 보통 밀가루에는 총 전분량의 약 5~11%의 손상된 전분을 함유하고 있다.[28)]

말토스가는 제분 손상을 아는 척도가 되는 특성치로서 밀가루를 물에 녹여서 일정시간 밀가루 중의 효소와 전분을 반응시켜 생성하는 환원당(還元糖)의 양을 측정한 수치이다. 따라서 손상 전분의 양이 많으면 말토스가는 높아진다.

면의 경우는 동일 가수량으로 제면하여 비교해 보면 밀가루의 단백질량이 동일하면 손상 전분이 많은 반죽은 단단해지고 삶았을 때 전분의 용출량은 많아져 수율이 떨어지고 면의 표면이 거치른 감이 있어 빨리 불어 일반적으로 국수에 있어서는 손상 전분이 적은 것이 좋다. 즉 말토스가 값이 적은 것이 좋다.

④ 밀가루와 효소

효소는 생물체에서 만들어지는 것으로 각각 특정물질을 화학변화 시킨다.

보통 건전한 밀은 적당한 β-아밀라아제의 활성을 갖고 있으나 α-아밀라아제는 활성이 거의 없으며 발아에 의하여 활성을 나타나게 된다. 따라서 밀가루에 α-아밀라아제를 첨가하는 것은 밀가루에 결여된 α-아밀라아제의 활성 증가시키는데 그 목적이 있다. 아밀로그래프에서 점도에 영향을 주는 것은 전분을 분해하여 덱스트린으로 한 α-아밀라아제이다.

β-아밀라아제는 원래 밀가루 중에 존재하고 있으며 전분에서 맥아당을 형성하는 중요한 효소이지만 밀가루의 품질의 특성요인은 아니다.

밀가루의 α-아밀라아제의 활성이 강하면 아밀로그래프는 점도가 저하하지만 밀가루의 2차 가공 상 여러 가지의 악영향을 미친다. 면류로서는 삶은 초기의 온도 높아 효소가 활성을 상실하기 때문에 영향은 적다.

프로티아제(protease)는 단백질 즉 글루텐을 분해하여 아미노산을 만들어져 글

---

28) 주옥수, 정용면, 소맥분제분시 발생하는 손상전분이 제빵적성에 미치는 영향, 농산물저장유통학회지, 8권 4호, 2001.

루텐의 반죽형성 능력을 약화시키므로 프로티아제의 활성이 강하면 면을 삶으면 면선이 붕괴된다. 또한 삶는 물에 용출이 되어 제품에 좋지 않은 향을 미친다.

그러나 통상적으로 아밀라아제 활성이 현저하게 나타나므로 종합적으로 효소활성을 아밀로그래프로 판단하고 있다. 따라서 低 아밀로오스에 의한 악영향은 반드시 아밀라아제 활성에 의한 것이 아니고 프로티아제 활성에 의한 경우가 많다.[29)]

제면공정에 있어서 삶음에 의한 용출이나 건면 건조 중의 낙면(落麵) 등은 직접적으로 프로티아제 활성의 영향에 의한 것이라고 생각된다. 옥시다아제는 면에 있어서 산화갈변에 관여하고 있는 효소이다. 제면 직후 가열 전 대기상태에서 생면이 시간 경과에 따라 변색 갈변하는 것은 주로 산화효소에 의한 것이다. 이 산화효소가 밀가루 속에 함유된 아미노산 중의 하나인 타이로신(tyrosine)은 산화효소에 의해 급격하게 산화되어 산화생성물이 계속 축합, 중합반응을 통해 최종적으로 검은 색의 멜라닌 색소(melanin pigments)을 형성하기 때문이다.

이들 효소는 밀 껍질 주변에 많이 분포되어 있으므로 등급이 낮은 밀가루가 효소활성이 크다. 또한 박력분보다 강력분이 효소활성이 큰 것이 보통이다.

(6) 각종 면과 밀가루 선택

좋은 면을 만드는 기본 조건은 주원료의 선택과 올바른 제면 공정이다. 즉 면의 목적과 품질에 요구되는 밀가루를 비롯한 주원료 선택과 적합한 제면 가공 방법의 운용이 매우 중요하다. 품질 균일성은 밀가루 혼합이 더욱 유리하였고, 생산된 밀가루의 여러 가지 품질 특성을 고려한 후 밀가루 혼합 비율을 조절한다면 원하는 가공적성을 지닌 균일한 품질의 밀가루를 안정적으로 생산할 수 있을 것으로 판단된다.[30)]

밀가루의 품질과 제면 가공의 방법으로는 어느 쪽이 제품 품질에 영향이 큰가를 구태여 비교한다면 밀가루의 품질 선택이 아주 중요하다. 사용하는 입장에서도

---

29) 면류 백과사전. p.456, (주)식품출판사, 일본, 1985.
30) 밀 품종 혼파와 밀가루 혼합에 따른 품질 및 가공적성 분석, Korean J. Crop Sci., 64(3) : 225~233 (2019), DOI : https://doi.org/10.7740/kjcs.2019.64.3.225

원재료에 대한 품질 요구를 할 수 있는 이해와 선택의 폭을 갖는 기술은 바람직하다.[31)]

① 우동, 가락국수류

먼저 글루텐의 질에 대해서는 어떠한 우동과 가락국수일지라도 요구되는 것이 동일하며 글루텐 망막형성 능력이 높고 유연하고 탄력적이며 신축성이 풍부한 것이 좋다.

오래 끓여도 면의 형상의 흐트러짐이 적은 면, 씹는 맛이 강한 면을 만들려면 글루텐 함량이 많은 면이 좋고, 보통 먹는 우동으로 빨리 삶아지고 씹히는데 적당한 부드러움을 바란다면 글루텐의 양이 다소 적은 쪽이 좋다.[32)]

우동의 경우 연질맥의 밀가루로 단백질 함량으로는 8~10% 정도가 좋다. 7% 이하로 적으면 반죽 형성 능력이 약하고 작업이 어렵게 된다. 전분의 질은 주로 원료 소맥의 성격에 유래한 것으로 선택의 여지가 약간 있다.[33)]

전분의 질은 우동에 있어서 연질의 것이 좋다는 것은 기술한 바와 같으나 이것은 작업성에는 관계가 적고 식감에 관계가 있다. 식감은 기호의 문제로 개인차가 있다. 따라서 연질이 좋다는 것은 일반적 경향이며 전반적인 것은 아니다. 글루텐 양과 더불어 우동의 질에 대하여 지향하는 내용을 명확히 하여 자신에 맞는 밀가루를 선택하는 것이 중요하다.[34)]

색상에 관해서는 사정이 허락하는 한 밝은 것이 좋다. 그러나 제품의 종류나 조리방법에 의하여 필요한 명도(明度)도 변함으로 경제성도 감안하여 선택해야만 한다는 것은 당연한 일이다.

일본 관서(關西)의 우동 국물은 색이 연하고 관동(關東)은 짙어 관서 쪽의 면의 명도가 밝은 것을 요구한다.

---

31) 제면 기술(1), 한국제과고등기술학교, 1997.
32) 秋田県総合食品研究所報告 秋田県総合食品研究所報告 第5
33) Toyokawa H, Rubenthaler G, Powers J, & Schanus E. Japanese noodle qualities. II. Starch components. Cereal Chemistry, 66(5), 387-391(1989)
34) Oda. M′, Yasuda, Y′, Okazaki, S. : A method of flour quality assessment for japanease noodle, Cereal Chem. 57 : 253(1980)

② 건면

일반적으로 소면과 같이 가는 면은 단단한 식감이 필요하다. 부드러운 식감과 빨리 삶아져야 하므로 백질 함량이 다소 높은 밀가루가 사용된다. 소비자기호의 식감에 따라 밀가루의 선택이 중요하다. 예를 들면 우동에서는 중력분이 이용되지만 삶는 과정에서 면선이 깨지지 않은 면선과 치아의 식감이 좋은 면을 만드는 데는 글루텐 함량이 많은 밀가루를 사용한다. 반대로 빨리 삶아 익혀내려면 글루텐이 적은 밀가루를 사용한다.

일반적으로 일본 우동면에서 동북, 관동지방에서는 단단한 식감을 선호하고 관서, 구주에서는 부드러운 식감을 선호한다.

한편 소면과 같이 가는 면에는 중력분에 준 강력분과 강력분을 혼합해서 사용하기도 하고 강력분을 사용하는 산지도 있다.

좌우간 건면은 건조에 의해 일어나는 변성없이 식감이 단단해지므로 같은 굵기의 생면에 비하면 단백질 함량이 낮을수록 좋다. 또한 건면은 삶는 시간을 줄이기 위해 감자전분을 배합해서 단백질 함량을 낮추기도 한다.

그러나 단백질이 적을수록 좋은 경우에도 글루텐 형성이 필요하므로 단백질 함량이 7~8% 정도는 필요하다. 일반적으로 사용되는 우동은 단백질 함량은 5~9%, 소면 9.5~11% 정도이다.[35)]

③ 중화면류(中華麵類)

중화면에는 생 중화면, 찐 중화면, 삶은 중화면이 있지만 생 중화면은 소위 라면용 면으로서 간수라고 하는 알칼리제를 첨가해서 반죽을 만들지만 이 알칼리수가 글루텐에 작용하여 특유의 풍미와 식감을 냄으로써 기본적으로 글루텐의 양이 많은 것을 요구한다.

생 중화면은 가열처리 되지 않으므로 변화가 일어나기 쉽다. 이 중에서 특히 문제가 되는 것은 변색으로서 제조 직후는 밀가루의 밝기와 더불어 알칼리에 의한 황색으로 발색되어 선명한 색상이지만 점차 선명도가 저하됨과 동시에 갈색을 띄

---

35) 改訂 4版 乾めん入門, 安藤 剛久, 日本食糧新聞社, P.64, 2011, 日本.

게 된다. 이것은 효소 oxidase에 의한 산화결과이다. 그러나 이 갈변은 밀가루의 회분이 적은 가루, 즉 상급분 일수록 변색이 적다. 또한 단백질 양의 다소에 의해서도 차이가 있으며 단백질 양이 많은 가루일수록 변색의 정도가 크다.

밀가루의 단백질의 분포는 껍질부근에 접한 저등급 부분에 많으므로 단백질량과 색상의 양쪽을 충분하게 만족시키기는 곤란하며 타협점을 찾지 않으면 안 된다.

일반적으로 중화면용 밀가루로서는 회분이 0.38% 이하, 단백질량으로는 10% 이상이 바람직하다.

기타의 특성으로는 생면이므로 제조 후의 변질을 억제하는 의미에서 제면 시 가수량을 적게 하는 것이 좋다. 찐 중화면은 증기로 가열하여 호화(α화)시킨 제품으로 생면과 같이 효소 작용에 의한 화학변화는 일어나지 않는다. 또한 기름에 볶는 라면과 같은 형태의 면으로 조리되기 때문에 식감의 단단함은 밀가루의 글루텐량 뿐만 아니라 조리 시 수분 함량으로도 조절할 수 있다. 그래서 생 중화면보다 글루텐의 양은 다소 적고 회분은 약간 높아도 괜찮다. 단백질은 9% 이상, 회분은 0.42% 이하 정도이면 좋다.[36)]

우동면이나 중화면, 생면 업계에선 주로 호주산 ASW(Australia Standard White) 연질 맥분을 많이 사용하고 있고 인스턴트 라면회사에서는 미국산 백맥을 많이 선호하는 경향이 있다. 면용 밀가루의 선택은 소비자의 맛과 식감을 만족시키고, 제조자의 품질 관리에 우수한 품질특성을 가진 밀가루이다. 일반적으로 색상이 밝고, 글루텐질이 유연하고, 단백질량이 적당하고, α-Amylase의 활성이 약하고, 입도가 미세하고, 삶는 시간이 짧고, 삶은 후 노화가 늦은 품질의 밀가루가 바람직하다.

중화면용도 필요한 품질도 우동에 필요한 품질과 거의 같으나 중화면은 간수를 사용하기에 간수에 의한 영향이 적은 것이 요구된다.

---

36) 신숭녕 · 김성곤, 우리나라 생면용 밀가루의 성질, 한국식품과학회지, 37권 3호, p.418-424, 2005.

2) 메밀(Buckwheat, 蕎麥)

메밀은 전 세계 인류 역사와 함께해 왔으며, 오랫동안 사랑을 받아 온 작물이자 식품이다. 메밀은 아시아와 동남아시아 전역에서 생산성이 낮은 척박한 토양에 적합한 작물로 재배된다.

1년생 草木 쌍자엽 식물의 마디풀과에 속하는 메밀은 사면체의 열매를 가지고 있으며 분류학상 곡류와는 구별된다. 낟알의 성분 조성이 곡류와 비슷하여 보통 잡곡으로 취급된다. 메밀은 마디풀과(*Polygonaceae*) 메밀속(*Fagopyrum*)으로 약 20종이 있다. 재배종으로는 일반메밀(*F. esculentum, sweet buckwheat, common buckwheat*)과 쓴메밀(*F. tataricum, bitter buckwheat, tartary buckwheat*) 2종이 있다(Kreft 등, 1994). 우리나라에 도입되어 지금까지 재배되고 있는 종은 일반메밀(common buckwheat)이며, 보통메밀 또는 단메밀로 불리기도 한다.

원산지는 중국 윈난성 북서쪽 끝 지역으로 알려져 있다. 중국에서는 한나라 때 분묘에서 메밀이 출토되어 BC 1～2세기에 시작된 것으로 추측된다. 메밀은 7～9세기 당나라 때 일반에 알려져서 10～13세기에 널리 보급되었다고 한다.

우리나라를 통해 일본으로 전파되어 8세기에는 재배를 권장하였다고 추정된다.[37]

문헌 기록으로는 우리나라에 전해져 오는 가장 오래된 의방로 고려시대 1236년(고종 23)경 강화도에서 팔만대장경을 만들던 대장도감(大藏都監)에서 처음으로 간행이다. 본래 ≪향약구급방(鄕藥救急方)≫에 처음 나온다. 메밀은 한발이나 추위에 잘 견디면서 생육 기간이 짧아 흉년 때의 대작(代作)이나 기후 토양이 나쁜 산간 흉작지대의 대파 또는 응급작으로의 적응성이 크고 영양가가 높으면서도 저장력이 강한 특성이 있다. 따라서 예전부터 구황식물로 많이 재배하였으며, 세종 때 펴낸 ≪구황벽곡방(救荒辟穀方)≫에도 구황작물로 기록되어 있다.[38]

---

37) 李再貴, 劉洛寧, 張秀金, 石谷孝佑, "中國における雜穀の生産・加工と總合利用", 「食品工業(日本)」, 50(22), pp.64～70, 2007.

38) 메밀 - 농업기술길잡이, 농촌진흥청 국립식량과학원 2018.12.28. 초판 1쇄 발행.

생육 기간이 60～80일로 짧아 1년 2모작이 가능하고, 영양도 우수하다는 장점이 있다.[39] 생태형으로는 여름메밀, 가을메밀, 중간형의 3종이 있으며 여름메밀은 봄에 심어 여름에 수확된다. 가을메밀은 8월 하순부터 9월 상순 즉 초가을에 파종한다. 일반적으로 여름메밀은 가을메밀에 비해 알이 굵다. 주로 북부 산간이나 추운 곳에서 재배하는 것이 여름형에 속하고 기타 지방은 대부분 가을메밀이 분포되어 있다.

메밀은 화곡류(禾穀類)로 취급되지만 쌀이나 보리와 같은 벼과는 아니고 버들과의 식물이며 열매는 벼의 식물의 열매와는 외관모양이 다를 뿐만 아니라 성분 조성도 상당히 다르다. 메밀은 비교적 습하고 서늘한 조건에서 잘 자라는 단기 생육성 작물이다. 파종 후 10～12주에 성숙하므로 극히 짧은 생육기간 때문에 고위도 지방이나 냉냉한 고원지대 등 다른 작물의 재배가 불가능한 지대인 개간지, 황무지 등에서 잘 자라고 또한 低溫에 강하고 冷害凶年에도 수확되는 특성이 있다.

한국산 메밀의 종실은 삼각모양(triquetrous)이며, 예리한 각(acute angle)이 있다. 길이는 5mm 이상이다. 메밀의 영양성분은 단백질이 13%, 지방질이 2%, 탄수화물이 65～70% 함유하고 있으며 필수아미노산과 불포화 지방산의 함량이 많다. 영양학적인 가치가 높은 식품이다.[40] 특히 색소의 flavonols의 하나인 rutin 성분을 함유하고 있다.[41] quercetin의 rutinoside로서 혈관의 비정상적인 투과성으로 인해 야기되는 혈관계 질환 치료 및 고혈압, 녹내장, 당뇨병 등에 일반적으로 사용되고 있다. 고문헌에 나타난 메밀의 약효는 아마도 rutin과 관계하는 것으로 생각된다.

재배종으로서의 메밀은 일반메밀과 쓴메밀로 크게 나뉘지만 보통 단순히 메밀이라고 말할 때는 일반메밀을 나타낸다. 쓴메밀이 일반메밀과 크게 다른 점은 쓴맛 성분의 함량이 많은 점이다.

일반메밀에도 미량의 쓴맛 성분이 함유되어 있지만 식미로서 마이너스가 될 정

---

39) 강원대, 농업신소재로서의 약용메밀 신품종 육성 및 재배 이용기술개발, 농림부연구보고서, 2006.
40) 황안국, 한방영양학, p.99, 한올출판사, 1999.
41) 심태흠 외, 한국산 메밀의 성분, 식품과학회지, 30(6), p.259-266, 1998.

도는 아니다. 그러나 쓴메밀만의 독특한 쓴맛은 상당히 강렬하다. 그 때문에 쓴메밀이라 불리고, 식용으로는 적당하지 않은 것으로 여겨 왔다. 그러나 최근 쓴메밀에 루틴이 다량 함유된 것이 밝혀져 우수 건강식품으로 주목받고 있다. 루틴에는 모세혈관 강화작용이 있고 뇌일혈 등 출혈성 질병 예방 효과를 발휘하는 한편 혈압, 콜레스테롤, 혈당치 강하작용이 있는 것도 확인되고 있다. 쓴메밀 가루와 일반메밀 가루 영양 성분을 비교해 보면 루틴 이외 별 차이를 보이지 않는다.[42)]

쓴메밀이 일반메밀에 비해 단백질이 조금 적고 탄수화물이 조금 많은 정도이며, 칼로리도 거의 같다. 다만, 루틴 함량 분석법에 따라 약간 다르지만 쓴메밀 가루에는 일반메밀 가루의 약 100배나 되는 루틴이 함유되어 있다. 루틴은 메밀의 대표 약효 성분이며, 메밀은 마그네슘 · 칼륨 · 철 등 미네랄도 풍부히 함유하고 있다.[43)] 〈표 2-4〉 여름메밀 수원1호의 영양적 가치에서 보면 쌀과 비교했을 때 단백질, 지질 함량이 높고 미네랄, 칼슘 등이 많아 영양적 가치가 풍부하다.

〈표 2-4〉 여름메밀 수원1호의 영양적 가치(가식부100g)[44)]

작물 (품종명)	에너지	수분	단백질	지질	탄수화물		회분	칼슘	인	철	칼륨	나트륨	티아민	리보후라빈	나이신
					당질	섬유									
	Kcal	%	g	g	g	g	g	g	mg	mg	mg	mg	mg	mg	mg
수도 (신선찰벼)	377	9.6	7.4	0.4	81.2	0.7	0.7	4.2	151.2	2.2	191.0	3.2	0.14	0.08	1.6
수도 (일품벼)	372	9.3	7.0	0.4	82.2	0.8	0.3	4.9	106.7	2.9	106.0	2.0	0.10	0.08	1.8
메밀 (수원1호)	337	6.9	12.1	2.3	66.6	9.5	2.6	16.7	120.6	2.4	384.2	2.2	0.20	0.10	2.9

(1) 메밀의 제분

메밀의 제분은 메밀종실의 과피를 벗기지 않고 제분하는 방법과 종실전체를 제

42) 김수정 외, 쓴메밀종자의 추출방법에 따른 루틴 및 퀘세틴 함량 비교, 한국식품과학회 49 : 258-264.
43) 윤병성, 이건순, 박철호, 건강별미 메밀이야기(역서), 일본면류업체 연합, 광문각, 2003.
44) 농촌 진흥청 영양 개선연구원 분석, 1992.

분한 다음에 果皮를 제거하기 위하여 체로 치는 방법이 있다.

원료 메밀(玄메밀이라고 함)을 맷돌에 빻아서 가루를 체질하는 동작을 반복하는 것이 예전부터 해오던 방법이다. 이와 같이 첫 번째 분쇄분에서 4번 째 분까지 명칭이 있다.

현재는 밀가루제분과 같이 근대적 제분 설비로 제분하는 것이 보통이며 제품의 등급도 구분되어 있다.

〈그림 2-7〉 메밀의 모습과 구조를 보면 메밀의 딱딱한 겉껍질을 벗겨내면 속에 얇은 피막처럼 보이는 내피가 있고, 내피가 붙어 있는 초록빛의 호분층(糊粉層)이 보인다. 색이 초록색이라 '녹분' '녹살'이라고도 불린다. 그리고 이 호분층 안쪽 중심부에는 하얀색의 배유부(胚乳部)가 있고 그 속에 배아(胚芽)가 함께 분포하고 있다. 구성비로 보면, 바깥 껍질이 전체 중량의 20% 정도고, 내피와 호분층이 12%, 중심의 배아가 포함된 배유부가 68% 정도를 차지한다. 그런데 배유부에는 주로 전분이 분포돼 있기 때문에 향이 별로 없다. 면을 만들면 면의 몸체와 식감을 구성하는 부분이다. 메밀의 향은 내피와 호분층에 집중돼 있다.

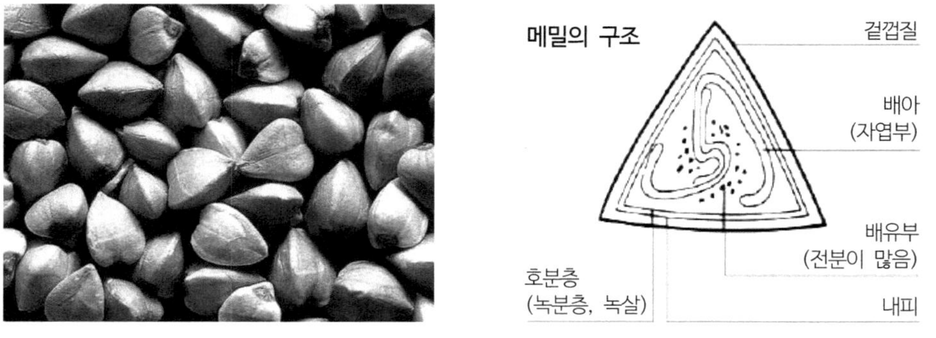

〈그림 2-7〉 메밀의 모습과 구조

메밀은 소맥과 달리 껍질(과피)은 벗기기가 쉽고 분쇄하기 전에 멧돌형의 분쇄기로 과피를 벗긴다. 껍질을 벗기며 감피(甘皮)라고 불리는 녹색의 박막(종피)을 쓴 알갱이가 나온다. 이 알갱이는 호분층(糊粉層), 태아(胎芽), 태유(胎乳)에서 생기는 것으로 메밀가루에는 거의 들어 있다. 따라서 태유부가 주체인 것과 호분층과 태아부가 주체인 것은 가루의 성격이 현저히 다르다.[45]

전자의 태유부 주체의 가루는 회분 0.3%, 단백질 4%이지만 호분층과 태아부의 주체분은 회분이 5%, 단백질이 30%에 달하고 있다. 메밀가루로는 밀가루와 같이 태유부 주체의 회분이 적은 가루가 상품이다.[46]

메밀의 호분층에는 다양한 향미 물질이 들어가 있는데, 주로 노나놀(nonanol) 계통의 향미 성분이 가장 강하게 나타나고, 이어서 옥타놀(octanol), 헥사놀(hexa-nol) 계통의 향미 성분이 감지된다. 인간은 노나놀과 옥타놀 계통에서 주로 오이, 꽃, 과일, 감귤 등에서 나는 싱그러운 향을 주로 느끼고, 헥사놀에서는 주로 풀향, 풋과일의 풋내 등을 느낀다. 메밀의 향은 이런 복잡한 향의 복합체다. 이것이 메밀 향의 정체다.

그런데 이 성분들은 휘발성인 데다 열에 매우 취약하다. 메밀을 실온에 오래 두면, 특히 도정한 메밀에서는 더 급격히 그 향이 사라진다. 따라서 열풍 건조한 뒤 매대 위에서 오래 보관한 메밀 건면을 활용한 음식으로 메밀향을 온전히 전달하는 것은 거의 불가능하며, 메밀 도정 후 최대한 빨리 제분, 반죽, 즉시 적당한 온도의 물에서 짧게 익혀내는 평양냉면식 제면법에서 메밀 본연의 향을 가장 잘 느낄 수 있다.[47]

(2) 메밀분

메밀분의 단백질은 글루텐을 형성하지 않음으로 강력분, 박력분과 같은 구분은 없고 그 품질은 등급만으로 결정된다.

메밀분의 경우 등급에는 회분 외에 색상, 풍미 그리고 어려운 일이지만 맛(단맛)도 관계된다.

---

45) 池田 清和, 池田 小夜子, "蕎麥研究の 最近の 動向", 「New Food Industry(日本)」, 52(3), pp.32~36, 2010.

46) 改訂 4版 乾めん入門, 安藤 剛久, 日本食糧新聞社, 2011, 日本.

47) 한경오피니언, 초격차 평양냉면을 만들어 보자[문정훈의 푸드로드], 2021.10.20 지면 A33.

메밀종실의 중심부만을 가루를 만들면 메밀분의 빛깔이 희지만 수율을 높일수록 껍질 부분의 혼립으로 검어진다. 특히 메밀분은 제분 직후의 것이 향기가 짙어 좋고, 메밀다운 풍미도 검은 쪽이 좋다. 메밀분은 밀가루와 달리 단백질이 전체의 40%가 수용성으로 글루텐 형성이 어렵다. 그래서 반죽형성의 끈기가 없어 반죽을 형성하기가 어렵다. 반죽할 때 "익반죽"이라 하여 더운 물을 써서 손으로 반죽하거나, 압출기를 통과시켜 반죽을 형성하는데 많은 기술을 요한다. 또한 밀가루, 콩가루, 전분 등을 섞어 만들어 면발을 형성하기도 한다. 이와 같이 메밀가루를 기본으로 메밀맛을 내는 비결의 면발을 만드는 다양한 방법들 있다.[48]

메밀국수를 만드는데 일반적으로 밀가루를 배합하는 것은 100% 메밀분을 사용한 메밀의 반죽 형성의 용이함을 도와주고 기호적인 식감 개선의 보조 역할로 사용되고 있다. 상업적으로 10~60%의 밀가루를 혼합 사용되기도 한다.[49]

결착제 역할을 하는 밀가루는 주로 회분 0.8% 이하의 단백질 13% 이상의 강력분이 좋다. 때로는 회분 함량이 높은 밀가루가 사용되기도 한다. 가격차이도 있지만 메밀가루의 구입시 순 메밀가루의 함량과 결착제 역할을 하는 혼합분의 함량과 성분을 확인하고 사용해야 한다.

평양 냉면

메밀 소바

막국수

〈그림 2-8〉 메밀분을 이용한 상품들

48) 이상영 외, 메밀의 영양성분과 냉동건조믹국수의 이화학적 성질, 한국영양학회지, 20(4). 1991.
49) 김용순, 김현수, 메밀가루와 밀가루 복합분의 건면 제조실험, 한국영양학회지, 16(3), 1983.

메밀은 단백질량이 다른 곡물에 비해 많은 것이지만 전 단백질의 40%가 수용성 단백질이다. 이 수용성 단백질은 다른 수용성 당질과 같이 물에 개면 점질물(粘質物)을 형성하여 이것이 반죽 형성의 연결 역할을 한다. 이 때문에 수타식으로 신중하게 조절하면 100% 메밀면을 만들 수 있다. 이때 메밀분은 호분층 가까운 단백질이 많은 것이 적격이다.

제분율은 전체적으로 62.5~69.8%의 범위이고 메밀분의 단백질은 9.8~14.3%이고 회분은 0.62~0.8% 정도이다.

메밀은 식물로서 키가 낮고 열매도 밑가지에 달려 있으므로 토양균에 오염되기 쉽다. 또한 형상이 삼각뿔 형태이며 각면이 凹형이므로 제분 전에 청결이 어려워서 잔존 생균수가 많다. 전체 생균수(生菌數)는 밀가루보다 1~2자릿수가 많은 것이 보통이다. 그래서 생면, 숙면 등의 메밀면 제품이 일반 면류보다 보존성이 떨어지는 것이 문제점으로 나타난다. 메밀의 원료보관 및 메밀면의 제조 시 가공 설비, 가공 방법, 판매의 철저한 위생관리로서 생균수 관리에 특별하게 관심을 갖지 않으면 안 된다. 가열 살균한 메밀분도 있지만 풍미를 희생시키지 않는 연구가 필요하다.

(3) 메밀의 수급

오랜 기간 救荒食糧으로 이용되어온 작물의 메밀은 생산성과 농가소득이 낮아 재배 면적이 과거에 비해 줄었지만 최근 증가하는 성인병 예방과 건강 지향 식생활의 변화로 메밀소비와 가공식품의 수용가 증가하는 추세에 있다.

메밀은 4년 평균(2012~2015년) 총 수요량이 4,469톤인데 반해 국내 생산량은 2,239톤 절반 수준으로 연간 2,230톤을 수입하고 있는 실정이다.

메밀은 중국, 러시아, 캐나다, 프랑스, 독일, 영국, 폴란드, 일본, 한국, 루마니아, 남아프리카, 스웨덴, 인도, 네팔 등지에서 메밀이 재배되고 있으며, 식량으로서 한국을 비롯하여 일본, 중국, 네팔 등지에서 소비가 높다. 최근 메밀의 여러 가지 생리적 기능이 밝혀짐에 따라 메밀의 소비가 급격하게 증가하고 있으나 국내의 생산량 부족으로 메밀의 상당량이 수입에 의존하는 실정이다.

국산 메밀가루의 생산량은[50] 2016년 기준 1,683톤으로 생산량이 소비량에 비해 저조해서 대부분이 수입 메밀이다. 2010년 이후부터 연간 22,000톤이 수입되고 있다.

메밀의 국내 자급률은 2015년 기준 62.2% 정도이다. 생산수량은 1ha평당 810kg으로 단위당 5,400kg의 쌀 수확량의 15% 정도로 낮다. 국산 메밀 종자가격을 수입산보다 2~3배의 가격으로 유통되고 있다. 메밀은 현재 전체의 90% 이상이 국수 중심으로 메밀가루, 메밀쌀 등 형태로 소비되지만 앞으로 부가가치가 높은 기능성제품으로 전환될 전망이다.[51]

3) 물

제면에서의 필수 원료인 물은 전체 국수 반죽의 34~40% 정도를 차지하고 있다.

물이 제면에서는 밀가루 단백질과 결합하여 글루텐을 형성하여 반죽을 형성시키고, 건조 재료의 수화, 반죽 온도 조절, 미량원료의 용매제 및 분산제 역할, 반죽의 되기 조절, 전분의 호화에 필요하며, 식감을 좋게 만들고, 효소의 활성에 영향을 미친다.

(1) 제면용 급수역할

면을 만드는데 물은 절대적이고 원료분 다음으로 중요한 필수 원료이다. 제면을 할 때 사용되는 물은 모든 부분에서 반죽할 때의 배합수, 삶을 때의 삶는 물, 수세, 세척용수는 아주 중요하다. 제면 공정에서 원료분 100에 대해 물 30~40 정도 이상을 혼합 반죽하는 데 사용된다.

삶을 때는 충분한 끓는 물에서 삶는다. 이러한 공정에서 사용되는 물의 성질은

---

50) 김수정, 손황배, 서종택, 김금희, 홍수영, 김기덕, 남정환, 장동칠, 구본철, 김율호, 메밀의 국내외 생산동향, 한국국제농업개발학회, 29 : 226-233, 2017.

51) 박철호, 유기농 메밀을 이용한 기능성이 강화된 메밀 가공식품 개발, 강원대학교, 2014.

제품으로 있는 면의 품질에 중요한 관계가 있다. 생면의 반죽에 필요한 배합수도 중요하지만 특히 삶는 숙면의 경우는 면의 수분 함량이 약 70% 정도이므로 수질이 좋고 나쁨이 면 만들기에 큰 영향을 미친다. 면류를 제조하는 물은 배합, 삶는 물, 스팀, 냉각, 수세, 청소용 등으로 사용된다.

제면에 사용되는 물은 상수도수와 지하수가 대부분 사용되고 있다. 상수도수는 상수도법에 따라 정해진 수질 기준에 적합해야 한다. 또한 지하수는 알칼리도, 경도가 높고 또한 계절에 따라 세균수가 변해 수시로 식용에 적합한지를 검사할 필요가 있다.

제면의 공정 중에 사용되는 물을 크게 나누면 면 반죽에 첨가하는 배합수, 생면을 끓이기 위한 물, 삶아 낸 면을 수세, 냉각하기 위한 물, 기계 또는 공장 내를 청소하기 위한 물, 보일러용 용수 등이 있다. 수량으로는 수세, 냉각수가 제일 많이 사용된다.

물에는 지표수와 지하수가 있다. 빗물은 지표로 흘러 모이지만 지하로 스며들어 지하에 머물거나 흘러 그 동안 각각의 성분이 용해 혼합된다. 이러한 용해 성분은 지역의 지질에 의한 것으로 각각의 특징을 가지게 된다.

그 예로서 온천, 냉천과 같은 특수 성분이 다량으로 포함한 지하수이다. 온천의 경우는 고온뿐만 아니고 용해력이 강한 용해성분도 고농도로 함유되어 있다. 이러한 水中에 용해되고 있는 성분과 量 이것들의 영향으로 물의 전기적 성질, 미생물 잔존 여부, 그 외의 유기적 물질의 상태, 성질을 '수질'이라고 한다.

음료수에는 음료수로서의 수질기준이 있지만 가공용에서도 각각의 목적의 기준이 필요하다.

음료수의 수질기준은 당연히 위생적 견지에서 정한 것으로 식품가공에 사용하는 물은 그 기준 내의 물을 사용할 필요가 있다. 그러나 식품가공에 있어서 요구되는 수질은 필히 이것뿐 만은 만족되지 않는다. 면류의 제조, 특히 삶는 면에 있어서는 음료수 기준만으로는 부적합한 경우가 있다.

제면 제조에 있어서도 수질은 위생적 항목을 만족시키지 않으면 안 되는 것은 당연하지만 필히 점검할 필요가 있는 것으로는 pH, 알칼리도, 경도가 있다.

pH와 경도는 음료수의 기준에도 취할 수 있지만 제면 용수로서 필히 만족시킬 수 있는 내용은 아니고 알칼리도에 한해서는 음료수 기준항목에 들어가지 않는 것도 있다. 그러나 실제의 제면 용수로서는 알칼리도의 경우가 중요하다.

밀가루에 물을 가해 반죽이 이루어지며 글루텐의 망상구조를 형성하여 면의 골격을 이루며 가수량이 많을수록 Gluten의 결합 전개가 용이하게 되어 면의 품질이 향상된다. 그러나 제면 기계성, 보존성이 나쁘게 되어 목적, 설비에 따라 가수량을 설정할 필요가 있다. 대개 밀가루에 대해서 35~40% 가수량이 된다.

〈표 2-5〉 면류의 제조 용수의 수질 기준치와 같이 제면용 용수는 음료수 수질 기준에 적합해야 한다. 탁도, 색도, 경도가 낮고 대장균군, 일반세균 음성, 알칼리도 상한치 40mg/L 이하의 맛이 순수하고 미생물적 안전성이 양호한 용수가 바람직하다.

〈표 2-5〉 면류의 제조 용수의 수질 기준치

성 분	수질기준치	이상치
탁 도	2도 이하	1도 이하
색 도	2도 이하	1도 이하
맛 또는 냄새	무색무취	무색무취
알칼리도	50ppm 이하	30ppm 이하
경 도	1~2도	10ppm 이하(0.6도 이하)
철	0.2ppm 이하	0.1ppm 이하
망 간	0.2ppm 이하	0.1ppm 이하
pH(끓인 물)	5~6	5~6
유기물($KMnO_4$ 소비량)	10ppm 이하	5ppm 이하
대장균	음성	음성
일반세균	0	0

(2) 제면용 물 성질

① pH

음료수에 있어서는 pH는 5.8에서 8.6의 범위가 인정되고 순수(아무 것도 용해되어 있지 않은 물)에 가까운 물의 경우는 pH 5.8~8.6의 차이는 내용적으로 근소한 차이어서 문제는 없다.

그러나 이 pH를 면류 제품에 적용시키면 pH 5.8은 삶는 면의 pH이며 야끼소바(찐중화면)은 pH 8.6이 적정 pH이다.

이와 같이 같은 pH에서도 물의 경우와 식품과 같은 여러 가지 성분이 공존하는 물질에서는 그 특성이 크게 다르다. 물에 있어서도 순수한 물과 온천과 같은 여러 가지 물질이 녹아 있는 물과는 같은 pH치가 나타나도 그 배경에 있는 것은 큰 차이가 있다. 따라서 pH치가 같은 물에 있어서도 같은 성질의 물로 속단하면 안 된다. 최근에는 더욱더 pH와 면과의 관계가 깊어지고 물의 단순한 측면에서가 아니고 제품의 pH 조정까지가 품질 유지상 중요시 된다.

물은 순수하면 pH는 7이지만 그 경우는 무슨 산 또는 알칼리성 물질이 조금만 용해되어도 그 영향을 크게 받아 변동한다. 그러나 식품과 같이 단백질 여러 성분이 용질로서 존재하면 외부에서 다소의 酸이나 알칼리가 들어와도 pH의 변동은 적다. 그러한 외부로부터의 영향을 흡수해서 변동을 억제하는 능력을 완충능(緩衝能, buffer capacity)이라고 한다. 그런 이유로 완충능력이 큰 식품이 완충 능력을 벗어나 일단 pH가 변동하면 원래의 그 식품의 성질도 크게 변화한다.

이러한 점이 식품의 pH와 물의 pH가 근본적으로 다른 것이다.

② 알칼리도(度)

물의 산, 알칼리의 정도를 아는 지표로 pH를 측정하여 판단한다.

통상 물에 나타내는 pH는 물속에 용해하고 있는 무기물과 탄산가스의 영향을 받는 결과이고 또한 pH 7이라고 하는 것은 아무 것도 용해되어 있지 않은 상태는 아니다. 더욱이 pH 7 정도의 자연수는 주의를 요하는 물이다.

자연수 중의 알칼리 물질은 주로 탄산염 또는 중탄산염으로 존재하는 일이 많다.

이것은 빗물에 녹아 있는 탄산가스나 토양 중의 생물의 호흡으로 발생하는 탄산가스나 석회석(石灰石)을 많이 포함하는 암석을 통과할 때 Ca, Mg을 용해하여 탄산수소염으로 수중에 용출하는 것에 기인한다.

특히 문제가 되는 것은 중탄산염의 존재이다. 외관상은 微 알칼리성이지만 끓는 물로 가열되면 탄산가스를 방출해서 탄산염으로 되어 pH가 급상승해 강알칼리성을 나타낸다.

예로는 중탄산소다는 0.3%용액에서 pH 8.3을 나타내지만, 탄산소다는 pH 11.6을 나타낸다. 이러한 경향은 지하수에 특히 심하게 나타나 실제로 pH 7.0에서도 끓은 후의 pH 8.0 이상 되는 것이 보통이지만 경우에 따라서 9.0 이상이 된다. 이와 같은 물로 끓이면 면의 표면의 글루텐 결합이 약해져 손상이 되는 일이 많다. 이상과 같이 사용 급수의 酸, 알칼리에 관한 판단은 pH만으로 하는 것은 위험하지만 적어도 끓는 물의 pH를 측정해보는 것이 필요하다. 그러나 식품 가공에 있어서는 산, 알칼리의 농도가 수질의 중요한 지표로서 이것을 나타내는 산도(酸度) 또는 알칼리도의 측정과 조정이 필요하게 된다.

음료수의 수질기준에는 알칼리도의 기준이 빠지므로 자칫하면 pH에만 관심을 가질 수 있기 때문에 알칼리도 측정에 주의를 요한다.

알칼리도는 물 중에 포함된 중탄산염, 탄산염, 수산화합물 등의 알칼리분을 탄산칼슘의 ppm으로 표시되는 것으로 1ppm을 1도로 한다.

측정은 비교적 간단해서 100mℓ의 물을 0.02-N의 젖산으로 적정(MR혼합지시약)할 때 1mℓ가 탄산칼슘 10ppm에 상당한 양으로 본다.

제면에서의 사용수의 알칼리도는 20ppm 이하가 바람직하지만 조정할 때는 알칼리도가 0(pH 5.0)이 되도록 한다. 이 경우에서도 삶으면 6.0 가깝게 pH는 상승한다.

③ 경도(硬度)

경도는 물속에 용해되어 있는 칼슘과 마그네슘 이온량을 이것에 대해 탄산칼슘의 ppm을 환산한 것으로 사용수의 수질을 나타내는 중요한 기준의 하나이다.

이러한 수치에 의한 경수, 연수로 나누는 것은 일정의 기준이 없지만 일련의 〈표 2-6〉로 나타낸다.

〈표 2-6〉 硬度와 $CaCO_3$ ppm

경 도	독일 경도	분 류
< 50ppm	< 2.8	軟 水
50 ~ 100	2.8 ~ 5.6	中等度의 연수
100 ~ 150	5.6 ~ 8.4	輕度의 경수
150 ~ 250	8.4 ~ 14.0	중등의 경수
250 ~ 350	14.0 ~ 19.6	硬 水
> 350	> 19.6	상당한 고도의 경수

면에 있어서 일반적으로 연수(軟水)의 쪽이 바람직하지만 통상 음료수 정도라면 문제가 없다. 삶는 공정에서 알칼리도가 높은 물이 악영향을 끼친다는 것은 명백하지만 경도 성분 그것의 영향은 거의 보이지 않는다.

물속에 있는 경도성분은 밀가루의 전분과 단백질과 결합하여 점도를 낮춘다. 단백질은 전기적인 성질을 가지고 있기 때문에 배합수 중에 포함되어 있는 경도성분(칼슘, 마그네슘)과 결합하기 쉽고 결합된 것은 점도가 약하고 단단하게 되어 물의 흡수력이 떨어진다. 경도가 높을수록 점도 저하는 극심하다.

건면은 부스러지기 쉽다. 또한 단백질은 경도 성분이 없는 경우는 완전한 망막구조를 만들어 스펀지 상태의 탄력이 있는 것이 되지만 경도 성분이 있은 경우는 밀가루 입자에 수분이 흡수되는 것을 방해한다. 또한 배합 시 밀가루의 수분과 친화성이 나빠진다.

중화면용의 간수를 물에 용해시킬 때 순수한 물과 연수로 용해시키면 잘 녹는다. 한편 경도가 크면 용해도가 나빠져 침전이 생길 수도 있다. 또한 백탁의 경우에도 칼슘농도의 증가와 더불어 시간이 경과할수록 증대하는 경향이 있다.

삶은 면의 식감에는 경도 높은 물로 제면한 것은 딱딱해지는 경향이 있다고 하지만 미비한 차이로서 좋고 나쁘다고 말하는 정도는 아니다. 그것은 경도 150 ppm 이하의 물에서는 문제가 없다고 본다.

배합수에 식염수를 사용하는 그 식염에는 정제염에서 조염(粗鹽)의 쪽이 좋다는 의견도 있다. 이 양부(良否)는 별도로 조염을 사용한 배합수의 경도는(10% 식염수) 일례로 280 ppm이다. 거기에 대해 정제염은 15 ppm이다.

④ 철분

물 중에 규정(1ℓ 중 0.3mg 이하) 이상의 철분이 들어 있으면 밀가루와 메밀분을 배합 시 배합이 나빠지고 색상이 갈변이 된다. 밀가루 속의 전분과 단백질과 결합하여 갈변을 발생시킨다. 최근 밀가루는 무표백분되어 있어서 밀가루 중에는 2종류의 색소 즉 적색의 캐로티노이계 색소와 황색의 후라보노이드계 색소가 있다. 이것들이 철과 결합하여 변색(綠色, 갈변)된다.

수도꼭지에 여과가제를 붙여두어 검거나 빨건 찌꺼기나 앙금이 생기는지를 확인할 필요가 있다.

앙금이 눈에 보일 정도로 많으면 철분이 많다는 것으로 원인을 조사해서 제거시킨다. 또한 가루 중에 포함되어 있는 전분에 철 이온이 결합하여 갈변이 촉진되는 경우도 있다.

⑤ 염소

상수도수는 염소살균을 해서 잔류 염소 냄새가 난다. 특히 여름철 염소량이 증가되어 냄새가 강하게 나는 경향이 있다. 이러한 염소성분이 중화면의 풍미를 저하시킬 수도 있고 국물을 낼 때도 이 냄새가 영향을 주기 때문에 주의할 필요가 있다. 이 냄새를 없애려면 물탱크에 미리 받아 두거나 활성탄 여과를 통하면 좋다.

4) 식염

식염은 인체에 불가피한 무기물로서 식품업계에서는 거의 식품에 조미료와 품질 개량, 그 외 방부의 목적으로 사용되고 있다. 면의 반죽에서 소맥분에 식염과 물을 가해 혼합하면 면의 반죽이 형성되는데 특히 면류에 있어서는 필수 원료의 하나로서 중요한 역할을 하고 있다.

식염의 성분은 나트륨 39.4%과 염소 60.6%의 2종류의 원소의 화합물이다. 그러나 사용되고 있은 식염은 순수한 염화나트륨만 아니고 수분, 염화마그네슘, 소량의 유기물 등이 포함되어 있다.

(1) 식염의 종류

종류로는 크게 원염으로 천일염, 기계염, 그리고 2차 가공염으로 제제염과 가공염의 4가지로 구분할 수 있다.

(2) 식염의 사용효과

식염을 사용할 때는 반드시 물에 용해시켜서 식염수로서 첨가해야 한다. 제면에 사용되는 식염량은 대개 밀가루 100에 대해 1～7 정도로 배합수에 용해시켜 사용되고 있다. 식염은 글루텐의 결합에 작용해서 반죽을 탄력과 인장성에 향상시킨다. 즉 반죽의 탄력성을 높여 제면의 실제 작업성을 좋게 한다. 중화소바면에서는 식염 아닌 주성분 탄산칼륨 등의 간수를 사용하지만 식염과 같은 효과를 작용한다. 소맥분에는 단백질 효소(酵素)가 있어 식염이 효소의 활성을 억제하여서 반죽을 숙성하는 동안에도 처지는 것 없이 숙성시킬 수 있다.

면에서의 사용 목적은 글루텐에 대한 점탄성을 증가시켜 주며, 맛과 풍미를 향상시켜 주며, 삶는 시간을 단축시키며, 보존성 향상과 건면의 경우에 異常 乾燥 防止로 낙면을 방지시킨다.

식염을 과다 사용하면 면선이 너무 단단해지고, 면대가 부스러지는 경향이 있고 조리시간이 길어진다. 사용치 않으면 탄력성이 없고 들어 붙으며 쉽게 끊어진다.

건면의 제조에서는 식염을 첨가하면 수증기압이 저하되어 건조속도가 느려져서 급격한 건조에 의한 균열을 방지하는 큰 효과가 있다. 일부 우동, 소바 등에서 식염을 사용하지 않는 제면법도 있지만 건면 제조에 식염은 불가피한 원료이다.

이외에도 식염의 작용으로 적당한 염미는 미각을 좋게 하고 제균성에 의해 생면의 보존성 향상과 삶는 시간의 단축, 삶은 면의 식감에 부드러움을 주기도 한다. 또한 간수는 중화면에 특유의 미황색과 풍미를 내기도 한다.

식염이 많으면 삶는 물에 용출되어 탁해지고 면의 수율이 저하되므로 무염제면법을 할 때도 있으나 단백질 분해 작용을 막지 못해 반죽 시간이 경과하면 처지므로 될수록 빨리 삶아 낼 필요가 있다.

우동류에는 식염을 사용하지 않는 예는 드물지만 중화면, 일본 소바에는 사용하지 않는 예도 많다. 사용해도 우동류보다 적은 것이 보통이다. 단백질과 염류용액과의 일반적인 관계에서 단백질의 변성효과가 있어 밀가루의 글루텐과 식염수의 경우도 예외는 없다. 밀가루를 간수로 혼합한 반죽과 식염수로 혼합한 반죽의 성질이 크게 다르다.

식염에는 효소의 활성을 저해하는 효과가 있다. 이것은 amylograph에서 점도가 상승하는 것으로도 알 수가 있지만 전분 분해효소보다 역시 蛋白 분해효소를 억제하는 효과가 인정되어 제면에서는 건면제조 공정의 건조 중의 落麵을 적게 하는 것과 반죽의 숙성 중의 화학변화를 억제하는 효과 등이 인정된다. 식염도 과다하면 gluten의 변성이 진행되어 본래의 성질을 잃고 반죽의 신장성과 탄력도 같이 적게 된다. 통상의 제면 加水에서는 밀가루 100에 대해 식염 5 정도가 한계로 생각된다.

식염을 사용하는 효과는 이것에 따라 면의 食味, 食感이 개선되어 삶는 시간이 단축되어 또는 제면 공정이 개선, 안정되는 것이다.

배합수에 식염수를 사용하지 않으면 삶는 면은 심(芯)이 굳어 삶기가 늦어지지만 적량의 식염을 사용하면 삶는 면은 독특한 탄력을 가지게 된다.

식염의 첨가량과 작업 공정과의 관계는 반죽의 경도, 탄력, 끈끈함이 식염량에 따라 변한다.

밀가루와 물을 혼합해 만든 반죽은 온도에 민감해 더우면 늘어지기 쉽지만 기온이 낮으면 딱딱해 작업하기 어려워 반죽의 숙성에도 시간이 걸린다.

이것은 식염의 사용효과와 결과에 있어서 비슷해 제면 작업에서 여름철은 식염을 많이 사용해서 반죽을 긴장시키고 겨울철에는 식염을 적게 사용해서 반죽이 긴장되지 않게 조절한다. 그러나 일년 내내 자동 온도관리 공장 설비 조건의 경우는 별도이다.

옛 부터 手打우동의 제법에서 가수의 염 농도를 조정하는 데는 "土三寒六"이라 해서 여름에는 염을 3배의 물에 타서 사용하고 겨울철에는 6배의 물로 타서 사용한다고 하지만 이것도 온도변화에 대응해서 식염의 사용량을 변하게 해서 작업성을 안정하게 하기 위해서이다.

작업공정의 안정에 대해 추가되는 효과는 건면을 만들 때 건조속도의 조절이다.

면을 만들 때 배합수의 염 농도가 높은 정도에 따라 면의 건조가 어렵게 된다. 자연 건조의 濕度에 맞혀 배합수의 염도를 변하게 할 필요가 있지만 인공건조에 있어서도 염농도가 낮을수록 습도를 높게 설정할 필요가 있다.

염의 농도가 높으면 건조가 늦어져 건조시간이 걸리지만 건조의 상태는 좋다. 건면의 염농도와 평형수분의 관계는 식염이 많으면 건조가 어렵다는 것을 잘 알 수 있다.

(3) 식염수의 농도

생산량이 적은 소규모 기업의 경우에는 계량된 식염을 배합수에 투입하여 결정이 남아있지 않도록 완전 용해시킨 식염수로 반죽한다. 대량의 배합단위의 대량공장에서는 미리 식염 농도를 맞추어 완전히 용해시켜서 사용배합수를 준비해야 한다. 식염이 물에 용해되는 시간은 물의 온도에 영향을 받기에 여름철 사용수의 온도가 20도 정도 상태에서는 1시간 용해시간이 걸린다. 밀가루에 대해 대개 2~5%로 사용되지만 수타면과 수연면은 이것보다 많다.

어느 정도의 식염의 농도가 적당한가? 생면제조인지? 삶는 면인지? 삶는 시간에 따라 다르지만 삶는 면의 짠맛을 감지하되 정도는 소맥분에 4% 정도가 되어야 하고, 장기간 보존에도 변질이 안되고, 제균력이 되려면 5% 이상의 식염이 필요하다.

〈표 2-7〉 각 계절별 식염수의 농도 및 가수량과 같이 계절적인 변화에 의해서도 여름철에는 식염의 농도를 높이고 겨울철에는 낮춘다.

〈표 2-7〉 각 계절별 식염수의 농도 및 가수량

계 절	식염수의 농도 Be´도	식염수 가구량 KG	가수율 %	절대 수분 함량
봄	11~14	6.46	32.3	3.16~32.3
여름	12~16	6.06	30.3	30.3~32.1
가을	10~12	6.46	32.3	32.1~32.6
겨울	9~10	6.88	34.4	33.5~33.7

소맥분 20KG/1포대의 식염수 가수량(소맥분 수분 함량 14% 기준)
Be´도 : 액체에 대한 상대 밀도를 나타내는 비중 측정수치
중액용 보메 측정기를 사용할 때 순수물은 0Be이고 5% 식염수를 15Be로 하여 그사이를 15등급 한 눈금을 가리키며 경액용은 10% 식염수를 0Be로 하고 순수물을 0Be로 하고 그 사이를 15등분한 눈금을 매기고 있다.

원래 수연소면은 동절기만 제조하지만 특히 기계 제면은 연간 제조하므로 계절에 따라 가염량의 조절이 필요하다.

앞서 말한 바와 같이 식염은 물에 녹여서 식염수의 형태로 밀가루에 첨가하므로 식염의 배합률은 실제적으로 식염수의 농도는 보메도로 표시한다.

보메도는 비중계로서 측정한 식염수의 농도이다. 품온 15도에서 보메도는 물이 0이고 15%의 식염수가 15이다.

보메도와 가수량의 관계는 〈표 2-8〉에 있다.

〈표 2-8〉 보메도, 가수량과 소맥분에 대한 식염량(밀가루 100에 대한 식염량 수치)

보메도 \ 가수량	28%	30%	32%	34%	36%	38%	40%	42%	44%	46%
7	2.0	2.1	2.2	2.4	2.5	2.7	2.8	2.9	3.1	3.2
8	2.2	2.4	2.6	2.7	2.9	3.0	3.2	3.4	3.5	3.7
9	2.5	2.7	2.9	3.1	3.2	3.4	3.6	3.8	4.0	4.1

보메도 \ 가수량	28%	30%	32%	34%	36%	38%	40%	42%	44%	46%
10	2.8	3.0	3.2	3.4	3.6	3.8	4.0	4.2	4.4	4.6
11	3.1	3.3	3.5	3.7	4.0	4.2	4.4	4.6	4.8	5.1
12	3.4	3.6	3.8	4.1	4.3	4.6	4.8	5.0	5.3	5.5
13	3.6	3.9	4.2	4.4	4.7	4.9	5.2	5.5	5.7	6.0
14	3.8	4.2	4.5	4.8	5.0	5.3	5.6	5.9	6.2	6.4

(보메도, 가수율과 밀가루에 대한 계산식)
① 1,100－보메도＝X(물 부분)
② X×가수량/100＝Y(가수율 내의 수량)
③ 가수율(정수)－Y＝식염량 %

(4) 식염수의 조정

식염수는 물에 충분히 용해해서 두어 사용한다.

기계 제면에서는 사용량이 많아서 식염수를 조정해서 저장해 두고 교반하면서 사용한다.

식염수를 실제로 조장하는 것은 포화식염수에 물을 혼합해서 식염 농도(보메도)로 하고 있다.

그래서 식염을 용해하는 탱크 A, 포화식염수를 저장해 두는 탱크 B, 포화 식염수와 물을 혼합하는 탱크 C의 3개를 설비한다.

원료분과 식염수의 혼합시간은 기온이 높은 여름철이 동절기보다도 짧다. 또한 혼합한 반죽을 숙성시켜 두어도 품온이 높을수록 효과가 크다. 여기에서 가하는 식염수의 온도를 높이는 것으로도 가능하다.

수타우동의 제면에서 「土三寒六常五杯」라고 하는데 「토(土)」라는 것은 여름철, 「한(寒)」은 동절기, 「상(常)」은 봄, 가을을 말한다. 이 의미는 여름철에는 식염 1되를 사용하면 3되의 물로 나누어 넣고 겨울에는 식염 1되에 6되의 물의 비율이고 봄·가을은 식염 1되를 사용하면 5되의 물의 비율이다.

식염(NaCl)은 나트륨(Na)과 염소(Cl)로 되어 있다. 나트륨량은 식염과 같지 않다.

영양성분표시에 나타나는 식염의 상당량으로는 식품에 함유되어 있는 나트륨량을 식염량으로 환산한 수치이다.

나트륨(mg) × 2.54 ÷ 1,000 = 식염상당량(g)

포화용액은 용액과 유리(遊離)된 용질(溶質 : 액저체(液底體) 등)이 평형으로 존재하여 용액 속의 용질 농도가 일정해진 상태의 용액을 말한다. 포화용액의 농도는 용매(溶媒)에 대한 용질의 용해도(溶解度)에 따라 결정된다.

상온(常溫)에서의 포화식염수는 대략 26%의 식염을 함유한다.

식염의 용해도는 100g의 물에 대해 36g이므로 간단한 계산으로 포화농도를 얻을 수 있다. 때로는 포화농도 이상으로 용질을 함유하는 용액을 만들 수 있는데, 이것은 과(過)포화용액이라고 하며, 열역학적(熱力學的)으로 안정된 상태가 아니라 준안정(準安定) 상태이므로 어떤 자극에 의해 용질의 과잉분이 석출(析出)되어 포화용액이 되기 쉽다.

(5) 식염 농도와 미각

식염은 미네랄성분으로 영양소이지만 바람직한 맛의 농도의 영역이 좁다. 즉, 과도하게 섭취하려고 해도 섭취하기가 어려운 것이 소금 맛이고 일반적으로 0.8% 전후의 농도가 느끼기 좋은 정도이다. 〈표 2-9〉를 참고해서 식염의 농도에 대한 염 느낌 상태를 알 수 있다. 이런 느낌을 이용해서 소비자의 맛에 가름하여 맛 개발이나 기호도 및 관능검사에 참고했으면 한다.

〈표 2-9〉 식염수의 농도에 따른 맛

농도(%)	맛
0.05	거의 무미
0.10	미미한 감미
0.15	감미와 미미한 염미
0.2	감미가 없는 염미
0.3	약한 염미

농도(%)	맛
0.4	은은한 염미
0.5	염미
0.6	확실한 염미
1.0~6.6	강한 염미
20.0	염미와 강한 고미
30.0	염미와 강한 고미

(6) 식염의 사용량 조정

면의 종류와 계절, 생산 지역의 기후에 따라 식염의 사용량은 달라진다. 생칼국수나 건국수에는 필수적이고 중화면, 메밀면에는 사용하지 않는 예도 있다. 우동보다 적게 사용한다. 단, 우동류에는 온도변화에 따라서 하절기 온도가 높고, 습도가 높을 때는 식염량을 증가시키고 겨울철에는 감소시켜 사용하는 것이 일반적이다. 밀가루 기준으로 생칼국수, 건국수의 사용량은 3~6%, 우동류 2~6%, 메밀면에는 0~2%, 중화면에는 0~1% 정도로 사용하고 있다.

2 부원료

제면의 주원료로서는 지금까지 설명한 밀가루, 식염, 물의 원료만 있으면 일반적인 면류에 있어서는 거의 만들 수 있다. 그러나 기본적인 면에다 새로운 개성과 특징을 부여할 수 있기 위해, 품질의 개량, 보존성의 향상, 영양의 강화 목적 등으로 부원료를 소량 배합으로 크나큰 효과를 볼 수 있다.

부원료로 사용되는 원료의 첨가물의 사용 선택은 신중해야 한다. 사용 전에 식품공전, 식품첨가물기준에서 사용기준과 허용기준을 확인해야 하고, 허용기준 이하로 사용을 최소화한다. 또한 모든 원료는 법적으로 의무적으로 표시를 해야 한다. 첨가물 사용은 고객의 입장에서 무첨가물 제품을 선호하므로 기피 제품의 원인이 될 수 있다는 것을 고려해야 한다.

1) 품질 개량을 목적으로 하는 것

(1) 간수

간수는 탄산나트륨(Na_2CO_3), 탄산칼륨(K_2CO_3)을 주성분으로 하는 알칼리 용액으로 우동의 경우에 식염을 사용하는 것과 같이 중화면 제조에 불가피한 알칼리성 물질로 식품첨가물의 하나이다. 제면용 식품첨가물 중에서 이만큼 효과가 확실히 드러나는 것은 없다. 간수는 식품위생법에 따라 규정되어 있다.

따라서 사용규정에 따라 사용해야 한다.

간수로써 사용할 수 있는 물질은 식품위생법으로 간수로써 인정되는 것에 한한다.

이러한 것은 전부 화학적으로 합성시켜 식품첨가물이고 종류는 탄산칼륨(K_2CO_3), 탄산나트륨(Na_2CO_3), 탄산수소나트륨($NaHCO_3$), 인산2칼륨(K_2HPO_4), 인산3칼륨(K_3PO_4), 인산수소2나트륨(Na_2HPO_4), 인산3나트륨(Na_3PO_4) 등이 있다.

사용량은 탄산나트륨, 탄산칼륨 또는 그 화합물로서 밀가루의 0.2~1.5% 정도로 소금사용량보다 적다.

간수의 효과는 gluten에 대한 收劍작용, 변성효과 외에 알칼리성에 의한 황색(밀가루 중의 flavonoid 색소의 발생)과 특유의 알칼리 풍미와 식감을 낸다.

반죽의 성질에 대한 간수의 영향은 브라벤다의 각도를 통해서 읽지만 식염의 효과와는 약간 다르다.

글루텐은 식염수에는 용해되지 않지만 알칼리수에는 용해성질이 있어 간수를 혼합하면 식염수의 경우보다 글루텐의 결합 전개가 빠르다. 만든 생반죽은 단단해 탄력도 강하지만 伸長性이 식염수의 반죽보다 적어진다. 간수가 첨가된 반죽의 경우 항장력(抗張力)과 신장도(伸張渡)는 시간이 경과되면 변화되면서 반죽의 경도가 점점 딱딱해서 조직이 약해지기 쉽다.

이것은 식염의 반죽으로 나타나는 모양과 다른 현상으로 중화면의 숙성효과로 말해진다. 중화면을 삶아 놓았을 때 표면이 우동보다도 용해되어 부스러지기 쉬운 것은 표면의 pH의 저하로 글루텐의 결합력이 약해서이지 전분이 용해되기 쉬워서는 아니다. 간수에는 탄산나트륨, 탄산칼륨 이외 인산나트륨, 칼륨염류도 각각으로 알칼리의 강도 조절과 수질개량, 면질개량의 목적으로 배합하여 사용되는 것도 있다.

(2) 식용유

손으로 늘려 소면을 만드는 과정에 면의 표면에 식용유를 바르면서 늘리는 과정이 있다. 이것은 면 표면의 건조를 막고, 면끼리의 부착도 방지하며, 소면의 특성의 식감을 준다. 사용 이유이다. 소면은 면을 가늘게 늘려서 최종적으로 건조까지 기름을 발라 늘리면서 숙성을 몇 차례 반복하므로 1일 이상 시간이 걸린다. 그 사이에 공기에 접촉시킬 수밖에 없는 상황이므로 기름을 발라가며 숙성도 하고 면끼리 접촉을 막을 수가 있다. 또한 기름은 식염과 같이 장시간 보존으로 인한 변화를 방지하고, 삶아낸 후 면 형태를 유지하며, 씹히는 식감도 좋은 식미를 주기도 한다.

〈표 2-10〉에서 보는 바와 같이 다양한 식용유의 특성치를 참고하면 일반적으로 사용하는 식용유는 면실유(棉實油)가 사용된다. 이유는 융점이 크고 안정성이 높고 풍미가 담백해 기름취가 없고 변화가 안정적이다.

〈표 2-10〉 대표적인 식물성유의 특성치

유 종	홍화씨유	대두유	참기름	면실유	팜유
AOM 수치 *1	9시간	13시간	29시간	16시간	60시간
요드가 *2	140	130	117	113	53
응고점 *3	−5℃	−8℃	−5℃	6℃	34℃

*1 AOM(Active Oxygen Method, 활성산소법) : 유지 산패 용이성을 판단하는 방법으로 유지 20ml를 97.8℃ 유지하여 2.33ml/sec의 공기를 강제 접촉시켜 유지의 어느 정도의 과산화물가 함량에 도달하는 시간으로 수치가 클수록 산화 안정성이 크다.

*2 요오드가(Iodine Value) : 유지를 구성하고 있는 지방산에 함유된 이중결합의 수를 나타내는 수치. 유지 100g에 흡수되는 요오드의 g수로서 표시한다. 요오드가가 높은 기름은 융점이 낮고, 이중결합이 많기 때문에 반응성이 풍부하고, 산화되기 쉽다.

*3 응고점 : 액체 혹은 기체가 굳어 고체가 되는 현상을 응고라고 하는데, 이 응고 현상이 일어날 때의 온도를 응고점이라 한다.

(3) 중합 인산 염류

품질 개량을 주목적으로 사용되는 인산염류의 식품첨가물로서 피로인산칼륨, 피로인산나트륨, 포리인산칼륨, 포리인산나트륨, 메타인산나트륨 등이 있다.[52)]

중합 인산염의 효과는 금속이온의 封鎖 작용, 분산 작용, 세정 작용, 완충 작용 등이 있고 식품에 폭 넓게 사용되고 있다. 면에 있어서는 사용수와 다른 원료분 중의 금속이온 봉쇄의 목적으로 사용되는 것이 많다. 이것에 의해 단백질의 경화를 억제하고, 수화성, 보습성을 강하게 하며 면의 유연성을 높여준다. 또한 변색 등의 효소 반응을 억제한다.

인스턴트 면에 사용되기도 하는데 해당하는 각각의 제품 특성에 맞추어 선택할 필요가 있지만 사용량은 밀가루 100에 대해 0.1 정도를 배합수에 용해시켜 사용한다. 식품위생상의 규격제품을 사용한다.

(4) 유화제

면류에 사용가능 한 식품첨가물로는 글리세린 지방산에스텔(glycerine fatty acid ester), 슈가 지방산에스텔(sucrose fatty acid ester), 솔비탄 지방산에스텔(sorbitan fatty acid ester), 프로피렌 글리콜 에스텔(propylene glycol ester), 레시친(lecithin) 등이 있다. 레시친은 천연물이지만 공업용과 구별하기 위해 식품첨가물(대두인 지질)로서 성분 규격이 정해져 있다.

이 유화제의 식품으로서의 효과는 기름과 물과의 유화, 분산, 안정, 노화 방지, 粘結과 결정의 방지 등이 있다.

면류에 있어서 첨가 효과는

- 乳化 외 다른 특히 전분에 대한 노화 방지효과가 있고
- 삶을 때의 결합된 전분 및 단백질의 용출을 억제시켜 면의 표면을 보호하고 수율을 높인다.
- gluten을 연화시켜 압연 시 골고루 부드럽게 펼쳐지도록 한다.

---

52) 김진성 외 3인, 생면품질에 미치는 각종 인산염의 효과, 한국식품조리학화학술대회, p.24, 2003.

- 면대에 보습효과를 주어 균열을 방지하며 탄력 있는 면대 유지한다. 특히 완탕, 만두피에는 필수 원료로 사용된다.
- 생면의 건조, 면선끼리의 부착 억제

빵, 케이크류에서는 유화와 노화 방지의 목적으로 잘 사용되고 있지만 삶는 면류와 같은 재 가열해서 먹는 경우를 제외하고는 노화 방지의 의미는 적다.

삶는 면의 경우는 삶아 낸 후의 면질의 변화인 퍼짐이 빠른 특징이 있다.

이것도 광의의 노화로서 포함될 수 있지만 유화제의 적용되는 노화와는 다르므로 주의된다.

유화제는 즉석면으로 기름과의 접촉이 잦아 노화방지 목적으로 사용된다.

(5) 점도증가제 및 안정제

식품 첨가물로서는 사용기준이 없는 것에 카제인나트륨과 알긴산나트륨(sodium alginate)이 있고 사용기준이 있는 카르복실 메틸셀룰로오스(carboxyl methylcellulose), 알긴산프로필렌글리콜(propylene glycol alginate) 등이 있다.

천연물로는 구아검(guar gum), 잔탄검(xanthan gum), 가라기난(carrgeenan), 알긴산(alginic acid) 등이 있다. 용도는 빵, 케이크, 면류의 식감의 개량, 수산물 반죽제품의 조직 강화, 진한 맛의 강화, 소스, 케첩, 마요네즈 등의 농화제(濃化濟), 안정제로서, 주스류의 안정 분산제로서 사용되고 있다.

면류 제조공정에서 안정제로서 또한 제품의 맛 개량의 목적으로 중점제로서 사용되지만 식품첨가물 화학적 합성품 중에서는 프로필렌 글리콜, 알긴산에스텔은 식감 개선에 현저한 효과가 인정된다. 또한 천연물로는 잔탄검이 생면의 질감을 강화와 식감의 경화, 삶아 부르트는 것을 방지하고 해동 안정성과 기호도를 향상시키므로 냉동식품 혹은 냉동저장이 필요한 밀가루 식품 제조에 기초 자료로서 활용할 수 있는 효과를 나타낸다.[53] 쌀국수의 제면성 향상에 도움이 되기도 한

53) 조영화 외, 아밀로펙틴 함량 변화와 하이드로콜로이드 첨가에 의한 밀가루 반죽 및 국수의 특성, 한국식품과학회지, Vol.39, No.2, pp.138~145, 2007.

다.[54] 이외에 해조의 청각을 끓인 즙이나 산마는 메밀면의 면발을 쫄깃쫄깃하게 하는 것과 맛을 좋게 하는 목적으로 사용되고 있다.

2) 보존, 살균을 목적으로 하는 것

보존과 살균을 목적으로 하고 있는 첨가물에는 안식향산(benzoic acid), 프로피온산(propionic acid), 소르빈산(sorbic acid), 차아염소산 나트륨(sodium hypo-chlorite) 등 많이 있지만 사용기준 면에서는 사용할 수 없는 것도 많다.

삶은 면에는 과산화수소, 생면에서는 프로피렌 글리콜(propylene glycol)이 주로 사용됐지만 과산화수소는 일본에서 1983년에 발암성 물질로 확인 발표되어 식품첨가물로서 사용은 되지만 최종 식품 중에 잔존되면 면류에는 사용할 수 없다.

현재 식품위생법의 식품첨가물로서 사용할 수가 없다.

(1) pH 조정제

식품의 보존을 위해서 미생물 대책은 살균 방식으로 가열살균, 초고압살균, 화학살균 등이 있고 증식 억제 방식으로 pH조정, 수분활성도 저하, 미생물 억제제, 식품첨가물 첨가, 보존온도 조절, 탈 산소, 가스치환 방식 등의 여러 가지 방법이 있다.

삶은 면에 보존성을 부여하는 첨가물로는 이전부터 제면 업자들에게 사용되어 왔던 젖산, 사과산, 구연산, 후말산, 초산 등의 有機酸이 사용되고 있다.

이것은 pH에 의해 세균류의 증식이 억제되는 것과 같이 내열성이 약해지는 것을 이용하고 있다. 이러한 酸의 사용법은 제면 제조 시에 반죽에 넣든지, 삶은 면을 수세한 후 유기산 용액에 침적하든가, 또는 병행하는 방법이 있다. 그러나 이것만으로는 보존력이 약해 포장 후 가열살균이 필요하다.

또한 사용하는 유기산의 종류, 양에 따라 제품의 pH와 산도가 달라지므로 유기산의 選定이 매우 중요하다.

---

54) 조희정 외, 천연고분자 첨가에 의한 쌀국수 제면성 연구, 경북대농학지, 29(2011.12), 55~62.

유기산은 산성을 가진 유기화합물 전체의 총칭으로 산미의 부여, 향의 증강, 항균 방부의 효과, 완충작용, 식육의 보존 효과, 점성 조정, gel化의 조정 및 팽창제로서의 목적 등 가공식품의 기호성 향상, 품질, 부패의 방지 등으로 식품 가공에 넓게 이용되고 있다. 유기산의 항균력은 酸 자신이 보유하는 항균력과 pH의 저하 작용에 의해 미생물의 성장 억제와 산 분자 자체의 독성 효과 때문이다.

(2) 프로필렌 글리콜(Propylene Glycol)

무색 투명한 syrup상의 액체로서 원래는 용제로서 향료, 착색료에 사용되고 있다. 그 외 습윤 유화안정제, 또는 약한 정균작용이 있어서 보존의 목적에도 사용된다.

PG의 생면류의 사용효과는 주로 수분 활성도를 낮추어 보존 효과를 연장 목적으로 사용된다.

PG는 배합수에 첨가하여 사용치만 반죽 형성에서 물에 유사한 효과가 있어 PG 사용 상당분의 물을 감소할 수 있다. 생면류의 보존성에서는 효과적인 첨가물이지만 사용기준이 설정되어 생면류에서 제품 중 2% 이하, 皮類에서 1.2% 이하(양쪽다 수분 30% 정도일 때), 기타 식품류 0.6% 이하로 사용해야 한다.

(3) 알코올류

식품에 사용되는 에틸알코올의 형태를 크게 나누면 농도로서 95%, 75% 중심의 것이 60% 이하(발효조미료도 포함)의 액체제제와 흡착제에 60~70% 에틸알코올을 흡착시킨 분말제제로 되어 있다. 알코올에 의한 살균효과는 예전부터 일반적으로 알려져 있다.

면에는 수분이 25% 정도의 반생면, 30% 전후의 생면 및 50~75%의 찐 면, 삶은 면 등은 유통기간 문제로 우선적으로 청결한 제조장 및 철저한 위생 관리를 요구한다. 보완적으로 식용의 주정이 첨가물로서 생면, 만두피의 배합에, 숙면 증자 면에는 침적으로 이용하기도 한다. 면의 수분 함량 및 수분 활성도를 낮추어 제품

보존에 큰 영향을 미친다.

① 식품용 주정 알코올

함수(알코올 95% 이상) 특급 발효주정이 있다.

㉠ 반죽 첨가

생면류의 알코올 사용법은 생면류에서는 통상 배합을 하는 균일 혼입시키기 위해 미리 첨가예정량의 알코올을 배합수에 잘 교반 혼합하여 배합 시 첨가한다. 첨가량으로는 1~4% 정도가 된다.

㉡ 침적법

숙면 또는 소면을 냉수로 수세하여 적량으로 희석된 알코올 침적액에 침적시켜 포장한다. 침적액 농도는 보존일수에 따라 다르다. 일반적으로 10~20% 용액이다.

㉢ 분무법

삶은 면 또는 찐 면에 알코올액을 분무 흡착시키는 방법으로 이 방법은 흡착이 상당히 균일하게 되나 능률이 나쁜 결점이 있다.

② 발효조미료(알코올엑기스)

천연 양조로 만든 것을 기본으로 한 에탄올 함량 50% 정도의 발효 조미액이다. 에탄올 단독 사용보다는 알코올 냄새도 완화되고 생면의 보존효과에 좋은 결과를 가져다주고 있다. 첨가량으로는 2~6%이다.

밀가루에 대해서 에틸알코올로 2% 정도, 양조 조미액류(주정 50% 함유)가 4% 정도가 사용되지만 포장되지 않은 상태에서는 휘발하기 때문에 보존효과가 떨어진다.

에틸알코올에도 PG 정도는 아니지만 물과의 치환효과가 있어 물의 양을 감소할 수 있지만 알코올 사용량이 지나치면 반죽의 성질이 변하므로 다량의 사용은 곤란하다.

더구나 메밀분에는 알코올을 분해하는 효소(Alcohol dehydrogenase)가 있기 때문에 생 메밀분에 알코올을 사용하면 異臭(알데히드취)가 난다. 그래서 메밀을 가공하는 데는 잘 사용되지 않는다.

(4) 글리신

글리신(glycine), 아미노산은 생면, 증숙면, 삶은 면으로 사용되지만 가열살균과 병형해서 보존효과가 인정된다. 글리신은 천연에 존재하는 아미노산 중에서 가장 간단한 구조를 가지고 있다. Bracon-not(1820)에 의해 젤라틴의 가수 분해물로부터 분리되었다. 생리학적으로 생체 내에서 크레아친을 생합성에 관계하고 있는 중요한 아미노산으로 세린 등에서 생합성 된다. 식품분야에서 양조식품의 조미료, 감미를 가지고 있기에 일부 감미료로서 이용되고 최근에 항균성이 있다고 알려져 합성 보존료에 대한 소비자의 도외시 경향에 부응해 소위 건강식품 지향의 조류 중에 안정성이 높은 항균 물질로 주목되어 면류, 수산가공품 등에 이용되고 있다. 또 생면류의 변색방지에도 효과가 있다.

글리신이 2～5% 존재하면 많은 세균의 생육에 저해를 일으켜 제균효과가 있는 것으로 알려져 있다.

글리신의 항균 작용기작은 세포벽용해효소의 라이소자임(lysozyme)에 대해 감수성을 변화시키고 세균 세포벽의 생합성을 저해하는 것으로 알려져 있다. 그러나

〈표 2-11〉 삶은 면에 대한 글리신과 증기살균의 병용효과(생균수/g)

글리신첨가량 (%)	증기살균 100℃, 4분 실시 후 / 보존일수(37℃)		
	1일	2일	7일
0	3.0×10^3	2.4×10^5	3.2×10^8
0.2	< 10	1.2×10^5	6.3×10^5
0.5	< 10	< 10	< 10
1.0	< 10	< 10	< 10
2.0	< 10	< 10	< 10

곰팡이, 효모에 대해서는 제균력은 약하다. 면류에서 글리신의 이용은 〈표 2-11〉에서 보듯이 첨가 효과로 삶은 면에 첨가하여 보존성을 향상시키는데 이용된다.

3) 착색료

식품첨가물로서 타르색소가 있지만 사용기준에 있어 면류에는 사용 못 한다. 건면의 광택, 중화면 및 5색면의 개발 품목에 따라 당근, 파프리카, 치자, 쑥 등의 천연 채소류를 이용하지만 안정성이 약해 본래의 색의 유지가 짧고 탈색이 되기 쉽다.

(1) 황색색소

비타민 B_2가 그대로 착색료(着色料)로서 사용되고 있다. 그러나 자외선에 약해 퇴색하기 쉽다.

중화면의 경우 알칼리 發色하는 후라보노이드 색소가 잘 사용된다. 밀가루에도 존재하지만 카롭 콩과 소맥의 배아 중에 다량 함유되어 있어 이들의 분말 혼합 시에 밀가루에 첨가되어 사용된다. 색조는 Carob 콩 배아의 경우는 녹색이 있는데 대해, 소맥 배아 사용의 경우는 약간 붉은 기가 있다. 중화면에는 구치나시의 열매에서 얻은 구치나시 황색소(구로신)도 색조가 좋고 안정성도 비교적 높아서 사용되고 있다. 제제로서는 이것들이 혼합된 것도 있다.

(2) 적색색소

적색의 천연색소도 있으나 각각의 색소에 특징이 있지만 밝게 만들기가 어렵다. 면으로서는 건면에 이용되지만 구치나시 적색소(구치나시 추출물에 효소를 작용시킨 것)과 코치니르에서 추출한 코치니르 색소가 안정제(명반, 중합인산염)와 병행해서 사용한다.

(3) 녹색색소

녹색색소는 건면의 냉면, 차를 이용한 제면에 사용된다.

차소바에는 녹차가 이용되지만 밝기, 안정성에 문제가 있어 보강으로 구치나시 靑색소에 황색색소를 배합한 녹색색소가 이용되는 것도 있다(구치나시 청색소도 구치나시추출물에 효소를 적용시켰다).

(4) 榮養强化

식품첨가물 중, 영양강화제로서 각종 비타민류, 아미노산류, 칼슘염류, 철염류가 포함되어 있다. 요즈음 건강식품, 기능성 식품의 이미지로서 자연식, 低칼로리식, 칼슘 및 纖維(다이어트-섬유)의 强化食 등으로 고려해 보는 것도 필요하다.

(5) 기타 첨가물(添加物)

① 활성 글루텐(정제 소맥 단백질)

활성 글루텐은 밀가루를 글루텐과 전분으로 나누어 그 글루텐을 분말로 한 것이다. 글루텐은 반죽 형성능력을 그대로 가지고 있는 것이 필요하다. 이것을 '활성도'라고 한다.

면류에 사용하는 목적은 글루텐량을 보충하는 것으로 첨가에 따라 밀가루가 강력화 된다. 사용하는 활성 글루텐은 변성이 적은(활성도가 높다) 것으로 색조가 밝은 것이 좋다.

이러한 글루텐분말은 중화면의 탄력강화, 메밀면의 결착 보강, 전분 등 다른 전분류를 배합에 이용하는 경우 결착 역할 등에 이용된다. 활성 글루텐을 사용시 어떤 맥분에서 글루텐을 정제했는지를 알면 용도를 적절하게 사용될 수 있다.

② 전분류

제면에는 각각의 목적으로 전분류를 이용하지만 크게 나누어 打粉과 배합분으로 사용된다.

타분으로는 고구마전분, 옥수수전분을 반반씩 혼합해서 사용하는 경우가 많다.

원료분에 배합해서 반죽에 넣어 사용하는 전분은 종류도 많고, 요즈음에 들어 와서 소량 첨가물 개념에서 면의 물성에 중요한 영향을 주는 요인으로 대두되어 맥분과 전분의 특성 비교로 많은 응용 범위가 넓어지고 있다. 밀가루에는 전분함량이 75% 전후이고 Gluten은 10% 전후이다.

가열 즉 증숙이나 열탕을 거치면서 전분은 호화(糊化, Gelatinization)하여 점탄성(Viscoelasticity)을 띠지만, Gluten은 열변성(Heat Denaturation)하여 굳어지므로 면류의 식감에 크게 영향을 주는 것은 전분이라고 생각된다.

배합으로 사용하는 전분은 그 배합량에서 소위 첨가물로 보다는 원료의 하나로서 일반적으로 밀가루에 대해 5~20% 배합해 사용된다.

전분의 사용 목적은 식감의 개량이지만 그 이외 삶는 시간 또는 삶은 후 연화시간의 단축과 外見상의 광택, 투명감의 향상 때문에도 이용된다.

이용되는 주 전분에는 감자(馬鈴薯)전분, 옥수수전분(waxy corn starch), 타피오카전분 등이 있다. 각각의 특징은 감자전분은 식감에 딱딱한 齒切이 있어 탄력감을 부여하고 투명감을 증가시킨다. 왁시콘전분은 食感이 부드럽고 粘度를 주는 효과가 있지만 다른 전분과 병행 사용하는 일이 많다. 타피오카전분은 식감이 연하고 탄력성을 준다. 이러한 특성으로 즉석 면류에는 馬鈴薯 전분, 생면류에는 타피오카전분이 이용되고 있다. 최근 전분을 첨가한 생면이 품질 특성 및 기호도의 개선된 효과의 연구에서도 알 수 있다.[55)]

밀가루에 과다 전분을 가하면 상대적으로 원료분 중의 글루텐량이 감소하여 반죽 형성하기 어렵고 또는 생면에서는 삶을 때 전분 용출이 많게 된다.

그러나 왁시콘전분의 경우 특이하게 사용량에 따라서는 반대로 용출이 적게 되지만 이것은 아미로펙틴의 특성으로 생각되어진다.

〈표 2-12〉 각종 전분의 고유 특성에 나타난 각각의 전분에는 각각의 품종과 산지의 특성에 있어서 그것들을 이용하는 것이 중요하다. 특히 수입전분은 거의 변성澱粉으로 변성도 및 방법 정도에 따라 품질이 변해서 주의를 요한다.

---

55) 한민식, 전분 첨가에 따른 생면의 품질특성에 관한 연구, 석사논문, 서울과학기술대학교, 2018.

麵質과 전분 고유 특성과의 관계

(전분의 출처)

일반적으로 地下전분이 地上전분보다 입자의 크기도 크며 swelling power도 크고 끈기 및 용해도도 높은 것으로 나타난다.

〈표 2-12〉 각종 전분의 고유 특성

종류 / 항목	옥수수 전분	고구마 전분	감자 전분	소맥 전분	tapioca 전분	쌀 전분	waxy corn starch	변성 전분
출처	열매	뿌리	뿌리	열매	뿌리	열매	열매	열매
입자 크기	6~15	2~40	5~100	5~40	5~25	3~8	5~26	3~24
swelling power	24	45	1,000	21	54	19	64	-
호화개시 온도	66.8	65.8	61	58	65.5	-	71.8	-
최고점도 BU	260	685	1,028	104	-	-	-	-
최고점도시 온도	92.5	90.2	88	92.5	-	-	-	-
95℃에서 용해도	25	18	82	41	28	18	23	-

③ 계란(鷄卵)

계란도 면에 자주 사용되고 있다. 생란과 건조 분말이 있다.

생란으로 사용하는 경우는 밀가루 100에 계란 4.5% 정도 사용하고 계란 건조분말로는 1% 정도 첨가한다.

면에 있어서 계란의 효과는 난황은 황색 착색, 풍미를 부여하고 난백은 식감 개선, 삶을 때 용출 방지 효과를 준다.

따라서 식감 개량의 목적이라면 난백을 사용하면 좋고 건조품이라면 난백분을 사용한다.

면류에는 메밀면, 중화면에 전란 또는 난백이 사용되는 예가 많다.

또한 미국, 유럽의 면류에는 전란이 자주 사용된다. 생면류에 계란의 표시에 관한 공정경쟁규약에서는 계란이라고 표시하기 위해서는 원료분에 대해 전난분의 경우 1% 이상, 생란에는 5% 이상(계란 1개 50g으로 계산한다) 사용해야 한다.

④ 기타

增粘과 식미 개량의 목적으로 이러한 것 외에 茶분말, 山麻, 해조류가 이용된다.

茶, 산마의 사용을 명기할 때 원료분에 대해 茶는 1% 이상, 산마는 분말로 4% 이상, 生으로는 10% 이상 사용하게 되어 있다

3 물성품질 평가 측정

1) 물리적 측정 항목

밀가루 반죽의 성질 및 반죽의 가공 조작은 최종제품의 품질에 결정적인 영향을 주게 된다.

반죽의 성질은 단백질, 전분, 기타 지방질 및 무기질 등의 여러 성분의 함량과 질, 효소 등이 관계되므로 화학적 분석만으로는 가공적성을 완전히 파악하기가 곤란하다. 따라서 최종 제품의 제조시험을 통하여 반죽의 성질을 이해할 수 있으나 제조 시험조건, 평가방법 등은 개인차에 의하여 오차를 가져올 수 있는 결점이 많다. 물리적인 방법에 의한 반죽의 시험은 물리성과 기계적 측량치를 수량적으로 평가할 수 있는 장점이 있다. 반죽은 액체는 아니나 흐름(비가역적 변형)의 성질을 보이며, 고체도 아니나 탄성(가역적 변형)의 성질을 보인다. 따라서 반죽은 흔히 점탄성의 물질로 불린다. 이 두 가지 성질이 반죽의 물리적 성질에 크게 영향을 미치게 된다.

반죽의 성질을 이해하기 위하여 여러 가지 기계가 이용되고 있으나 반죽의 점성과 탄성을 동시에 측정할 수 있는 기계는 없으며 경험적으로 해석하는 데 그치

고 있다.

반죽의 성질을 조사하는데 가장 널리 쓰이는 것은 패리노그래프(Farinograph), 아밀로그래프(Amylograph) 및 익스텐소그래프(Extensograph), 레오메타이다.

(1) 패리노그래프(Farinograph)

패리노그래프는 기본적으로 토크(torque)를 측정하는 반죽교반기로서 일정한 온도에서 반죽의 교반시 가소성(plasticsity) 및 이동도(mobility)를 측정하는 기계이다.

〈그림 2-9〉 패리노그래프는 크게 8개의 부분으로 이루어져 있다. 즉 ① 혼합기, ② 동력계(dynamometer), ③ 수평유지장치, ④ 눈금지시기, ⑤ 기록계, ⑥ 댐퍼, ⑦ 온도조절계, ⑧ 뷰렛으로서 혼합기와 댐퍼의 온도는 온도조절계로부터 순화되는 물에 의하여 일정한 온도(30°±0.2℃)를 유지하게 된다. 기본적으로 반죽의 일정한 굳기(consistency)에 도달하는데 요하는 수분함량(즉, 흡수율) 및 반죽의 개략적인 반죽 특성의 두 가지 물리적 성질을 나타낸다.

패리노그래프는 50g 또는 300g용 mixing bowl을 사용하여 반죽의 굳기가 500 B.U.(Brabender Units)에 도달하도록 물을 가하고 여러 측정치를 시간(분) 또는 B.U.로 표시한다.

중요한 부분으로 나누어보면, (A)는 밀가루가 물을 흡수하는 초기 단계로서, 커브의 윗부분이 500B.U.에 도달하는 시간을 도착시간이라고 한다. (B)는 (A)의 연장으로서의 반죽의 굳기가 최고점에 도달하는 시간을 반죽시간(peak time, dough development time 또는 mixing time)이라고 한다. (C)는 커브의 윗부분이 500 B.U.를 떠나는 순간을 나타낸 것으로서 이때까지의 시간을 출발시간(departure time)이라고 한다. (D)는 패리노그램의 전체 커브로서 발로리미터(valorimeter) 값의 측정이 필요한 경우에는 반죽시간으로부터 12분 이상 그리게 된다. (E)는 도착시간으로부터 출발시간까지의 커브로서 이를 안정도(stability)라고 한다.

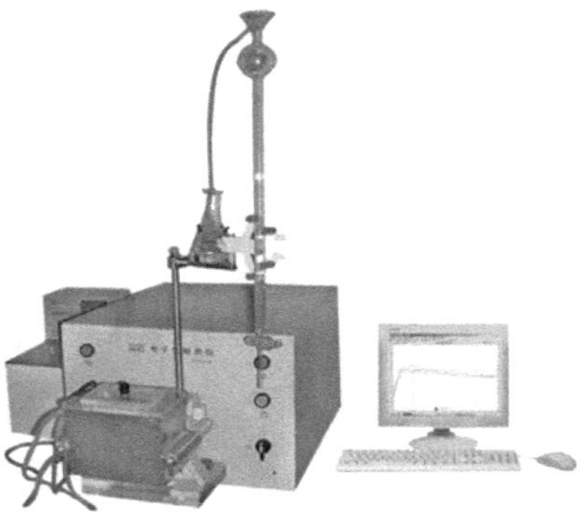

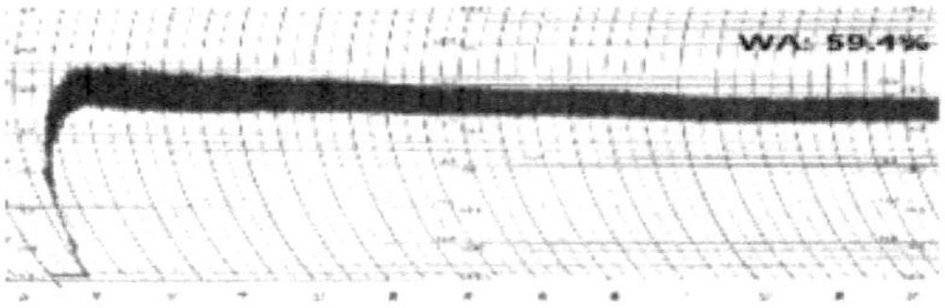

영양강화 밀가루(시료번호 19)

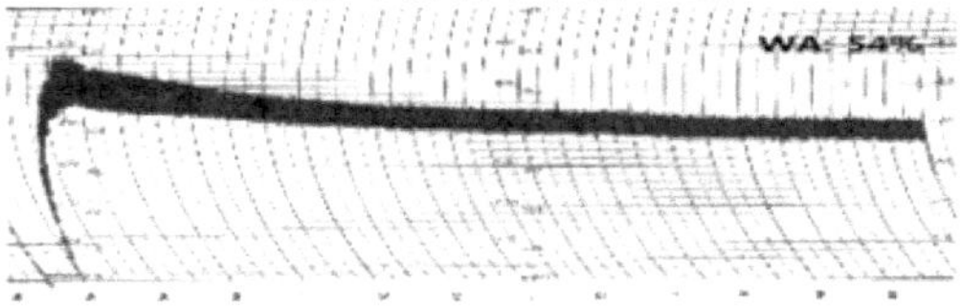

박력분(시료번호 23)

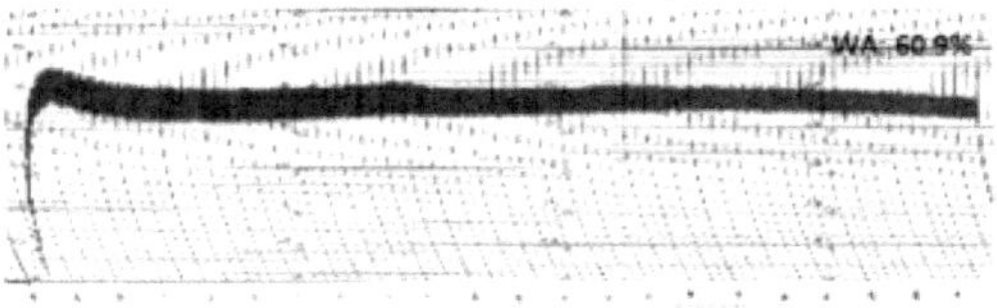

유기농 밀가루(시료번호 24)

〈그림 2-9〉 패리노그래프

도착시간은 밀가루가 물을 흡수하는 속도를 나타내는 것으로서 동일한 품종의 밀의 경우 단백질이 증가하면 도착시간도 증가한다. 안정도는 밀가루의 반죽에 대한 저항성(tolerance)을 가리키는 지표가 된다. 출발시간이 긴 밀가루일수록 강력분에 속한다.

반죽저항도(mechanical tolerance index, MTI)는 반죽시간에서의 커브의 윗부분과 5분 후의 커브의 윗부분과의 차이를 나타낸 것으로서, 일반적으로 반죽에 대하여 저항성이 큰 밀가루(즉 안정도가 좋은 밀가루)는 낮은 MTI값을 보이며, MTI값이 클수록 약한 밀가루이다. 발로리미터 값은 하나의 값으로서 밀가루의 품질을 평가할 수 있는 지표로 이용된다. 이것은 반죽시간과 반죽에 대한 저항성을 기초로 하여 유도되는 값이다. 일반적으로 강력분은 70 이상, 박력분은 30 이하의 값을 보이게 된다.

그러나 발로리미터 값은 패리노그램의 특성을 모두 반영하는 것이 아니므로 이 값에 의하여 밀가루의 품질 특성을 완전히 해석할 수 없는 단점이 있다.

반죽파괴시간(time-to-breakdown)은 반죽의 시작으로부터 최고점에서 30B.U. 감소하는데 까지의 시간으로 나타낸다.

(2) 익스텐소그래프(Extensograph)

이 기기는 1936년에 소개된 것으로서 패리노그래프의 결과를 보완해 주는 것이다. 익스텐소그래프는 패리노그래프로부터는 얻을 수 없는 밀가루 개량제(bromate

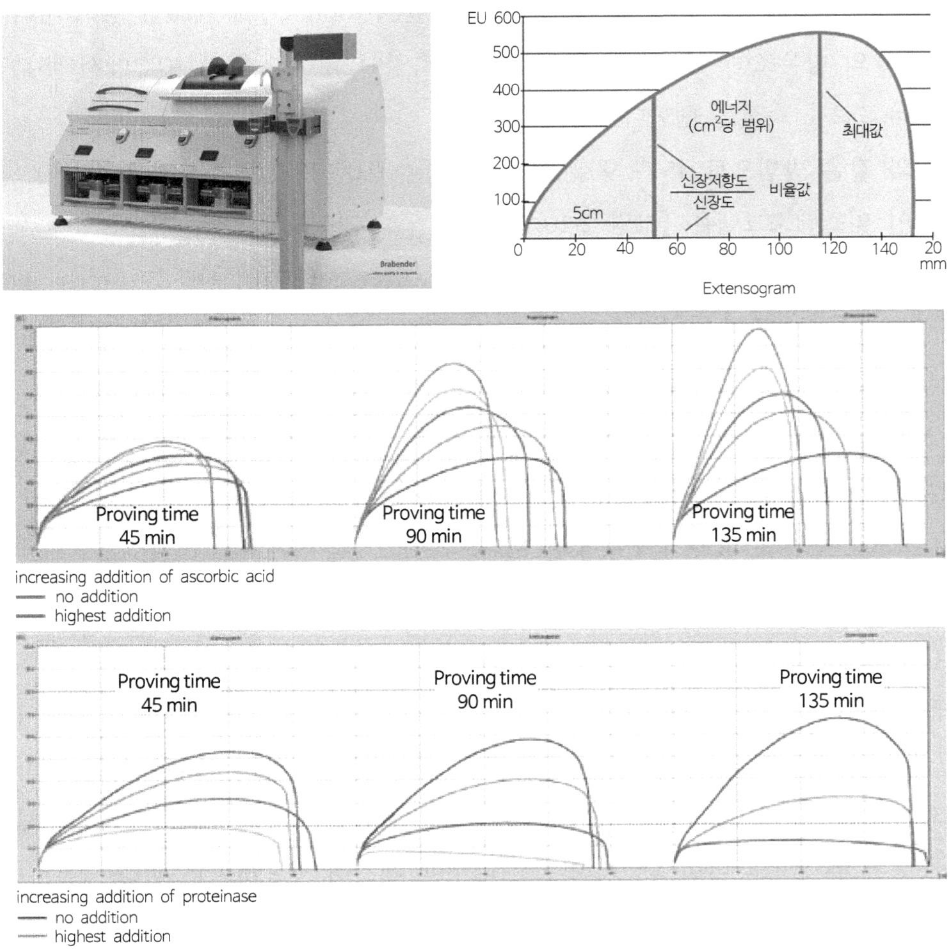

〈그림 2-10〉 익스텐소그래프(Extensograph)

등)의 효과를 측정할 수 있다.

익스텐소그래프는 밀가루 반죽을 끊어질 때까지 늘려서 힘과 신장(extension)과의 커브를 기록하는 기기로서 반죽을 늘이기 장치를 이용하여 밑으로 당기게 되면 반죽의 힘은 기록계에 기록되게 된다.

반죽은 보통 밀가루에 2%의 소금물을 가하여 패리노그래프의 혼합기를 이용하여 행하게 된다(AACC방법 54-10). 1분간 혼합한 다음 5분간 방치하고 다시 반죽을 시작하여 패리노그래프의 500B.U.에 커브의 중심이 도달되도록 한다. 반죽이 끝난 다음 150g의 반죽을 익스텐소그래프 라운더(rounder)에서 20번 정도 처리하고 30℃의 항온조에 45분간 방치한다. 1차 측정이 끝나면 다시 30℃에서 45분간 방치하고 2차 측정을 행한다.

이와 같은 방법으로 45분, 90분, 135분, 또는 180분까지 반복하여 측정한다. 전형적인 익스텐소그램은 〈그림 2-10〉과 같다.

익스텐소그램으로부터 신장저항도(resistance to extension), 신장도(extensibility) 및 비율을 계산하게 된다. 신장저항도는 단순히 저항도(R)로 표시하기도 하는데, 이는 커브의 최고 높이(Rm) 또는 5분 후의 커브의 높이(R)로서 나타낸다.

신장도(E)는 시작점으로부터 끝까지의 거리고서 cm로 나타낸다. 비율은 R/E로 표시된다. 일반적으로 강력분은 박력분에 비하여 R 및 E 값이 크며, R/E 값은 작은 경향을 보인다. R과 E의 균형은 반죽의 가스 수용력에 중요하다.

(3) 효소활성도

밀가루의 효소는 앞에서 설명한 바와 같이 여러 가지가 있으나 특히 아밀라제와 단백질 가수분해효소가 종종 측정된다. 정상적인 밀가루의 경우 이들 효소는 별로 문제가 되지 않으므로 여기에서는 아밀로그래프를 이용하여 α-아밀라제의 활성도를 측정하는 방법(AACC 방법 20-10)에 대하여 설명하기로 한다.

〈그림 2-11〉의 아밀로그래프는 온도변화에 따른 밀가루의 점도에 미치는 α-아밀라제의 효과를 측정할 수 있는 기기로서, 제빵 과정 중 알파아밀라제의 효과를 예측할 수 있다.

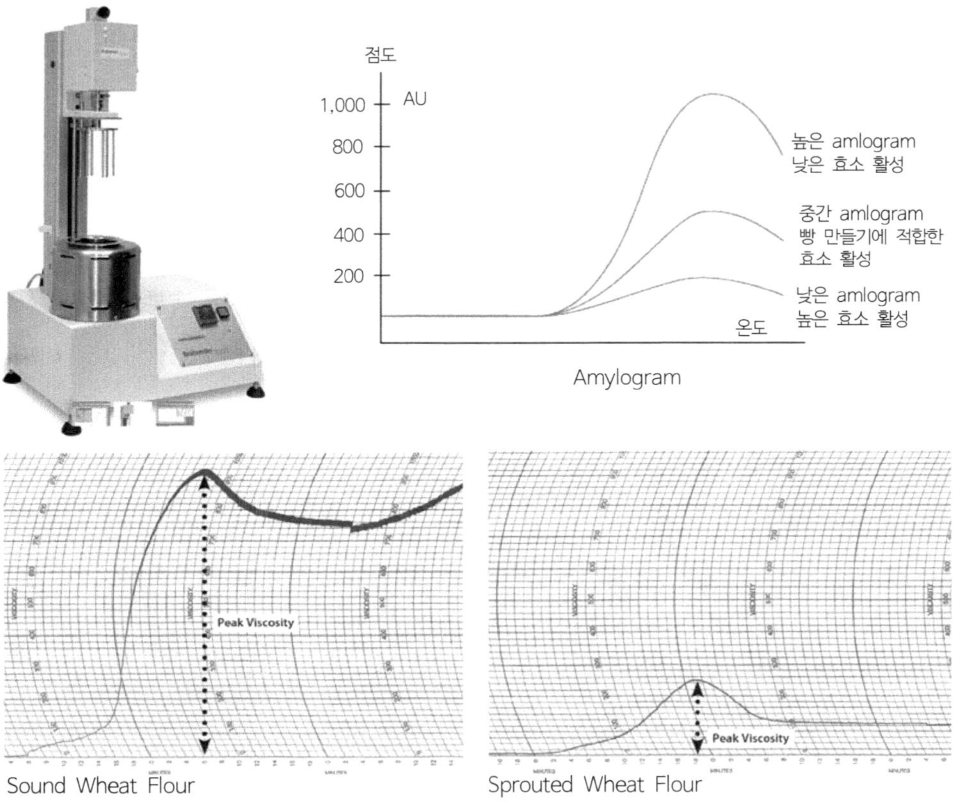

〈그림 2-11〉 아밀로그래프

아밀로그래프는 회전 점도계의 일종으로서 밀가루-물의 현탁액을 일정한 속도(1분간 1.5℃)로 가열 또는 냉각시키면서 풀의 점도 변화를 자동으로 기록하는 장치로서, 풀의 제조 및 점도 측정을 동시에 행하는 것이 특징이다. 밀가루의 경우 아밀로그래프 풀에 영향을 주는 인자로서는 전분의 함량, 질 및 아밀라제의 활성도 등이다.

최고 점도는 전분이 호화 과정 중 나타내는 최고의 점도를 나타내는 것으로서, 이는 농도에 따라 영향을 받게 된다. 농도가 증가될수록 최고 점도는 증가하며 초기호화온도(initials pasting temperature, 점도가 10B.U.에 도달했을 때의 온도)는 낮아지게 된다. 95℃에서의 점도의 위치에 대한 최고점도의 상대적 위치는 풀의 조리(cooking)의 용이를 가리킨다.

이와 같은 패리노그래프, 아밀로그래프, 익스텐소그래프의 특성치는 원맥 가공회사에서는 밀가루 완성품의 특성지를 필수적으로 분석해서 자료를 보관하고 사용자에게 제공한다.

밀가루는 완성품의 품질을 좌우하는 주원료이기에 사용되는 맥분의 특성을 이해하고 기존 제품의 품질관리 및 표준화를 위한 중요한 자료이고 이것을 바탕으로 제면 작업을 한다.

원료 입고 시점에서 원료 특성 분석표를 받아 밀가루의 품질 이력사항을 파악하는 것은 품질 관리의 원칙이다. 밀가루의 특성치를 모두 관리하는 게 어렵더라도 최소한 1가지 이상의 그래프특성치를 지속적으로 지표로 관리하는 습관은 품질 유지, 예방 관리와 신제품 개발에 꼭 필요한 사항이다.

CHAPTER 03

제면 기술의 개론

1 제면법과 그 특징

면을 만든다는 것은 기본적으로 소맥분과 물, 식염 등을 섞어 반죽하여 된 반죽 덩어리를 얇게 밀어 선상으로 형성하는 것으로 그 방법에는 분류방법에 따라 나눌 수 있다.

1) 면류의 분류

(1) 최종 면의 수분 함량(水分 含量)에 따라

① 생면(生麵, wet noodle)

② 반생면(半生麵, semi-wet noodle)

③ 건면(乾麵, dried noodle)

(2) 반죽의 성형방법(成形方法)에 따라

① 절출면(切出麵, slitted noodle)

② 압출면(壓出麵, extruded noodle)

③ 도절면(刀切麵, knife-cut noodle)

④ 수연(手延麵, hand-made noodle, stretched noodle)

(3) 가공방법(加工方法)에 따라서

① 생면(生麵, wet noodle)

② 반생면(半生麵, semi-wet noodle)

③ 건면(乾麵, dried noodle)

④ 호화건면(糊化乾麵, gelatinized & dried noodle)

⑤ 증숙면(蒸熟麵, steam-cooked noodle)

⑥ 수탕면(水湯麵, water-boiled noodle)

⑦ 유탕면(油湯麵, fried-noodle)

⑧ 냉동면(冷凍麵, frozen noodle)

⑨ 개량숙면(改良熟麵, modified cooked noodle)

(4) 원료특성(原料特性)에 따라서

① 밀가루 및 곡류를 주제로 한 것 : 밀국수, 쌀국수

② 알칼리제(간수)를 사용한 것 : 중화면

③ 전분을 주원료로 사용한 것 : 당면, 냉면

④ 메밀가루를 사용한 것 : 메밀국수

(5) 기타 : 수제비, 만두피

2) 수연법의 기본제법

(1) 수인법(手引法) 또는 수연법(手延法)

가수량이 많은 부드러운 반죽 덩어리를 숙성을 통해 신전성을 준 후 막대 모양으로 만든 것에 기름을 바르면서 손으로 잡아 당기면서 가늘게 늘이는 방법으로 전통적 수작업의 하나이다.

일본의 수연소면, 중화면에서 손으로 늘려 만든 면이 대표적이다. 수연법의 특징인 손으로 반죽을 늘려 하는 수인(手引)과 손으로 상판에 쳐서 늘리는 수타(手打)도 함께 손으로 만든다는 것은 같지만 늘리는 방법에서 기본적으로 차이가 있다. 제조법이 다르므로 완성품의 식감의 질도 매우 다르다.

수인법은 중력분에 10～14Be′의 식염수를 43～55% 가해서 혼합해 반죽하여 반죽 덩어리를 만든다. 이것을 통 속에서 숙성시켜 발판 위에 올려놓고 체중을 이용해서 손이나 발을 이용해서 10cm 정도의 원판상태로 늘린다. 다음에 이 원판상의 반죽 덩어리에 칼을 소용돌이 모양으로 휘저어서 8cm 각 정도의 굵기의 긴 띠 모양의 것으로 한다. 이것을 잡아 늘리면서 부착과 건조 방지를 위해 기름을 표면에 바르면서 반죽 통에 원형으로 겹치게 감아 낸다. 이 상태로 수 시간 숙성시킨 후 다시 같은 모양으로 몇 번 되풀이하면서 감아서 늘린다. 늘리는 것뿐만 아니라 이런 과정에서 면선이 꼬여지게 되는 것도 수인면의 특징이다. 반복해서 연필 정도의 굵기의 끈 모양으로 늘린 것을 8자형으로 사선으로 걸고 마지막 잡아 늘리는 작업을 한다.

사선으로 긴 것을 2개로 접어서 숙성시킨다.

도중에 숙성을 충분히 하여 무리 없이 늘리는데 공정은 숙성과 늘리는 것을 되풀이하여 수고와 시간이 소요된다. 대막대기의 한 개를 고정시키고 다른 한 개를 손으로 잡아당기어 전체를 당기어 늘린다. 마지막으로 고리에 걸고 수차례 잡아 늘려 최종적으로 2m 정도까지 잡아 늘일 수 있다. 그 후에 자연 일광 또는 옥내 건조에 의해서 건조시키고 일정한 길이로 재단하여 제품을 낸다. 수인소면의 굵기는 고급품이라고 하는 것일수록 가늘고 보통 1mm 이하의 소면이다.

(2) 수타법

중화면을 손으로 늘리는 방법인데 〈그림 3-1〉에서 보는 바와 같이 반죽을 충분히 숙성시킨 반죽을 양손으로 잡고 아래위로 흔들어 2가닥을 만든 후 계속해서 상판에 치면서 물리적 힘을 주고 접어 흔들어 늘리는 것으로 수 차례 같은 방법으로 가늘게 면발을 뽑아낸다. 숙련이 요구되는 고난도의 기법이다. 이 방법은 '친다'라는 의미에서 수타(手打)라고 하는데 '친다', '두드린다'의 의미가 있다. 여기서는 반죽한 것을 이겨서 숙성시켜 반죽덩어리가 되어지는 것을 치든지, 두드리던지, 손으로 물리적인 힘으로 준다는 의미로 해석할 수 있다.

〈그림 3-1〉 수타면 작업의 모습

여기서 수타의 경우도 반죽 생지를 원판상으로 얇게 펴 늘릴 때까지는 원칙적으로 수연과 같이 생각해도 좋다. 수타에서는 반죽을 2kg 정도로 잘라 나누어 둥글게 한 후 건조되지 않도록 숙성시킨 후 면봉을 사용해서 3~5mm 두께의 얇은 판상으로 펴 늘려 한 면이 60~70cm의 사각으로 포개 접어 특제 칼로 자른다. 일반적으로 수연면은 원칙적으로 제품을 건조하여 건면으로 하지만 수타면은 생면을 삶아서 먹는다.

글루텐 형성 전개에 의한 입체적 망상구조에 의해서 성립되지만 수연면의 경우 하나의 방향으로 원래의 길이 1만 배 또는 원래 굵기의 1만 분의 1의 굵기까지 잡아 늘려 그사이에 꼬이게도 되는 결과 글루텐의 입체적 전개는 마치 꼬인 새끼줄 모양으로 방향성을 갖고 배열하고 있다. 12회 정도 반복하면 4,090가닥으로 길게는 2km까지 뽑을 수가 있다.

수타면의 경우 반죽을 형성하는 글루텐의 입체적인 전개는 글루텐 섬유가 굵고 거칠은 망목 구조를 형성하고 그 배열에 방향성이 적다.

이것이 수연면과 비교하여 그 제조법으로서 당연한 일이며 이것이 수연과 면질을 다르게 하는 근본적 이유이다.

동일 수분 상태에서(76%) 삶아지는 시간을 보면 수연면의 경우 13분인데 반해 수타면은 17분 걸리지만 그 시점에서 삶은 면의 Rheo meter에 의한 인장 실험의 결과 항장력은 수연면이 363g인데 대하여 수타면은 251g으로 큰 차가 있으며 수연면은 삶아도 단단하지만 수분 흡수는 빠르다는 것을 알 수 있다.

수연면이 흡수가 빠른 것은 잡아 늘려서 면선의 표면, 내부 구조에 종방향의 균열이 많이 발생하기 때문이라고 생각된다. 수타우동의 식감은 씹는 맛이 부드럽고 탄력적으로 늘어남에 입맛이 매끈하지만 씹히는 맛은 찰기가 있어 그것이 수연면과 크게 다르다. 수타우동에서 씹히는 맛이 단단한 것으로 생각하는 사람도 있지만 이것이 면선이 굵은 것과 삶는 시간이 짧다는 것 또는 사용 맥분의 단백질 함량이 많다는 것 등에 기인한 것이지 수타면의 본질은 아니다. 수타우동으로 건면이 적은 것은 일반적으로 굵은 면이기 때문에 건조가 어렵고 삶는 데 시간이 걸린다는 것, 건조에 의하여 면질이 변하며 식감이 단단하여 수타우동의 본질을 벗어나기 때문일 것이다.

수타와 수연면의 제조법, 식감이 다르지만 다 같이 호감이 가는 식감으로 개인 기호 차이로 선택, 선호의 폭이 넓다는 것을 말하고 있다.

3) 절단면(切斷法)

아시아 지역에서 가장 일반적인 제면법으로 숙성된 반죽 덩어리를 면봉(麵棒) 밀대를 손으로 사용하여 얇게 펴서 늘린 다음 칼로 자른 것과 회전 롤러 사이를 여러 번 통과시켜 눌러 펴서 칼날 롤러(일명 절출기)를 통해 자르는 면을 기계식 절출기를 통해 나온 면을 절단면이라고 한다.

이 방법의 대표적인 예가 우리나라의 칼국수, 일본의 우동, 소바 등이고 기계 제면으로 국수류, 라면 등이 생산되고 있다. 수타면이란 수연에 비하여 훨씬 친숙하며 제조법이 간단하다.

또 단위면적당의 글루텐의 밀도는 최초 글루텐 망이 완전히 잘리지 않으면 1만 배로 될 것이다.

따라서 삶더라도 늘어나지 않고 탄력적이며 식감이 매끌매끌하며 부드럽지만 씹는 맛이 단단하고 탄력있는 맛은 수연면의 특유의 식감이다.

4) 도삭면(刀削麵)

반죽 덩어리를 짧고 둥글고 굵은 모양으로 정형하고 이것을 한손에 잡거나 가슴에 대고 〈그림 3-2〉처럼 정형된 칼로 가늘고 길게 깎아 바로 탕 속에서 익혀 내는 제조법이다. 이것은 중국의 전통적인 제면법의 하나로 일반적인 것은 아니지만 위의 제면법과는 다른 형태의 제면법으로 속한다.

〈그림 3-2〉 도삭면 만드는 모양

5) 압출면(壓出麵)의 기본 제조법

작은 구멍이 뚫린 국수틀(실린더)에 반죽을 넣고 선단의 금형(dies)을 통과시켜면 가닥을 뽑는 방법으로 압출(壓出)면, 압착(壓搾)면, 사출(射出)면착(搾)면이라고 부른다. 금형의 형상, 구멍의 크기에 따라 여러 가지 모양의 면선이 된다. 스파게티(spaghetii), 마카로니(macaroni)류, 일본의 하루사메(はるさめ), 한국의 냉면 등이 이 방법으로 만들어지고 있다.

〈그림 3-3〉과 같이 압출면은 일정한 공간에 압력을 통해 작을 구멍으로 면선을 흘려 면선을 만드는 방법을 말한다.

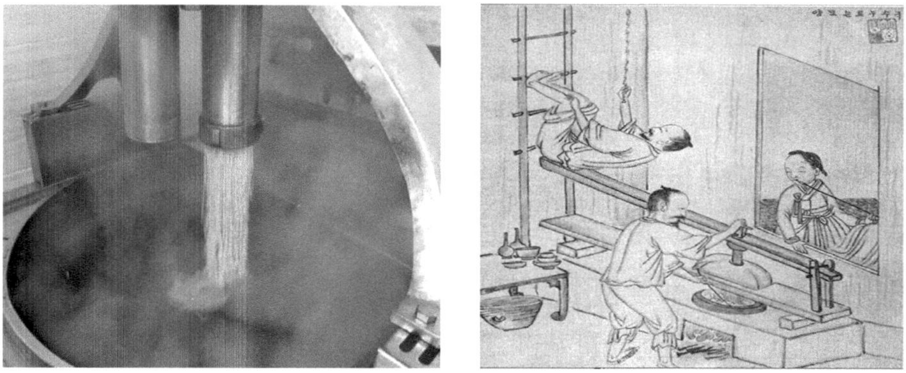

〈그림 3-3〉 압출면의 모양

대표적인 국수는 냉면이다. 아직도 강원도 지역에서는 옥수수 녹말 액을 구멍 뚫린 바가지에 넣고 다른 바가지로 포개서 눌러 빼는 올챙이묵이 토속음식으로 애용되고 있다. 난면은 대표적인 절단면의 하나로서 칼국수의 효시였다. 따라서 우리나라의 전통국수 제조법은 크게 착면법과 절단법이 쓰여온 것으로 생각된다. 기타 면류국수, 냉면, 당면, 유탕면류, 파스타류 등 위 면의 분류에 포함되지 않은 것으로 수제비나 만두피 등을 말한다.

우리나라 냉면은 메밀분, 전분 등을 원료로 하여 반죽을 만들어 가압 실린더를 통해 밀어낸 후 면선을 그대로 끓는 물 속에 떨어뜨려 삶는 면으로 동결, 건조시켜 내기도 한다.

파스타(pasta)는 스파게티나 마카로니와 같은 제품을 총칭하여 일컫는 것이다. 마카로니류는 다른 면하고는 제조법이 유사하나 다른 점도 많다. 먼저 사용하는 소맥분이 듀람(duram) 밀가루, 세몰리나(semolina), 화리나(farina), 일반 밀가루 또는 이것들의 2가지 이상을 물과 첨가물을 넣어 반죽하여 성형, 건조한 제품을 파스타로 정의한다. 소맥분인 세몰리나에 급수 25% 정도 가수하여 섞어 반죽 후 extruder의 screw로 밀어내지만 이때 탈기한 진공 상태 중에서 통상 80 kg/cm^2 이상의 강압으로 밀어내 대단히 치밀한 면선이 된다. 그 후에 건조한다. 글루텐의 전개는 간항 전단과 팽응력에 의해 행하여짐으로 원료분에는 글루텐의 양이 많고 그 질은 유연하고 신장성이 풍부한 것을 바라고 있다. 우리나라의 경우 세몰리나를 이용하여 만든 제품을 파스타(pasta)라고 하며 모양에 따라 긴 모양의 제품(스파게티, 마카로니, 버미셀 등)과 짧은 모양의 제품(엘보우, 쉘, 알파벳, 링, 별 등)으로 나눈다. 파스타는 압출면의 일종이다. 파스타의 제조 공정은 세몰리나와 물을 혼합한 다음, 압출 성형기(extruder)로 압출하고 건조 공정을 거치게 된다. 원료의 혼합과 압출은 진공 조건에서 이루어지는데 이것은 색소의 산화를 막고 공기를 제거하기 위함이다. 성형된 파스타의 종류는 다이(die)로 조절된다. 파스타 제조 시 가장 중요한 공정은 건조이다. 짧은 모양의 제품은 보통 2단계, 긴 모양의 제품은 3단계로 건조되며, 일반적으로 건조 시간은 15~28시간이 걸리고 최종 수분 함량은 12%로 한다.

그 외에도 일본의 하루사메(春雨)의 제조법은 구멍에서 밀어낸다고 하는 것보다는 구멍에서 흘러나오는 paste 모양의 전분유(澱粉乳)를 열탕 중에 흘려보내 면발로 고정시키고 그 후 동결, 해동, 건조의 순서로 제조된다.

2 제면(製麵)의 기본 공정

기본적으로 소맥분과 물, 식염 등을 섞어 반죽하여 된 반죽덩어리를 얇게 밀어 선상으로 형성하는 것으로 그 방법에는 분류방법에 따라 나눌 수 있다. 제조공정을 기계화인 롤러에 의해 사용하는 제면 방법을 기계 제면이라고 한다. 기계(機械)에 의한 제면은 손으로 하는 제법을 기계화, 지동화한 것으로 면의 품질에 각 면류에 대한 제면 공정은 단순한 것 같으나 기본 공정이 있으며 그 내용이 면제품의 품질에 크게 관련되며 이 기본 공정의 단계를 어떤 방식의 기계를 이용하느냐에 면의 형태, 품질이 달라지므로 기본 공정의 특성 관계를 충분히 이해하는 것이 중요하다. 기계면으로도 손으로 만든 제면의 품질에 가깝고 생산성, 간편성, 균일성의 특성으로 많이 선호하게 된다. 〈그림 3-4〉와 같이 공정에 따라 생산되는 제품의 유형이 다양해진다.

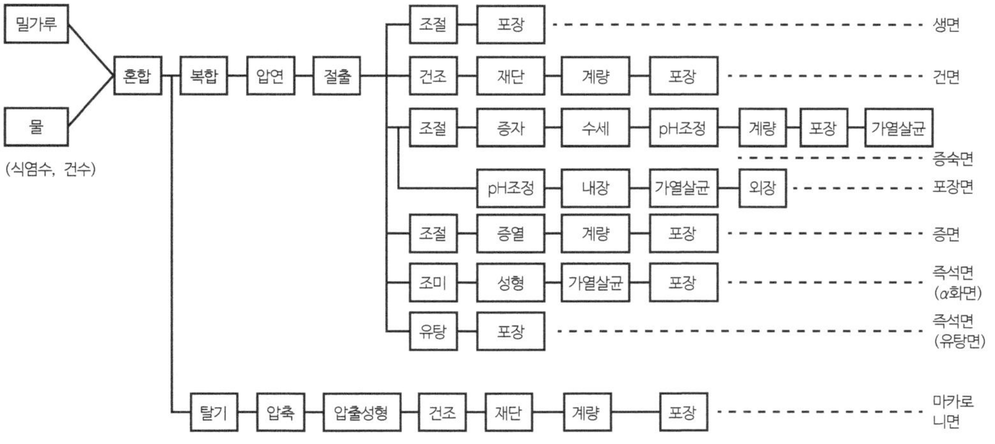

〈그림 3-4〉 제면의 공정별 유형

1) 혼합(mixing & kneading)

수타면에서 소맥분과 염수를 큰 그릇 속에서 손으로 섞으면서 문질러 비벼가며 가급적 균일하게 반죽을 한다. 한 덩어리로 만들어서 반죽의 덩어리를 숙성시킨 후 더욱 손이나 발 등을 이용해서 평평하게 늘려서 다시 접어 덩어리로 눌러 평평하게 하는 작업을 수차례 되풀이한다. 덩어리를 접어 펴는 과정을 통해 고체성분인 소맥분입자와 액체인 물이 균일하게 섞어 글루텐의 결합과 전개를 촉진하여 글루텐의 망목 구조 안에 전분이 형성시켜 반죽을 만든다.[56)]

이와 같은 반죽형성 과정을 기계적인 제면에서는 믹서기(mixer)를 이용해서 이루어진다.

이것을 2단계로 나눌 수 있다.

1단계에서는 혼합기능으로 밀가루 입자에 식염수와의 균일한 혼합물로 만드는 것이고, 2단계에서는 반죽기능으로 밀가루의 전분, 단백질이 물과 수화(水和)하여 gluten의 망목(網目) 구조로 형성된다. 2단계가 배합기 내에서 동시에 이루어지지만 믹서의 목적에 따라 여러 가지 배합기 형태가 된다.

56) 麪類百科事典, 株式會社食品出版社, 日本, 1987.

〈그림 3-5〉 기계 제면에서의 반죽은 가수량이 30~50% 정도이다. 가수혼합은 교반형 혼합기를 사용하지만 연속식가수장치가 개발되어 분사형으로 밀가루 입자에 미세한 물입자를 흡착시키는 방식도 있다. 분무가수는 비교적 균일하게 혼합되지만 반죽형성이 적어 숙성을 충분을 하지 않으면 안된다.

앞서 말한 바와 같이 미리 식염은 물에 용해시켜 조정한 식염수를 가하고 온도를 맞추어 혼합시간을 단축시켜 생산성을 높일 뿐만 아니라 가수상태가 잘 되어 반죽의 품질을 향상시킨다.

〈그림 3-5〉 기계적 혼합된 반죽

(1) 혼합을 목적으로 하는 mixer

혼합은 밀가루와 같은 분말고체, 소금과 같은 고체 결정을 액체인 물과 잘 혼합하여 고체의 반죽을 만들고, 분말의 입자와 수분 전이가 잘 되도록 분산시켜 주는 공정이다. 따라서 손 반죽의 경우에 충분하게 혼합을 시킨다. 반죽이 촉촉하고 매끄러운 글루텐 막이 형성된 촉감을 느끼게 된다. 혼합이 잘된 반죽은 다음 공정인 숙성 휴지와 면대 형성을 잘되게 하여 질이 좋은 면을 만들 수 있다. 반죽 형성이 부족하면 글루텐 전개가 잘 되지 않는다. 특히 기계제면에서는 가수량이 30~40% 정도이며 혼합 초기에 불균일한 가수혼합이 행해지면 이후의 반죽으로 균일화 되기가 어렵다.

반죽의 효과에 영향을 주는 요인은 물론 배합기뿐만 아니라 밀가루의 성질, 가수량, 염분의 농도, 온도, 습도 등이 있다.

(2) 반죽을 형성 목적으로 하는 믹서

반죽의 기본은 글루텐의 결합전개에 의해 망목구조의 형성이지만 반죽을 단시간에 행하려 한다면 무리한 힘이 가해지고 믹서의 회전에 따라 끊어져서 좋은 결과를 얻어지지 않는다.

이 타입의 배합기는 혼합보다 반죽 형성을 목적으로 주로 다가수의 제면에 사용된다. 대표적으로 super mixer가 있다.

이 믹서는 수타면의 제법처럼 발로 밟기와 같이 무리하지 않고 시간을 단축하는 것이 바람직하다.

이것은 가수량이 많은(60% 이상) 빵을 만드는 배합과 다른 점이다. 믹서의 회전수는 혼합만을 목적으로 하는 경우 고속 회전(1,500 rpm), 보통 혼합(중간적 혼합)의 경우가 중속 회전(70 rpm), 반죽을 치는 경우 저속 회전(10 rpm 이하) 정도이며 소요시간은 각각 순간, 10분과 30분 정도가 된다.

저속과 고속 시간은 배합기의 용량에 따라 다르며 배합기의 용량의 50~70%의 용량으로 기준으로 한다.

(3) 중간형 믹서(보통 믹서)

이 타입의 믹서가 가장 오래 되고 또 현재 많이 사용되고 있으며 원형은 롤러면 기계가 개발된 시점에서 만들어졌다고 생각되고 기계도 단순하고 배합기 안에서 원료분과 염수가 교반 혼합된다. 사용효과는 혼합도 하고 일부 반죽효과도 가해지지만 글루텐 형성이 불충분하다는 것이 단점이다. 그러나 이 타입의 믹서가 기계 제면의 주류이며 제면방법, 제면 기계도 대부분을 차지한다. 이 배합기에 의해 만들어진 반죽이 얼마나 좋은 면을 만들까에 대해 깊은 연구가 필요하다. 배합 이후의 제면공정은 생지의 상태에 맞추어 적정한 공정이 준비되어 있어 품질로는 큰 무리가 없다.

(4) 탈기 믹서(진공배합기)

진공배합기는 배합과 진공 탈기가 동시에 행해지는 구조로 되어 있고 연속식으로 고도의 기계장치로 마카로니, 스파게티와 같이 가수량이 적은 단단한 반죽이나 다가수면으로 수분침투를 높이기 위한 제면에 사용된다. 그러나 탈기 효과는 반드시 정형 과정까지 탈기하지 않더라도 배합 중에만 진공을 걸어 탈기하고 그 후에는 대기 중에서 제면을 하더라도 그런대로 효과가 있다.

탈기 믹서의 특징은 수분이 소맥분의 중심까지 잘 침투하여 수화가 빠르고 다가수면처럼 좋은 식감을 주며 배합시 진공 탈기로 종래의 숙성 시간이 단축되는 효과가 있다. 가수량이 많을수록 효과가 더 좋다. 이 경우의 면질은 밀도가 높기 때문에 비교적 단단한 식감의 것이 된다. 또한 표면이 매끄럽고 단단해서 삶을 때 용출이 적어 수율도 상승한다. 그래서 최근 업계에서도 굵은 우동면에 전분을 배합하여 진공 탈기 배합기를 사용하는 경우를 많이 볼 수 있다.

(5) 반죽 성질에 영향을 주는 여러 가지 요인들

반죽에 영향을 주는 요인들은 물론 배합기뿐만 아니라 밀가루의 성질, 가수량, 염분농도, 온도, 습도 등이 있다.

① 밀가루의 영향

㉠ 수분량의 영향

모든 조건이 일정하고 밀가루의 수분 함량이 다른 경우 당연히 가수량이 높은 반죽은 더 부드럽게 된다. 0.5% 정도의 차이는 영향이 크지 않지만 그 이상의 차이는 가수량에 영향을 준다.

㉡ 단백질의 영향

배합이 글루텐의 결합 전개를 촉진시키는 과정이므로 소맥분의 단백질량의 다소는 당연히 배합에 큰 영향을 준다. 단백질 함량비가 높을수록 글루텐의 입체조직구조의 형성은 용이하지만 불균형이 되기 쉽고 혼합시간이 다소 길어지게 된다. 또한 전분보다는 gluten의 수화속도가 완만하기 때문에 입체 조직 구조 형성은 용이하나 면대에 얼룩을 초래하는 등 균질화가 어렵다.

ⓒ 손상전분(damage starch)의 영향

소맥 전분립의 파괴가 된 손상전분이 많으면 전분의 흡수력이 물이 전분에 빼앗겨 글루텐 결합 쪽으로 돌아가는 양이 적게 되기 때문에 글루텐 형성이 어렵게 되어 건조하고 롤러에서 형성된 면대도 단단하여 신전성(伸展性)이 나쁘게 되므로 가수량을 증가시킬 필요가 있다.

② 가수량의 영향

혼합할 때의 가수량이 많을수록 gluten의 결합 전개가 용이하므로 반죽은 부드러워진다.

기계 제면의 경우에는 반죽이 굳은 상태가 아니면 조작하기 어렵지만 반대로 수타면에서는 어느 정도 부드러워지지 않으면 손으로 만들기가 곤란하다. 따라서 기계 제면의 평균 가수량은 식염을 넣어 30~43%, 수타면은 43~55% 정도로 가수량이 크게 다르다. 때문에 식감도 크게 다르다.

③ 식염량의 영향

식염은 글루텐에 작용하여 반죽의 탄력을 증가시키고 끈끈하게 달라붙지 않게 하는 효과가 있다. 가수량을 일정하게 하고 식염을 증가시키면 글루텐은 글루텐 형성은 차츰 어렵게 되어 반죽이 한데 뭉침이 힘들어 구조가 나쁘게 되어 제면이 어렵게 된다.

첨가량은 2~5% 식염량이 적당하며 맛의 기준으로 보아 식염량 7%가 한도가 된다.

④ 온도의 영향

혼합에 있어서는 온도는 중요한 요인이 된다. 글루텐의 성질과 혼합 목적으로서는 저온은 좋지 않다. 20℃ 이하에서 글루텐의 결합력의 저하가 현저하며 더욱 낮을 시는 글루텐결합이 어렵고 글루텐 함량비가 높아도 낮은 함량비의 반죽 상태로 된다. 40도 이상이면 효소 활성이 강해져 반죽이 처지고 면대 적성이 불량하고 중량 관리가 어렵게 된다. 따라서 온도는 25~30℃ 정도라 할 수 있다.

온도에 대해서는 글루텐의 결합전개의 면뿐만 아니라 외기와의 온습도차에 의한 건조나 증발한 수분이 배합기 내벽에 응축하는 등 작업실의 온습도의 관계를 적게 하는 것도 중요하다.

2) 휴지(休止) 및 숙성(熟成)

배합을 해서 나온 반죽은 압연에 들어가기 전에 휴지를 주는 숙성과정을 거친다. 반죽이나 면대를 방치하는 것을 숙성이라고 하는데 숙성 공정을 거치면서 덩어리 상태나 큰 입자상태의 생지에 공기가 포함되어 있어 이것이 수화의 균질을 방해하고 이 효과로 면대 형성에 시간이 걸린다.

숙성이란 면의 휴식 시간이라고 하는 자연의 힘을 빌려 원료 또는 제품의 물리적, 화학적 성질이 자동적으로 개선되는 것을 말한다. 면은 가공 공정 중에서도 이 숙성 공정에 따라 제품 품질도 좋게 되어 진다.

(1) 숙성의 의의

숙성의 의의는 밀가루에 존재하는 천연 미생물과 효소의 작용에 의해 풍미를 부여하고 면 반죽 과정에서 생긴 공기 혼입을 물리적 탈기의 촉진 등이 효과이지만 주된 효과라고 하면 수화에 의해 생지의 균일화와 글루텐 생성의 조성, 압연공정에서의 완화에 의한 면대의 기계 적성의 순응화이다.

① 소맥분의 수화(水和)를 행하고 기포(氣泡)를 뺀다(제1숙성의 의미)

手打식 제면의 기본적 사고 방식은 여러 가지 방법을 통해 단단한 gluten 조직을 만드는데 있다. 따라서 본래 수타식 제면 수법으로는 숙성을 통해 발로 밟아 부드럽게 한 후 면봉으로 종, 횡으로 늘려간다. 수타로 만든 면 gluten 조직은 콘

크리트 기둥과 같은 철근 조직과 같은 상태로 면의 식감에 크게 영향을 준다.

따라서 이러한 생면의 글루텐 조직 중에 작은 기포가 존재하면 삶을 때 문제점을 일으킬 수 있다. 가열된 글루텐은 계란의 난백 상태로 고화(固化)되어 탄력을 잃어버린다. 한편 이런 조직에 둘러 쌓인 기포는 열 작용으로 몇 배의 체적으로 팽창된다. 그 결과 기포의 주변에 있던 gluten 조직을 내측으로부터 눌러 퍼지는 형태로서 파단(破斷)된다. 따라서 애써 만든 수타식 우동의 식감을 손상시킨다. 글루텐의 조직이 파괴가 되면 삶아서 늘려도 약간 약해진다. 시각적으로 면의 투명감이 없고 백색 불투명한 우동이 된다.

예를 들면 투명한 유리 중에 작은 기포가 많이 혼입되면 젖빛 유리가 되어 투명감이 없어진다. 우동의 경우도 면 중에 작은 기포가 많이 혼입되면 투명감이 없다고 해석할 수 있다. 바꿔 말하면「오징어 회의 몸통과 같은 투명감을 가진 면」이라고 해도 지나치지 않다. 결국 기포를 빼면 투명감이 나온다.

그리고 단단하게 남은 글루텐 조직이 좋은 식감을 준다고 해석할 수 있다.

그러면 이러한 작은 기포는 어느 시점에서 우동의 생지 중에서 빼내느냐이다.

실은 소맥분의 배합 시 물이 침투하는 과정을 생각할 때 소맥분 입자 하나하나에서 기포가 나온다.

예를 들면 소맥분 입자 하나하나에 어느 형태로 물이 침투하는가를 생각할 때 그 입자 하나가 물에 싸여 중심으로 향해 침투되어 중심으로 기포가 남게 된다.

여기에서 생지를 반죽한 직후 손이나 발로 누르거나 둥글리기 등으로 압력을 주어 반죽 속의 기포를 빼내지만 전부 제거가 안 되고 기포가 갇히게 된다. 국수를 삶으면 면선에 남은 기포층이 증기압에 의해 면이 물에 뜨게 되는 이유이다. 될수록 기포층의 제거의 기술이 필요하다.

기계적 제면에서는 제1숙성을 하는 경우 필히 생지는 팥알 정도 크기의 보슬보슬한 상태로 그대로 대기시킨다. 이것을 뭉치거나 가압한 상태에서는 그 기포가 빠지지 않고 간히므로 그대로 휴지 숙성에 의해 모세관 현상과 침투압으로 소맥분입자 중심까지 물이 침투시켜 기포를 밖으로 낸다. 그 다음 press를 한다.

② gluten의 완화를 도와준다(제1, 제2 숙성의 의미)

막 배합을 끝낸 생지와 단련된 반죽의 글루텐은 늘리는 상태에서 연속해서 힘을 가하면 글루텐의 조직은 그 힘을 견디지 못하고 끊어진다.

필히 반죽을 휴식시켜 글루텐의 긴장 완화를 시도하는 것이 중요하다. 결국 반죽은 단련해서 쉬고, 단련해서 쉬고가 원칙이다.

그 믹싱, 반죽의 단련된 것, 압연방향은 주의해야 한다. 어느 정도 단련시키는데 긴장된 글루텐 조직은 유연하게 탄력성이 회복 완화된다. 그 상태에서 미는 힘을 가하면 유연하게 늘어나게 된다.

우동의 반죽의 경우도 한번 힘을 가한 후 숙성 시간을 주고서 긴장시킨 글루텐을 완화하여 다음의 조직 변형의 내성을 가지게 된다.

일반적으로「우동은 단련되면 단련될수록 허리가 강해지게 된다」라고 생각되지만 정확하게는「정도껏 단련하고 휴지시켜 글루텐이 완화된 후 다음의 가공에 맡긴다」라고 하는 것이 좋다.

③ 효소의 활동을 부여한다(주로 제2 숙성의 의미)

소맥분의 원료인 소맥은 원래 식물의 종자이므로 그것을 발아시키는 에너지원으로 전분, 단백질을 그 안에 저장하고 있다.

그 전분, 단백질을 효소로 분해해서 에너지로서 발아를 하지만 소맥분 중에도 그러한 효소가 함유되어 있다. 그 효소가 어느 정도 작동하면 좋은 상태의 우동 반죽으로 된다.

예전부터 제면 방법은 잘 판단된다고 보지만 연중 제일 좋은 우동을 내는 시기는 봄, 가을이라고 말한다. 결국 봄, 가을의 기온이 효소의 활성에 적합하기 때문이다.

여름은 효소의 활동이 지나쳐서 반죽이 쳐지는 상태가 된다.

여름철의 더운 시기에 늘어지기 쉬운 것은 효소가 지나치게 활발하게 움직이기 때문이고 극단적인 예는 효소가 단백질(gluten)을 분해하여 면이 잘라지기 쉽게 된다. 숙성이 지나쳐 삶아 끊어지는 이러한 현상도 같은 의미이다. 그래서 여름철에는 주의가 필요하다.

반대로 동절기는 온도가 낮아서 생지가 숙성하기 어려워 효소 활성이 나빠지는 경우이다. 효소의 작용은 온도에 좌우되기에 제면에도 계절이 있다고들 한다.

연중 안전하게 고품질의 면을 생산하고자 하려면 온도를 조절하여 숙성의 진행도 조절할 수 있다.

연간 균일하게 고품질의 반죽 숙성을 하기 위해 일정한 온도와 습도를 유지하는 위생적인 숙성고가 필요하다. 점포의 운영에 맞는 숙성고의 크기, 효율적인 동선에 위치에 있도록 한다.

예를 들면 18℃에서 숙성을 할 경우 하루 밤 숙성을 하기도 하고 16℃에서 숙성을 하는 경우 2일 밤 숙성한다.

그런데 예전부터 제면을 하는 기술자들 중에 우동은 예전부터 아침에 배합을 쳤고, 前日 반죽으로 하루 밤 숙성은 필요 없다라고 말하는 분이 있지만, 여기에는 하나 빠진 이론이 있다.

이것은 지금이나 예전과는 소맥분의 상태가 다르다는 부분이다. 예전에는 식량사정과 제분기술의 관계로 소맥은 거의 전립분에 가까운 상태에서 제분된 것이었다. 이러한 소맥분은 효소함량이 많아 숙성이 빠르게 진행이 된다.

이것은 소맥 중에도 표피에 가까운 부분에 효소가 많이 함유되어 이것을 전립분에 가까운 상태까지 제분하기에 소맥분에 함유된 효소 함유량이 많이 함유되어 있기 때문이다.

그리고 이러한 것으로 만든 면은 색도 검게 된다.

그러나 현재는「면색은 하얀 것」이라고 하는 개념에서 색이 하얀 우동이 나오게 하는 제분 방법은 결국 소맥 중심 백색 부분만을 잘 도정한 밀가루이기 때문이다.

이 경우 효소가 많은 부분은 밀기울로 함께 분리되어서 현재의 소맥분은 효소의 농도가 적은 밀가루로 만들어진다. 따라서 예전과 같은 숙성시간에서는 충분하게 숙성시킬 수 없고 좀 더 시간을 주어 여유 있게 숙성시킬 필요가 있다.[57)]

---

57) www.yamatomfg.com. yamato 면 homepage, 2004.

(2) 공정별 숙성의 종류

제면에 있어서도 숙성이란 말은 널리 쓰이고 있으며 〈표 3-1〉 숙성의 방법 내용과 같이 실제 공정 중에도 여러 곳에 숙성 공정이 들어있다. 공정 순으로 보면 먼저 반죽 종료한 반죽의 숙성, 면대 복합 후의 숙성, 다음에 제품(생중화면, 건면)의 숙성이라고 하는 상태로 된다. 이들 3가지 단계에서의 숙성은 각각 변화내용, 목적, 소요시간이 다르다.

〈표 3-1〉 숙성의 방법 내용

종 류		숙성 효과
반죽 숙성		수화(水和) · 완화(緩和) 25℃, 10분 이상
면대 숙성		수화 · 완화 25℃, 10분 이상
제품 숙성	건 면	경화 - 산화변성(3개월 이상) (소면 · 메밀국수 · 스파게티)
	생 면	경화 - 알칼리변성(1일 이상) (중화면)

① 수화(水和)와 글루텐 생성을 위한 숙성

제면에 있어서 최초의 숙성은 주로 수화에 의한 면 반죽의 균일화와 글루텐 생성의 조성을 목적으로 한다. 수화란 넓은 의미로는 밀가루와 물과의 화합으로 물이 밀가루 속의 각 입자 내에 충분히 침투를 유도해 면 반죽에 충분히 퍼지는 것이다.

밀가루는 구성입자별로 보면 단백질입자(미세립), 전분입자(중간립), 이들의 복합인자(대립)가 있으며 성질도 각각 다르다. 따라서 똑같은 가수 혼합은 불가능하다. 즉 복합립에서는 물이 입자 내에 침투해서 입 전체에 골고루 퍼지는 데는 시간이 더 걸린다. 이 때문에 교반형 반죽에 의한 반죽은 반죽 종료 후 롤 제면 전에 잠시 반죽을 재워 물의 분산 침투의 균일화를 꾀한다.

소맥분 중의 단백질은 이 수화에 의해 점탄성을 주는 글루텐 생성을 한다. 이 글루텐은 기계적인 배합에 의해 3차원의 망상 구조를 형성하고 면의 골격이 된다.

그런데 제면에서의 글루텐이 생성하기 위해 충분한 양의 가수율이 아니고 필요 이상의 격렬한 교반과 혼합은 형성된 글루텐의 망상 구조를 파괴시키게 되어 소위 면생지가 지친 결과를 가져와 바람직하지 않다.

배합시간이 수초 또는 수십 초로 짧기 때문에 밀가루의 입자 내로 물의 침투가 충분치 않아 나아가서는 글루텐의 생성이 불완전하여 그대로 면대로 제면하면 조직이 깨지기 쉬워, 삶을 때 부유물이 많아지고, 쉽게 불어 식감이 흐물해지는 면이 된다.

수화와 글루텐의 활성을 배합만으로 완성을 기대하는 것은 결국 무리이므로 숙성과의 병용으로 좋은 결과를 기대할 수 있다. 다가수 방식과 숙성의 방식을 병용 사용하는 것이 효과적인 제면 공정이라고 말할 수 있다.

이상의 설명에서 반죽 숙성은 제면 공정에서 유효한 것으로 알려져 실제공정에서 feeder에 저장에서부터 압연공정까지 30분 정도 내외의 짧은 숙성시간을 주는 경우가 많다.

② 완화(緩和)를 위한 숙성

제면공정에서 제일 효과적인 숙성은 복합 또는 압연공정 과정에서 행해지는 면대 숙성이다.

수화된 반죽을 면대로 만들어 이것을 2장으로 포개어 복합이라는 강력한 힘으로 면대의 글루텐 조직을 형성시킨 직후에서 결합조직은 되지만 그 구성은 비뚤어지고 경직상태에 있으며 이대로 더욱 힘을 가해 변형시키면 잘 이루어진 글루텐 조직구조가 부분적으로 파괴된다. 그러므로 잠시 시간을 두고 쉬게 한다. 그렇게 하면 경직상태의 면대의 유연성이 생긴다.

이처럼 잠시 후면 내부구조가 복원되면서 변형 처음의 내부 응력은 차차 감소한다. 이 현상을 구조 완화, 응력 완화라고 한다. 이 단계의 숙성을 면대숙성이라고도 한다.

처음에는 면대의 응력이 강하여 압연해도 오그라드는 양이 크므로 면대의 길이는 짧지만 숙성이 되면 응력이 감소해서 압연에 따라 늘어나게 된다.

따라서 숙성의 시간은 면대의 압연신장이 일정하게 끝나는데 필요한 시간이라고 할 수 있다.

상온에서는 보통 1시간, 저온에서 3시간 이상이 걸린다. 그런 중에도 숙성 1시간에서 일어나는 완화의 절반 정도는 처음 5분간에 일어나는 것으로 가장 경제적인 숙성시간은 5~10분간이라고 할 수 있지만 보통으로는 25℃에서 10분 이상 필요하다. 특히 압연 시에 다시 복합을 행하는 경우에는 충분한 숙성이 요구된다.

온도는 반죽의 성질에 크게 영향을 미친다. 숙성에서도 온도의 영향은 크고 온도를 높여서 반죽이 연해진 쪽이 완화가 빠르다.

온도가 낮으면 완화속도가 급히 떨어지므로 이 단계에서의 숙성은 온도에 충분히 유의해야 한다. 또한 숙성 중에는 건조되기 쉬우므로 이 점에 대한 배려도 필요하다.

③ 제품의 숙성

수타, 수연을 포함해서 면류의 제조공정에 있어서의 숙성은 이제까지 기술한 수화와 완화와 같이 물리적 현상 변화이며 화학적 변화는 거의 없다고 생각된다. 일반적으로 수타나 수연의 제품이 맛있는 것은 숙성의 결과에 있는 것으로 알고 있다. 수연면에서의 특유의 제품의 숙성을 액(厄)이라 부른다.

수연면은 예전부터 동절기에 만들어 다음해 장마를 지나고 나면 출하시킨다. 보존 중에 면의 질이 변화해서 삶은 후의 경도와 탄력성이 증가하기 때문이다. 이러한 변화를 액이라고 부른다.

이러한 면질의 변화는 소면, 냉면과 같은 면에서는 이런 현상이 바람직하지만 우동, 칼국수, 일본의 히라면(ひらめん)과 같이 굵고 넓적한 면에서는 마이너스요인이 된다.

이러한 변화는 수연방식의 소면 만들 때 바르는 식용유가 글루텐과 결합해서 글루텐과 물과의 친화성을 약하게 되는 것으로 생각된다.

수연소면에서는 동절기에 제조한 것을 저장해서 하절기를 넘긴 것이 좋은 상품으로 2회, 3회 하절기를 넘긴 것이 귀중품으로 취급되고 있다. 또한 생면(면선상으로 잘라낸 채로 건조 등의 처리를 행하지 않는 것)의 생 중화면은 제품의 상태에서 숙성하면 죄여서 식감이 단단해짐과 동시에 매끈매끈하고 씹히는 맛이 좋아진다. 생면이라고 칭하는 것은 면류의 계통상의 분류에서는 숙면, 증자면, 피류도 포함되므로 면가닥으로 잘라놓은 생면과 숙면과 혼동하지 않도록 주의가 필요하다. 여기서는 익히지 않은 절출된 생면을 의미한다.[58)]

확실히 숙성과정은 제면공정에서 필수적이며 숙성과정을 생략한 면제조 특히 수타면, 수연면에서는 생각할 수가 없다.

식품 중에는 저장에 의하여 품질이 감소하는 것과 개량되는 것이 있지만 원칙적으로 저장 중의 변화는 산화(酸化) 현상이며 그 결과로서 나타나는 식품의 물성, 식미의 변화가 호감이 갈 경우는 숙성이라 하고 일부러 특정 조건으로 저장한다.

제품으로 한 후 저장에 의해서 품질이 개량되는 경우는 제품이 숙성됐다고 말한다. 이 경우의 숙성의 주요인은 수화, 완화와 같은 물리적 현상이 아니고 화학적 변화에 기인하는 식미, 식감의 개량 현상이다. 면류에서 중에서 소면, 메밀국수, 스파게티는 숙성 후 식감이 좋다. 이들 제품에는 숙성 후의 것이 식감이 단단하고 씹히는 맛이 좋아서 선호하고 있다.

㉠ 생면에서의 숙성 효과(生麵 熟成效果)

생면으로 제품화가 되는 것에 칼국수, 소면, 우동, 메밀국수, 중화면, 만두피류가 있지만 그중에서 제품이 된 후에 장기간 저장시간이 있었던 쪽이 좋은 것은 중화면 뿐이다. 생 우동은 장시간 숙성을 하면 삶는데 면질이 나빠진다. 거기다가 색상의 갈변으로 품질 감소를 가져다준다.

생 칼국수, 생 우동은 장시간의 숙성에 의해서 삶은 면질이 연화되고 색상의 갈변도 있어 장기 제품 숙성은 마이너스이다.

삶을 때의 면질에 대한 숙성의 영향은 크다. 製線 직후부터 생면의 숙성 시간과 숙면의 물성의 변화 관계에서 제면 직후부터 2~3시간의 숙성의 영향이 크다는 것을 알 수 있다. 충분치 못한 숙성이 면선에 나쁜 영향을 미친다

58) http://www.yamatomfg.com/newsite, 熟成なんの意味

는 것으로 식감적으로 탄력이 적어진다. 이미 탄력을 잃은 면을 냉장 상태에서는 2~3일 후 비교해도 변화가 없다.

생 메밀면의 경우는 효소의 활성이 매우 강하고 풍미가 급격하게 소실되므로 제면 후의 숙성은 피하는 것이 좋다. 저장이 필요할 경우 저온 저장이 필요가 있다. 이것은 생 메밀면의 미생물 증식에 의한 부패가 빠르기 때문에 필요한 조치이다.

만두피류는 제조 후의 시간 경과와 함께 변색이 진행되어 표면에 흑갈색 반점이 생길 수도 있다. 어쨌든 모두 생면이므로 저온 저장, 저온 유통이 원칙이고 일반적으로 일주일 이내 유통 소비시키는 것이 바람직하다. 일반적으로 칼국수, 소면, 우동류 등은 기본적으로 식염수를 배합수로 사용하는 데 중화면은 간수로 사용한다. 따라서 생 중화면의 저장 중에 일어나는 특유한 변화의 원인은 반죽이 알칼리성이기 때문이다.

약 산성인 식염수와 알칼리성인 간수와의 반죽의 차이는 식염의 반죽은 숙성에 의해 부드럽게 되어 잘 늘어나는 반면 간수의 반죽은 변화는 적지만 단단하고 부서지게 되는 경향이다. 이와 같은 현상은 숙성의 완화도 동시에 일어나지만 글루텐의 알칼리성 변성에 의한 물성의 변화가 우세한 것으로 생각된다.

생면의 장시간 숙성에 의해 탈기 현상이 일어나며 밀도가 커지게 되기 때문에 알칼리 변성과 서로 어울려 생 중화면의 숙성 효과는 한층 커진다. 이외에 생 중화면의 숙성에는 냉장 중의 건조도 영향을 준다. 냉장 중에 건조가 진행되어서는 안 되지만 실내온도의 제품을 밀봉해 냉장하면 포장 내부가 습도가 높아져서 좋지 않다. 온도는 너무 낮아도 숙성이 진행되지 않아 10~15℃가 보통이다.

㉡ 건면에서의 저장 숙성 중의 변화

건면류의 저장 중의 변화에 대해서는 그 주체는 전분이 아니고 글루텐이라는 것은 여러 각도에서 확인되고 있으나 글루텐의 변화 자체는 화학적으로 해명되지 않고 있다. 단지 글루텐과 지방, 특히 유리지방산과의 결합이 인정되고 있으며 지질이 숙성 중에 면의 경도나 점착성의 변화에 영향을 주고 있다.

저장 중의 물성이 변화하는 것은 일반 건면, 스파게티도 같다. 또 화학적으로 지방산도, 과산화물가의 증가가 된다. 또 삶을 때 시간이 오래 걸리며 용출량은 감소하는 경향이 있다. 문제는 이 저장에 의한 硬化현상이 굵은 우동류에는 바람직하지 않고 가는 소면류, 스파게티류에는 다소 바람직한 것으로 나타난다. 면의 품질 보증 기간은 저장 중의 면질의 변화에 기초를 두고 설정된 것으로 위와 같은 이유에서 굵은 면은 짧고 가는 면은 다소 연장되는 것이다. 소면은 2년, 그 외의 건면에는 1년으로 기준으로 하고 있다.

3) 정형, 압연(壓延)

배합 완료 후 숙성시킨 다음 손으로 면봉을 이용해 적당한 힘으로 굴려가며 좌우로 얇게 밀어 펴서 절단 직전까지의 공정이다. 기계 제면에서는 이것을 연속

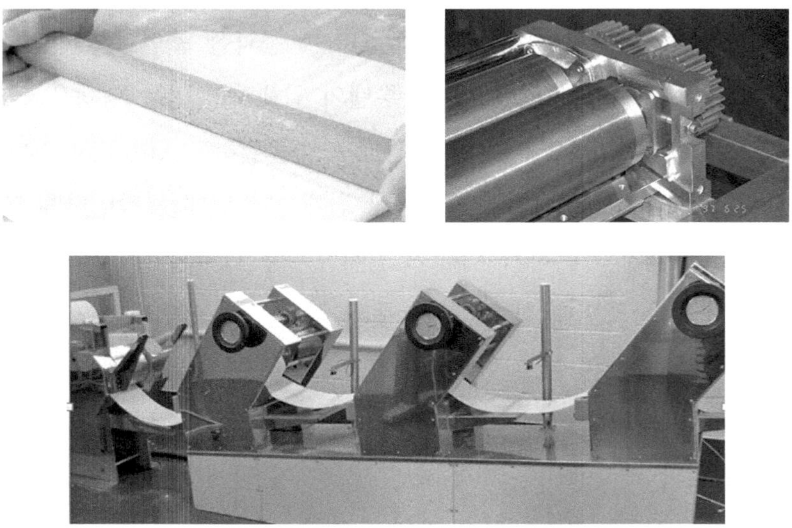

〈그림 3-6〉 수작업 압연 형식과 연속 자동 압연기

roll과정을 통해 수행한다. roll의 기본형은 〈그림 3-6〉과 같이 철제의 마주 보는 roll이며 한쪽은 양단에 칼날차양이 붙어 있으며 다른 쪽은 칼날이 없는 차양이 붙은 roll의 차양 사이에 꼭 끼어 있은 형태로 되어 있다. 전자를 암 roll, 후자를 숫 roll라고 한다.

(1) roll 정형(整形) 제면 공정

혼합을 종료한 반죽 생지는 수타면은 가수량이 많아 전체가 한 덩어리로 되나 기계 제면에서는 보통 배합의 경우에는 수많은 작은 반죽덩어리가 혼합된 비지 모양이 된다.

따라서 흩어져 있는 작은 덩어리들을 하나의 형태 즉 조면대(粗麵帶)로 모으지 않으면 안 된다. 상기의 롤러의 위에서 반죽을 밀어 넣으면 roll사이로 들어가 roll 틈 형태의 단면형상을 갖는 띠모양의 연속 연결된 반죽이 된다. 이것을 면의 띠(帶), 면대라고 부른다. 그리고 이 최초의 roll을 정형roll 또는 조면대기(粗麵帶機)라고 한다.

(2) 복합(複合)

〈그림 3-7〉과 같이 된 조면대기(粗麵帶機)기를 통과한 조면대는 한번 roll을 통과하였을 뿐 어떻게 형태는 되었지만 글루텐의 입체적인 망목 형성은 불충분하여 면대로서의 강도, 밀도가 약해 또 표면 상태도 불균일하고 평평하지 않다. 그래서 더욱 글루텐의 조직 구조를 보다 견밀하게 전개시켜 면대를 강인하게 함과 아울러 외관상으로도 균일하게 하기 위해 조면대를 2장 겹쳐서 다음의 roll을 통과시킨다. 이때 roll 틈은 조면대 한 장 분의 두께 정도가 보통이며 이 면 간격으로 통과시킬 때에 가장 강한 힘이 걸린다. 이렇게 하여 면대의 글루텐 결합 조직은 일단 완성되고 표면도 균질한 것이 되지만 이 단계의 roll, 즉 정형 roll 2조를 "복합 roll" 또는 "면대기"라고 한다. 기계 제면에서는 이 단계에서 면대를 면봉에다 휘감아 숙성시키는 경우가 많다. 연속 제면의 경우는 컨베이어 위에서 띠모양 그대

로 숙성시키는 것이 보통이다.

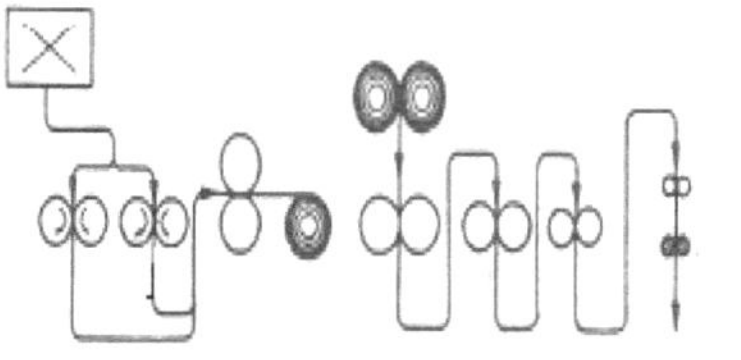

〈그림 3-7〉 면대 형성 이후 두 장을 겹쳐서 압연기로 가는 과정

(3) 압연(壓延)

롤러를 통과해서 생지를 형성해서 일정한 폭의 면대를 최종 면선의 두께까지 마무리하는 것이 壓延공정이다. 〈그림 3-8〉 제면 배합에서 절출까지 공정도를 보면 쉽게 이해할 수 있다.

〈그림 3-8〉 압연 이후 절출과정

Roll 압연에서는 복합된 면대를 한 번에 소정의 두께로 압연하려고 하면 면대에 무리한 힘을 가하게 되어 복합으로 형성된 글루텐 조직을 파괴가 된다. 이것을 방지하기 위해 여러 번 나누어 순차적으로 무리 없이 압연한다. 그러나 이 경우에 한 개의 긴 면대이므로 수타면과 같이 압연의 방향을 바꿀 수가 없고 정형, 복합, 압연을 통하여 한 방향으로만 늘리게 된다. 따라서 기계 제면에서는 수타에 비하여 글루텐의 망상 구조에 방향성이 생긴다. 이 기계면의 방향성은 수연면의 것보다 훨씬 적다. 이 단계의 roll을 압연 roll이라고 말하며 3~5개의 roll가 한 세트로 되어 있은 것이 보통으로 단계가 진행됨에 따라서 면대는 얇아지고 사용하는 롤러의 지름도 점점 작아지고 roll의 폭은 제조능력에 따라서 변하며 roll의 폭과 제조 능력은 비례하지만 roll 지름은 제품과의 관계에서 결정되는 것이다.

롤러의 압연의 효과는 압연의 횟수에 비례하여 표면이 점차 부드러워 지며, 글루텐은 압연에 의한 상호 결합되어 신전성이 있는 섬유상으로 되고 압연이 반복되어 전분입자와 기타 성분을 포함되어 압연 방향으로 망상조직을 형성한다. 즉 품질의 균일화와 면대의 조직과 구조 형성을 시킨다.

압연율은 롤러에 의해 압연된 면대가 롤러 통과 전의 두께에서 어느 정도 얇게 되었는가를 표시한 수치이며 아래 공식에 적용되며 단계별로 압연율 30~50% 정도가 표준이며 롤러의 압연은 롤러의 직경이 크면 클수록 가압 면적이 크게 되고 회전수가 낮을수록 가압 시간이 길게 된다. 그것에 의해 생지의 형성이 촉진되고 신전 효과가 크게 된다.

(압연 前 두께－압연 後 두께) × 100 / 압연 前의 두께 = 압연율(%)

① Roll의 효과

제면에서의 롤러의 2가지 역할이 있다. 하나는 생지를 글루텐 조직의 결합 전개를 활성시켜 형태를 만들고, 하나는 얇게 늘리는 일이다. 면대 복합 후 면대의 숙성은 압연될 때 다시 복합할 경우는 필수적이지만 배합이 최초의 한번 뿐인 경우는 숙성 시간을 갖지 않고 그대로 압연 roll에 거는 것도 가능하다. 특히 글루텐 형성이 불충한 반죽의 경우는 무리하지만 글루텐 형성이 진행된 경우는 복합 후에 숙성이 좋다.

통상 최종 면대의 두께는 우동이 4~2mm, 중화면, 메밀면에서는 2~1.3mm 정도로 압연의 각 roll의 틈을 조정하게 된다. 압연의 roll은 반죽에 무리한 힘을 가해서 글루텐 조직을 상하지 않도록 수차에 나누어 점차적으로 압연하지만 각단의 roll의 주속도는 연동 관계로 면대가 얇아지는 분량만큼 다음의 roll은 빨라진다. 결국 압연비가 2/3이면 다음의 roll의 주속도는 전단의 roll의 2/3배 약하게 되지 않으면 안된다. 따라서 최종 면대의 두께에 맞추어 최후의 압연 roll틈을 정하면 그 이전의 roll은 주속도에 역비례하여 roll 틈을 넓게 조정한다. 단, 최근의 압연 roll은 주속도가 roll 개별로 변동이며 자동조정의 것도 있어 이 경우에는 일정한 관계는 없고 조작도 쉽지만 압연비가 한쪽으로 치우치는 일이 없도록 주의가 필요하다.

roll의 능력은 roll 폭에 비례하지만 전체의 회전에 의해서도 변할 수 있다. 회전을 빨리하면 면대의 흐름이 빨라지고 능력이 증가하게 되지만 이 경우는 같은 roll 틈을 통과하더라도 변형량이 적고 두꺼운 면대가 되므로 roll 틈을 좁힐 필요가 있으며 결과적으로 생지에 무리를 줌으로 한도가 있다. 회전을 빨리해서 능률을 올리는 경우는 roll의 단수를 증가시킬 필요가 있다. 여하튼 압연의 목적은 면대를 무리 없이 얇게 늘리는 일이다.

② 다가수 생지의 roll 정형

가수량이 적은 비지 모양의 생지의 압연과 다가수로 혼합한 생지의 물성 상태가 달라 roll의 사용법은 혼합된 생지의 상태에 따라서 달라져야 된다. 특히 다가수로 혼합된 생지는 추가로 더 글루텐 조직의 결합을 전개시킬 필요가 없을 수도 있다. 따라서 이와 같은 생지를 혼합하는 복합 롤러의 사용은 역으로 형성된 글루텐 조직을 손상시킬 수도 있으므로 피하지 않으면 안 된다.

이 경우의 roll의 사용 목적은 정형과 압연만으로 충분하다. 다가수 생지를 무리 없이 정형, 압연하는 것은 대단히 어렵고 종래의 단순 roll 제면법으로 적용할 필요는 없다. 정형 압연 공정은 생지가 무리한 변형이 되어 글루텐 조직이 손상되는지는 외부의 힘에 의한 변형량 이외에 생지 자체의 변형을 허용하는 능력에도 의한다. 이 변형 허용 능력은 생지를 숙성하므로 회복하므로 정형과 압연은 일회의 변형을 허용량 내에 머물게 하고 숙성 후 또 허용 한도 내의 변형을 행하게 한다. 이 반복에 의해 소정의 두께의 면대를 완성시키는 것이다. 최근에 사용하는 정형 roll에는 직경 500mm 이상의 큰 지름의 roll이 사용되는 일도 있지만 근년에 여러 가지 타입의 장치가 개발되고 있다.

제면 roll에는 표면이 평활하지 않은 파형 roll도 여러 가지가 있지만 이들은 무리가 없는 정형 압연을 목적으로 하는 것, 배합효과를 보다 수타면 타입으로 하는 것, 혹은 압연에 의해 나오는 글루텐 배열의 방향성을 약하게 하는 것 등이 있다. 이것들을 생지의 형식과 최종 제품의 품질에 의하여 선택 짝 맞추어 사용한다.

(4) 절출(slitting)

〈그림 3-9〉와 같이 일정한 두께의 면선을 만든 후 최종 목표의 두께까지 압연된 면대는 절출기에 의해 면가닥으로 잘리게 된다. 직접 손으로 일정한 폭으로 칼국수의 자르듯이 칼날이 있는 암수의 두 개 roll을 절출기(切出機, cutter)라고 한

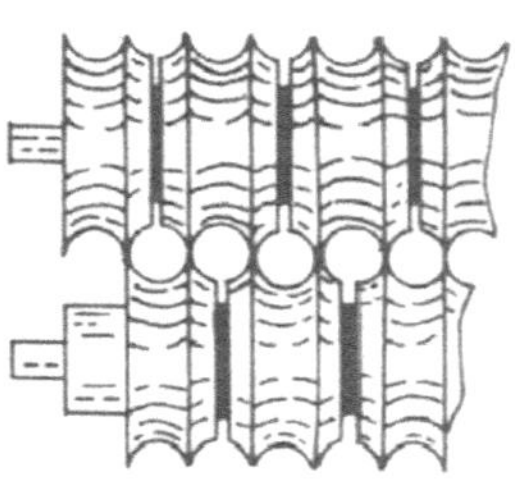

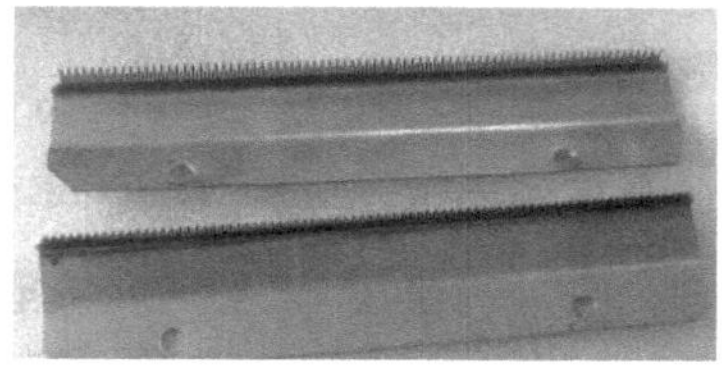

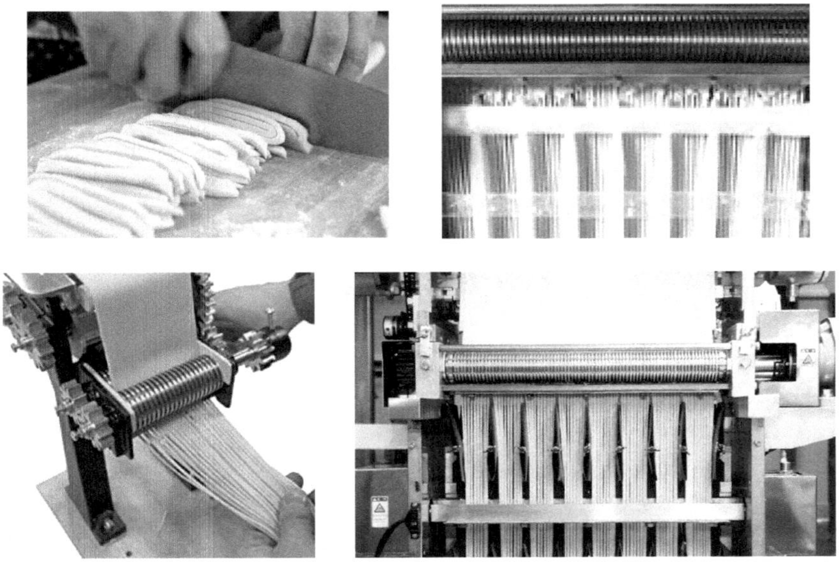

〈그림 3-9〉 손칼국수 각형 썰기와 절출기의 롤러(각형, 원형)의 절출기

다. 절출기는 통상 두께의 미세한 조정을 위한 roll과 절출 roll과 잘라낸 면선을 적당한 길이로 횡절단하는 cutter로 되어 있다.

절출기는 폭과 형태에 의해서 여러 종류가 있으며 제품에 따라 바꾸어 사용해야 하기 때문에 절출기는 절출 roll의 분리와 접속이 용이하게 되어 있다.

잘라낸 면선의 행단면의 형상은 잘라낼 때의 면대의 두께와 칼날의 종류에 의해서 정한다. 통상 각형의 경우, 가로와 세로의 비율은 4 : 3이 표준적인 면류의 형상이지만 물론 직사각형에서 평편한 것까지 제품으로서 여러 가지가 있다.

압절의 칼날은 작은 상처가 나기 쉽고 손상된 칼날을 사용하면 제품의 단면이 거칠어져 품질을 떨어뜨리는 일이 됨으로써 적당한 시기에 교체할 필요가 있다. 최근에는 세라믹이 이용되어 절단면이 깨끗하며 장기간 사용하기도 한다. 규격에 의한 절출기의 번호와 사용되는 제품의 종류는 다음 표와 같다. 기준은 폭 30mm에 대해 면선의 수로 나타낸 것으로 예를 들면 10번 선이면 30mm를 10가닥으로 즉, 면의 폭 3mm가 된다.

〈표 3-2〉 절출기의 번호와 용도의 예[59]

절출 번호 (No)	4	5	6	8	10	12	14	16	18	20	22	24	26	28	30
폭 (mm)	7.5	6.0	5.0	3.8	3.0	2.5	2.2	2.0	1.7	1.5	1.4	1.3	1.2	1.1	1.0
용 도	넓은 면			우동					라면, 국수, 메밀면				세면, 가는면		

4) 삶음

면을 삶은 것을 삶은 면 또는 숙면(熟麵)이라고 한다. 삶은 면으로서 제품화된 것은 삶은 국수, 우동이 가장 일반적이지만 삶은 메밀, 삶은 스파게티, 삶은 중화면 등이 있다.

생면이든 건면이든지 열을 가해 익혀 소화 흡수되도록 호화시켜야 맛도 좋고 소화 흡수가 좋도록 해야 한다. 〈그림 3-10〉과 같이 열탕면의 표면은 열탕공정 중 충분한 수화로 팽윤, 호화하여 부드럽고 매끈하며, 단면은 열수의 침투로 다공의 구조를 확인하였다.

면을 삶는 기본은 전체적으로 잘 익혀야 하겠지만 100% 전분의 호화 정도를 의미하는 것은 아니다. 삶는 상태에서 각각의 면의 특성을 나타내야 한다. 우동의 경우에는 삶는 면의 중앙에는 가는 1가닥 정도의 심(芯)의 남아있는 상태가 식감이 좋다. 삶아 낸 면의 표면과 중심부의 수분 분포의 차이를 두어 씹는 식감을 남겨두기도 한다. 표면부의 수분함량이 80% 이상에 비해 중심부는 수분함량이 40% 정도가 되면 즉 표면은 부드럽고 심 부분은 약간 단단한 상태로 씹는 식감이 개인적인 차이는 있지만 우동에서는 대체적으로 좋은 식감을 느낀다.[60] 삶아낸 국수는 시간이 경과하면 표면의 수분이 중앙으로 이전되어 중심부의 수분 평형으로

59) 小田聞多, 「新 めんの 本」, 食品産業新聞社, P.62, 1991.
60) 平山一政, "면류의 열가공 - 증자면", 일본 식품공업, 11, 1995.

표면부나 중심부의 수분 분포가 거의 같아지게 된다. 이러한 경우 씹는 식감이 너무 약해 소위 불었다는 상태가 된다. 그래서 삶아내는 기술이란 이러한 수분의 분포 시점을 파악해서 적당히 삶는 기술이다.[61)]

가는 소면이나 냉면과 같이 가는 면은 단단함이 오히려 바람직하지만 우동, 칼국수와 같이 두꺼운 면에는 찰기와 같이 점도와 부드러운 것이 필수이다. 가는 면에서는 건면이 적당하지만 우동, 칼국수 등과 같이 두꺼운 면에서는 생면을 바로 삶아낼수록 점도와 부드러움 등을 좋게 하는 식감을 얻을 수 있다.

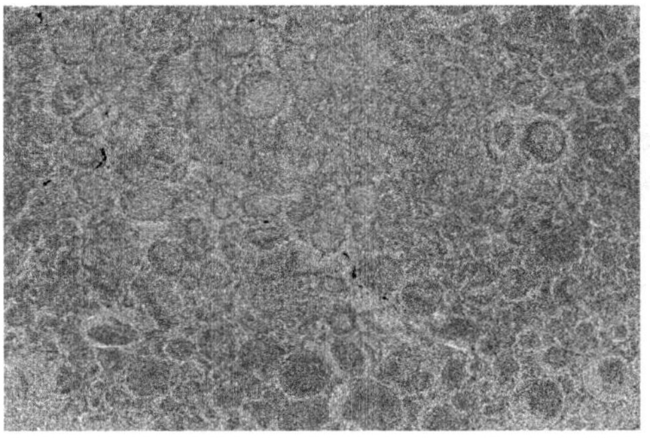

생면의 표면

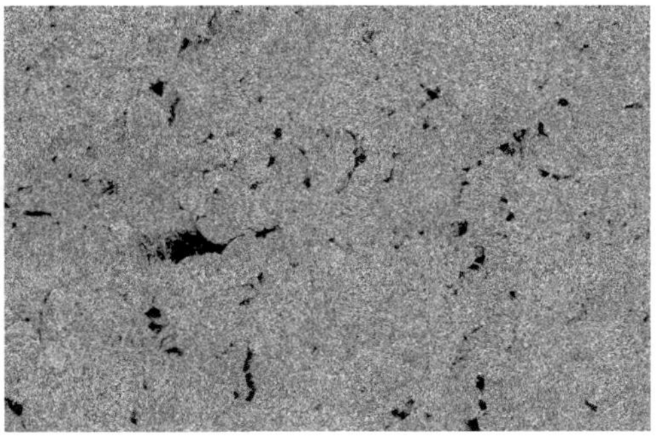

생면의 단면

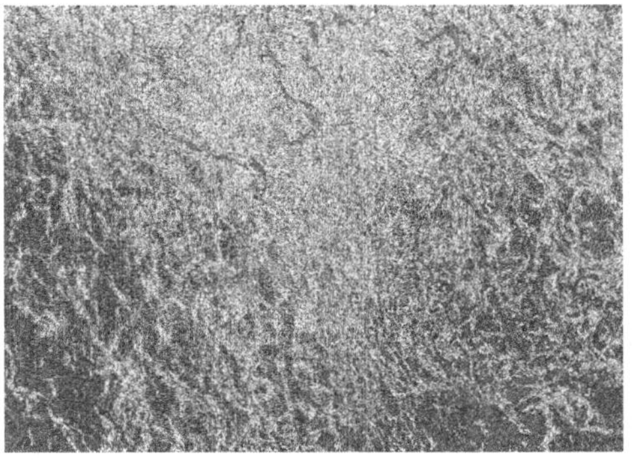

숙면의 표면

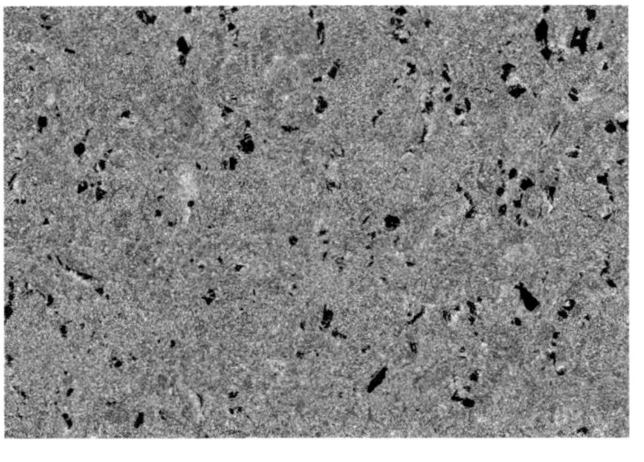

숙면의 단면

〈그림 3-10〉 주사현미경에 관찰된 생면조직과 삶아낸 면의 조직 상태[62)]

61) 河合隆範, めんののびとその對策, 食品と科學 8, p.67-75, 1994.
62) 윤병인, 증숙열탕 공정이 숙면의 품질 특성에 미치는 영향, 서울과학기술대학교 석사논문, 2018.

이러한 면의 질적 변화는 건조에 의해 단백질이 변화되는 원인으로 생각된다. 수화(水和)한 글루텐이 건조에 의해 변화되어 수분 함량이 원래대로 돌아와도 글루텐은 원래의 탄성이 있는 상태로 돌아오지 않는 이유이다. 이것은 건면을 분쇄한 분말에 물을 가해 생지를 만들어도 원래의 상태로 돌아가지 않는다는 것을 알 수 있다.

〈표 3-3〉은 건면 시간과의 삶아낸 면 관계를 나타낸 것으로 건조시간이 길수록 삶은 면이 단단하고 생면을 삶아낸 것에서 항장력이 크고 신장률이 떨어지는 것을 알 수 있다.

〈표 3-3〉 건조에 따른 물성의 변화

*1 건조시간	생면수분%	*2 삶는시간	면의 점탄성			*3초산 불용성 단백질	식 감
			항장력 R g/cm²	신장력 E %	R/E		
0.0	32.8	10분 40초	197	118	1.67	28.2	좋다
1.0	29.5	11분 10초	205	110	1.86	28.5	생면에 가깝다
1.5	26.7	12분 40초	235	101	2.32	32.3	약간 딱딱하다
2.5	20.6	13분 25초	243	103	2.34	32.3	탄력성이 없다
3.5	19.0	13분 55초	258	99	2.61	32.3	
6.0	17.4	15분 20초	270	101	2.67	32.3	건면적 식감이 강하다.
23.0	12.9	16분 20초	304	105	2.90	33.4	

*1. 간조 조건 : 30℃, 상대습도 70%
*2. 면 삶는 시간은 삶는 면의 수분 함량 75% 되는 시간
*3. 전 단백질에 대한 비율(생면의 측정)

건면과 생면을 비교하면 면을 삶는 시간으로 같은 수분에 도달해도 식감은 단단하다. 따라서 우동과 같은 부드러움을 주는 건면으로는 생면과 같은 부드러움이 이를 때까지 시간이 걸린다.

(1) 삶는 시간에 영향을 주는 요인

면을 익히기 위해 삶아내야 하므로 최소한의 면이 익는 조건에서 삶는 시간은 짧게 해서 불지 않도록 삶아내는 것이 좋다. 좋은 식감을 얻기 위해 고명과 함께 빨리 조리가 될수록 바람직하다.

삶는 시간을 단축하는 것은 첫 번째, 면의 내부에 수분이 침투하는 속도를 높이고 두 번째는 면이 같은 수분 함량이라면 부드럽게 하는 것이다. 이 2가지 요소에서 나온 삶는 시간의 관계를 통해 조절 가능한 인자를 살펴보면 다음과 같다.

- 면을 가늘게, 두께는 얇게 조절한다.
- 단백질 함량이 적은 소맥분을 혼합 조절한다.
- 제면의 가수량을 높인다.
- 제면의 가염량을 늘린다.
- 호화온도가 낮은 감자전분, 변성전분 등을 혼합한다.
- 숙성 시간을 길게 조절한다.
- 삶는 온도를 높인다.

이와 같이 다양한 요인의 조절방법 중에서 우선적으로 가수량, 가염량을 높여 삶아내는 시간을 줄일 수 있다.

원료분 소맥분의 글루텐 양에 따라 달라진다.

글루텐은 가열되면 응고하여 생지를 단단하게 하고 열탕의 침투가 어렵게 된다. 즉 강력분, 중력분, 박력분으로 우동을 만들어 삶는 시간을 비교하면 중력분의 삶는 시간을 기준으로 해서 강력분 1.6배, 박력분은 0.6배이다.

가염량을 많이 하면 삶는 시간이 짧아진다. 이것은 삶는 동안에 염분이 용출되는 사이로 열탕이 침투가 쉽게 된다고 생각된다.

그러나 가염량이 8%를 초과하면 글루텐을 수축시켜 오히려 글루텐의 망목구조 결합이 약해져 끊어지기 쉽다. 또한 수타면과 비교하면 기계면은 삶는 시간이 길다. 기계면은 롤러로 강한 압력을 주어 늘리면서 생지의 조직이 긴밀하게 되어 침투가 어렵다. 이러한 이유로 특히 삶는 시간이 걸려 마른 우동으로는 삶아내기를 빨리하기 위해 부드러운 소맥분을 사용하고 가수량을 많이 하는 다가수제면법을 택하게 되었다.

① 면의 두께와 삶는 시간과의 관계

면을 삶는 것은 끓고 있는 열탕에 면을 넣어 면의 표면으로부터 침투와 동시에 열이 면의 표면에서 내부로 전달된다. 그 결과 면은 표면에서 내부로 호화상태로 된다. 면을 열찬에 넣으면서부터 면의 중심부가 호화될 때까지의 시간이 면 삶는 시간이다. 면의 삶는 시간과 상관관계가 있는 것은 면의 두께이다. 면의 삶는 시간은 열탕이 중심부까지의 침투 속도는 면의 표면에서 중심부까지의 거리의 2승에 비례하여 갈홈에 의해 확인되고 있다. 즉 면의 두께가 2배가 되면 삶는 시간은 4배가 된다. 면은 삶는 물에서 열전달이 상당히 빠르다. 우동면 두께 4mm의 면이 중심부 온도가 99℃에 다다르는 시간은 1분 정도 걸린다.[63)]

② 삶는 방법

면은 일반적으로 삶는 방법에 따라 식미가 크게 달라질 수 있다. 면을 맛있게 먹는 최대의 포인트는 삶는 방법에 있다고 해도 과언이 아니다. 일반적으로 가공된 건면의 상품에는 삶는 방법에서 물과 시간 등이 명기되어 있어서 이러한 사용물과 삶는 시간 등을 정확히 지키는 것이 좋다. 면을 삶을 때는 지나치게 삶아 불지 않고 적당한 경도를 가지게 삶아내는 것이다. 면의 표면의 전분이 호화되어 망목 구조가 부서져 그 안에 감싸고 있는 것으로 전분의 호화 용출되어 일어나 식감이 거칠어져 있어 특히 소면은 찬물에서 재빨리 손으로 비벼서 표면에 묻은 용출전분을 제거하고, 면속의 기포를 제거하여 면의 식감을 단단하고 매끄럽게 하는 이유이다.

③ 삶는 탕량

삶는 물의 양은 최소한 면 양의 10배 이상의 필요하지만 가정에서 부엌의 공간이 협소하고 에너지 절감 등의 점에서 상품마다 필요 최소량의 삶는 물 양이 표시

---

63) (사)일본면류업 단체연합회, そば. ぅどん百味百題, p.186, 1991.

가 되어 있다. 삶는 물은 면의 흡수량, 삶는 동안에 증발되는 양, 남는 물의 합계이지만 잔량이 어느 정도 남아 타지 않을 정도를 감안해야 된다. 삶는 시간이 길면 증발량이 많아진다.

면의 굵기에 따라 시간이 길어지므로 건면 250g 1봉의 가는 면에 대해 1.3~1.5리터, 굵은 면으로는 1.5~2리터가 필요하고 실제 사용하는 솥의 크기는 2리터 용량의 크기가 좋다. 면을 삶으면 끓어 넘치기 쉬어 특별한 깊은 솥이나 끓이는 중간에 물을 첨가하고 불을 가감으로 조절해야 한다. 우동은 시간이 길어 솥뚜껑을 덮어서 수분 증발량을 감소시킬 수 있다. 뚜껑을 열면 증발 손실량이 47% 정도에 대해 뚜껑을 덮으면 13% 정도이다. 면을 삶는 시간의 기준은 끓는 물에 넣는 시점에서 시작된다.

삶은 작업공정은 제면 공정으로부터 본다면 단순히 끓는 물 중에서 생면이 팽윤(α화)되어 적당히 연해지는 것이다. 양질의 삶은 면이란 제품에 광택이 있고 매끄러워야 한다. 그래서 각형(角形)의 가락국수에서는 각이 서 있어야 하며 각이 부서져서는 안 된다. 삶는 물을 오래 사용하여 전분 용출량이 많은 물에서 끓이면 면이 거칠고 각이 무너지게 된다. 따라서 삶는 작업의 주요점은 어떻게 하든 삶는 중에 부스러짐을 적게 하는데 있다. 또한 이것은 수율의 향상과 함께 배수의 탁도와 온도를 낮추어 배수처리의 문제를 예방하는 것이 중요하다.

(2) 제면 공정과 삶을 때의 부스러짐

면이 삶아 부스러지는 관점에서만 본다면 글루텐 양이 많은 쪽이 좋다. 삶는 물의 용출의 주체는 전분질이며 글루텐은 물에 녹지 않고 높은 온도의 물 속에서 단백질이 변성 응고되므로 면 속의 글루텐의 망목구조(網目構造)가 잘 형성되었다면 삶는 도중에 면선이 부스러지는 현상은 적어지게 된다.

또한 손상전분이 많은 제품의 면은 삶는 물에 전분용출도 많아진다. 가수량도 글루텐의 결합전개를 위해 충분한 양이 필요하다. 가수량 40%(식염수이면 45%) 정도까지는 많을수록 삶아 부스러짐은 적어진다.

수타면에서의 경우에서는 식염수로서 45%의 가수 정도이고 기계 제면에서는 그보다 적은 것이 보통이므로 통상으로 "다가수"일수록 삶아 부스러지는 것은 적다고 생각해도 좋다. 단, 이 경우의 삶는 시간은 삶은 면의 수분함량이 균일하게 75%되는데 요하는 시간이며 "다가수"쪽이 약간 삶는 시간이 짧다.

또한 생면 중의 식염의 농도가 높으면 삶음이 빨라지고 동일 수분에서 삶는 경우의 부스러짐이 적게 된다. 단, 식염량도 밀가루에 대해서 8%를 초과하면 글루텐의 결합력이 약해져 역효과가 나타난다.

(3) 삶는 공정과 용출

용출에 영향을 주는 삶는 공정 중의 요인은 삶는 물의 수질, 면에 대한 삶는 물의 양, 삶는 방법(사용기구나 끓는 상태) 등이다.

① 삶는 온도와 첨가 되는 물

삶는 물의 온도는 높은 쪽이 좋다. 충분히 끓지 않는 열탕에서 삶으면 면의 중심부로 열전달이 시간이 걸려 그 동안 표면이 지나치게 익게 된다. 특히 메밀면은 글루텐의 망목구조가 없어 그 이유로 표면의 수용성단백질이 용출된다. 일반적 삶는 방법으로 삶는 탕의 온도가 상승하여 격렬하게 삶거나 삶아 넘치는 것을 방지하기 위해 보충수를 첨가하는 것이 좋다.

면을 탕 안에서 격렬하게 움직이면 표면끼리 심하게 부딪쳐 표면의 전분이 용출되어 구수한 맛이 손실되고 면의 광택도 나빠진다. 면이 탕 위로 떠오르면 보충수로 가해 약 98℃ 정도로 하여 격렬하게 끓어오르지 않게 한다. 면을 격렬하게 움직이면서 끓어 넘치면 면의 표면이 상처가 생기고 거칠어지게 되어 바람직하지 않다.

② 염분의 용출

면의 필수 원료인 식염을 사용해서 만든 면이어서 면을 삶아낼 때는 식염 성분이 삶는 과정에서 상당량이 용출된다. 실제 삶는 탕량을 면의 15배 정도로 해서 8

분간 삶아내면 가염량의 90% 정도가 용출된다. 식염이 5%의 함유된 건면의 경우에 면을 삶아낸 후 0.5% 정도로 낮아지게 된다. 건강상의 식생활을 유지하는 염분 과잉섭취 문제가 있지만 건면의 염분에 대해서는 문제가 없는 것으로 생각된다.

③ 삶는 과정에서의 부르틈

면은 삶은 직후가 제일 맛있다. 30분 정도 방치하면 불어 점성과 탄성이 저하되고 씹는 식감이 없어 부석부석해져 쉽게 끊어지고 고유의 맛을 잃어버린다. 이 현상은 전분의 노화(β화)와 면의 내부의 수분 분포가 균일화되어 생기는 것이다. 전분의 노화는 전분의 호화된 전분이 시간이 경과되어 노화 현상에 의해 생긴다. 또한 삶은 면의 수분이 표면이 80% 이상의 것에 비해 중심부는 약 40%로 불균일하게 분포되어 심이 있어 씹는 맛이 있을 때가 식감이 좋다. 시간이 경과되면 내부의 전분이 수분을 흡수해서 균일하게 되어 식감이 약해진다. 면이 국물 속에 있는 경우 국물이 흡수되기 때문에 단시간 내에 부풀고 두꺼워져 퍼지고 식감이 저하된다.

삶아낸 소바, 우동, 국수를 냉수에 의한 면의 탄력성을 주기위해 세척하는데 세척수는 차가울수록 좋다. 특히 우동에서는 찬물에 충분히 냉각 세척시키면 면의 내부의 기포도 제거되고 수축 인장의 효과가 생긴다. 이 작업에 의해 우동의 부피와 두께는 삶아 낸 직후보다 줄어들고 여기에 찬물로 씻으면 표면이 매끄럽고 광택이 나는 면발을 만들 수 있다.

특히 냄비우동과 같이 면을 그대로 익히면서 먹는 방식의 면에서는 우동의 표면으로 국물이 지나치게 흡수되어 연해지면서 식감이 나빠진다. 삶아 낸 우동면을 찬물로 씻어 단단하고 졸깃하게 해서 넣으면 여분의 국물은 흡수가 적어진다. 냄비우동에서는 삶은 채로 나무통에 먹는 것처럼 생각되지만 찬물로 잘 씻고 단단하고 졸깃하게 만든 후 다시 끓는 물에 넣는 것이다. 찬물에 단숨에 씻고 식히지 않는다면 국수 내부에 남아있는 여열로 데친 것이 빨리 불어버린다.

메밀국수는 면 중에서 더욱 삶은 후 불기가 쉽다. 메밀전분에는 글루텐이 함유되지 않아 밀가루와 같은 확실한 망목구조를 만들 수 없는 이유이다. 메밀함량이 높을수록 퍼지기가 쉽다. 그래서 데치듯이 삶아내는 것이 맛을 내는 이유이다.

또한 메밀 종실은 외측일수록 수용성 단백질이 많고 껍질 부분이 많이 들어가 색상이 진한 메밀일수록 퍼짐이 빠르고 반대로 메밀 종실 중심부[배아유(胚芽乳)]만으로 만든 것은 색이 하얗고 다소 시간 경과해도 퍼짐이 늦다. 이러한 수분의 균일화에 의해서 면의 삶은 후 퍼짐을 방지하는 것은 강력분을 혼합하기도 한다. 그러나 강력분의 비율로 삶는 시간은 길어지게 되고 반대로 맛은 떨어지게 된다. 또한 삶은 면을 냉장고와 같은 저온으로 보관하면 수분의 균일화를 늦출 수 있지만 전분의 노화는 빨리 진행된다. 호화된 전분의 노화는 0℃ 부근에서 제일 빠르기 때문이다. 따라서 삶는 시간의 중요성을 인식해야 한다.

④ 삶는 방법의 영향

삶은 통, 바구니의 크기, 형태, 삶는 물의 양, 온도, 생면의 양, 끓는 상태 등이 삶는 중에 용출에 현저하게 또는 미세하게 영향을 준다.

삶는 물의 온도는 고의로 낮게 하면 삶는 시간이 길어져 용출도 많으므로 온도는 높은 쪽이 좋다.

그러나 가압(加壓)하지 않은 보통의 삶음에서는 최고로 끓인 경우 용출물의 영향도 있어 101℃ 정도까지 온도는 올라가지만 이와 같은 상태에서는 끓음이 격해지기 때문에 삶는 중의 뜨거운 물의 격한 대류(對流)로 인한, 면선끼리의 심한 마찰, 면선과 용기와의 마찰에 의해 부스러짐이 증대한다.

따라서 이와 같은 대류에 의한 마찰이 적은 한계 고온이 적당한 삶는 온도가 되며 이 온도는 99℃ 정도이다. 삶는 물의 양 및 삶는 물 중의 용출물 농도도 그 영향이 크다.

물의 용해력의 이론으로부터 본다면 생면에 대해서 삶는 물의 양이 많은 경우에도 당연히 용출량은 많아진다. 삶는 물 중의 호농도(糊農度)가 높은 물에 삶으면 전분 용출이 적어 면의 부서짐은 적어지지만 반면에 삶는 물은 물 본래의 성질을 잃게 되어 삶는 힘이 약해진다.

이 때문에 삶는 시간은 새로운 물일수록 빨라지고 삶는 물 중의 호분(糊分)이 많아질수록 삶는 시간이 오래 걸리게 된다. 그러나 용출분을 많이 함유하는 쪽의 면의 부스러짐은 적다. 삶은 물 중의 용출분(溶出粉)의 실제적 농도는 고형분 1% 이내이다.

물이 끓어 넘칠 때에는 보충수라 하여 삶는 도중에 물을 더 부어 주면 過沸騰을 억제하고 삶는 물의 호농도를 낮춰 삶는 시간이 늦어지는 것을 억제하는 효과가 있으나 삶는 온도가 떨어질 정도로 많이 넣으면 안된다. 솥에서 삶을 때 생면 양의 10배 정도로 삶는 물이 충분하고 화력의 조절이 가능하면 보충수는 필요한 것이다. 연속식 대형 솥에서는 화력과 감소수량과의 밸런스를 취하여 보충수를 지속적으로 공급해야 한다.

⑤ 삶는 물의 pH

삶는 물의 수질은 매우 중요하다. 삶는 물의 pH가 면의 pH에 가까운 수치가 되면 면의 용출이 적어지기 때문이다. 산, 알칼리의 양이 문제로 면과의 pH 차이가 적을수록 좋다.

가공되지 않은 자연수에는 산성물질보다 알칼리 물질인 탄산염, 중탄산염 등이 함유되어 있다. 이런 성분으로 수질이 알칼리로 되고 특히 중탄산염은 삶는 탕 중에 가열되면 탄산가스를 발생해서 중탄산염으로 된다. 이런 원인으로 탕의 pH는 급상승하여 강한 알칼리성을 나타낸다. 이러한 상태로 삶으면 면의 표면의 글루텐 결착이 약하게 되어 삶아 쉽게 뭉개진다. 예전부터 내려오는 말로 삶는 탕에 건조된 매실이나 식초를 넣어 중화시키는 의미가 있었다.

물의 경도(硬度)도 삶는 물에 용해액 관련된 것으로 생면 공장에서는 이온 교환수지로 연수(軟水) 전환시키지만 중탄산칼슘으로 존재하지 않으면 큰 영향이 없다고 본다. 단지 자연수에는 경도가 높은 것이 일반적으로 알칼리도도 높은 것으로 보아 생면공장에서는 pH 뿐만 아니라 알칼리도를 측정해서 확인이 필요하다. 필요한 경우에는 삶는 물에 pH조정제를 첨가하고 있다. 가정에서 건면을 삶을 때는 삶는 탕을 반복사용이 적지만 제면 공장에서는 삶는 탕을 계속해서 사용하므로 용출되는 호농도가 높아지게 되어 면의 용출이 적게 되지만 삶는 시간이 길어지게 된다.

삶는데 관계하는 수질로서는 경도, pH가 있다. 그러나 경도 그 자체만으로는 부스러짐에 거의 영향이 없다. 수질에 대해서는 pH보다 알칼리도가 중요하다. 알칼리도가 높은 물로 삶으면 부스러짐이 많아진다. 이것은 열 알칼리수가 글루텐에 작용하여 글루텐을 용해하기 때문이다. 이것은 pH 調整劑(유기산)의 첨가에 의해 용이하게 개선할 수가 있다.

알칼리도, pH와 부스러짐의 관계는 pH보다 알칼리도가 판정기준으로서 유효하다는 것을 알 수 있다.

물의 경우 순수에 가까울수록 알칼리의 강도에 민감하여 알칼리 물질의 양은 소량이라도 pH는 크게 변동한다. pH의 물에서도 알칼리 양이 적으면 pH 7의 수돗물과 같이 삶아 뭉그러지는 양보다 적다. 즉 이 경우 pH 10의 물에서도 숙면 표면의 pH의 변동은 적고 삶아 뭉그러지는 양에 영향을 미치지 못했다고 할 수 있다. 〈그림 3-11〉에서 pH처리된 면의 표면모양에서도 차이를 볼 수 있고 그래프 사이에서도 PH 산성 상태보다 알칼리수로 삶는 경우에 용출하는 일이 많은 것은 알칼리 양이 많기 때문에 면의 표면의 pH가 변동하기 때문이다. 알칼리수의 면에

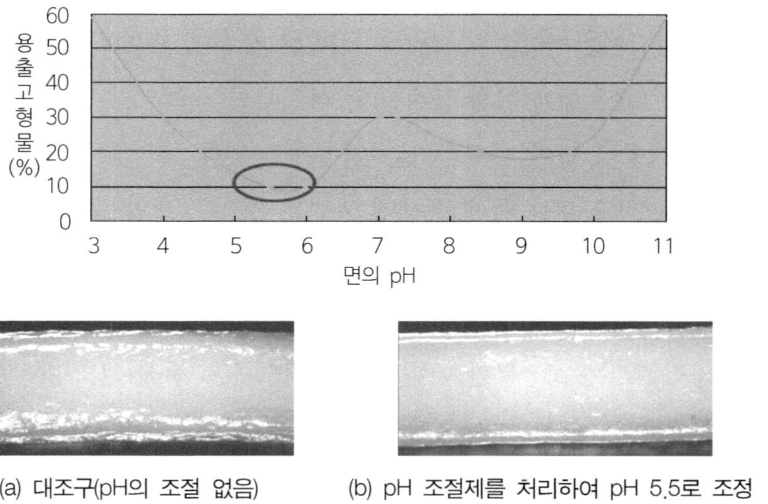

〈그림 3-11〉 현미경으로 살펴본 pH 처리 삶은 면 제품의 표면 비교 상태

대한 영향력은 강도(pH)×양(알칼리도)에 비례한다. 생면 자체의 pH와 용출과의 관계를 보면 pH 7에서 용출하는 것이 크다.

소맥분의 pH도 6이 보통이며 제면에서의 생면의 pH도 6에 가까운 편이다. 완충 효과가 높은 소맥분 생지의 pH가 6에서 7로 변할려면 상당한 알칼리 양이 필요하며 생지의 성질도 크게 변한다.

생면의 pH를 높이면 일단 용출의 양은 감소하지만 다시 증대한다. 이와 같이 면의 pH와 용출의 관계에서는 용출이 적은 2개의 범위가 있다. 하나는 pH 6.0 부근, 또 하나는 pH 9.5 부근이다. 이것은 단백질의 등전점(等電點)이 있기 때문이라고 생각되며 이 2가지의 pH야말로 각각 가락국수와 중화면의 최적 pH이다. 결코 우연은 아닌 것 같다. 이와 같이 우동의 경우 생면 자체의 pH가 조금이라도 변동하면 용출에 크게 영향을 주게 된다. 이것이 물의 경우와 다르며 생면과 같이 단백질 이외에 다성분으로 되는 것은 알칼리 또는 산의 활동에 대하여 이것을 흡수하여 pH 변동을 적게 하는 활동이 있으며 소소한 것으로는 변동하지 않지만 그 대신 일단 변동하면 본래의 성질이 크게 변하는 데 유래하고 있다.

삶음에 사용하는 수질로서 알칼리도는 20ppm 이하, 0ppm에 가까운 것이 바람직하고 20ppm 이상의 물은 조정을 요한다.

⑥ 삶는 속도와 시간

면이 삶아지는 속도는 면의 품온, 삶는 물의 전분질의 농도에 따라 다르다. 그 외에 사용한 밀가루의 글루텐 양, 가수량, 식염 첨가량에 따라 영향을 받는다. 이들 여러 조건 중에서 가장 영향이 큰 것은 면선의 굵기와 형상이다.

삶는다는 것은 면의 경우 면선의 온도가 상승해서 열변성될 뿐만 아니라 삶는 물이 면선 내부에 침투해서 내부의 전분이 팽윤 호화하여 전체적으로 적당히 연해지는 상태를 말한다.

삶는 경우에는 면 내부로 수분의 침투 시간은 길지만, 열의 전달속도는 빨라 99℃ 온도에서 면의 중심부가 98℃로 되는 데는 두께 4mm(중심까지의 거리 2 mm)의 경우에 약 1분 정도 걸린다.

삶은 후의 수분의 분포는 중심부에서 40%이고 표면은 80% 이상이 된다. 삶은 면의 평균 수분은 70~75% 정도 함유하게 된다. 어느 정도의 수분과 온도만 주어진다면 면 속의 전분은 알파화되기 시작되며 우동같은 굵은 면에서는 삶기 시작한 후 1분 만에 충분한 온도에 도달된다. 전분이 α화하기 위하여 필요한 수분은 대략 30% 정도이다. 온도가 상승하면 충분히 α화가 되어 면선이 부드러워지면서 익어간다. 면 속의 함유된 공기가 열팽창되면서 면의 비중이 작아져 물 위로 뜨게 된다.

생면 선의 굵기와 삶은 속도와 관계는 생면의 단면적에 비례한다. 이것은 굵기(직경)의 2승에 비례하는 것으로 굵기가 배가 되면 삶는 시간은 4배 걸린다는 것을 의미한다.

면선의 폭 즉 절출기의 번호는 같아 폭은 같으나 얇게 말아서 두께를 절반으로 하면 단면적은 절반으로 되어 총 삶는 시간은 1/4 가깝게 짧아지게 된다.

삶는 속도에 영향을 주는 기타 요인으로 삶는 물에서 온도가 중심에 다다르는 시간과 수분의 분포가 확산되는 속도이다.

사용하는 밀가루의 글루텐 양이 많으면 글루텐의 막목(膜目)이 그만큼 치밀해 삶음이 늦어진다. 강력분과 박력분에서는 수분이 75%에 달하는 삶음 시간은 각각 33분과 22분(12번 절단으로 단면 정방형)으로 10분의 간격이 있다.

또한 가수량이 많으면 삶는 시간은 짧아진다. 이 관계는 가수량 1%당 삶는 시간은 0.5분의 증감이 있다. 식염도 많은 쪽이 삶는 시간이 짧아진다. 식염 1.5%의 첨가로 1분, 6%의 첨가로 4분 단축된다.

같은 숙면에서도 더욱 부드럽게 하는 방법에는 여러 가지가 있다. 즉 "단백질의 질이 좋은 소맥분 선택, 연질전분의 함량의 밀가루 사용, 가수량 증가, 가염량 증가, 면선의 글루텐 배열을 조절, 생면의 숙성" 등이 있다. 숙면은 부드럽다는 것뿐만 아니라 점탄성에서도 있어야 하기 때문에 상기 조건을 조합을 잘 적용하면 삶는 시간을 단축도 가능성이 있다고 본다.

⑦ 용출의 성분과 수율

삶는 중의 용출은 먼저 면 표면의 전분이 호화되면서 용출되어 나오며 그 후는 표면의 글루텐막의 붕괴와 함께 전분이 호화용출 된다.

삶는 시간이 20분인 경우 삶는 과정에서 총 용출량을 100%라 한다면 처음 5분간에 60%가 용출되고 그 용출의 주성분은 전분질이며 나중의 5분간의 용출은 전체의 10% 정도에 불과하다. 용출성분도 단백질의 양이 증가하여 처음의 5분간에는 용출단백질 성분이 4%에서 점차 8%로 증가된다.

삶는 물을 반복 사용하면 점차 삶는 물의 용출성분의 풀 농도가 높아져 면의 부스러짐은 감소하지만 반면 삶는 시간은 늦어진다. 삶는 시간을 같이하면 처음에 삶은 면은 부스러짐이 많은 대신 수분이 많아지고 후에 삶은 면은 부스러짐은 적지만 수분함량이 적어진다. 이 결과 삶아진 면의 중량(수율)은 처음이나 후에나 거의 변함이 없다.

그러나 수율은 같아도 내용은 상당히 달라 삶은 면에서는 "고수율"은 바람직하지만 그것은 수분을 많게 하는 것이 아니라 부스러짐을 적게 한 결과이어야만 한다. 수분은 식감에 악영향을 주지 않을 정도로 함유시켜야 한다.

수율은 사용한 밀가루로부터 몇 배의 삶은 면이 얻어지는가 하는 것으로 통상 12번의 가락국수에서는 3.0～3.5배 정도이다. 부스러짐의 총량은 여러 조건에 따라 다르지만 잘 삶아도 3～5% 정도다. 100kg의 소맥분으로 숙면을 만들면 4kg 정도는 끓이는 탕 중에 용출되어 손실(loss)이 되기 때문이다.

5) 찜(蒸, steam)

삶는 것은 열량의 전달은 끓는 물이지만 찌는 것은 수증기가 행한다.

물과 수증기의 다른 점은 물론 액체와 기체의 다른 점이며 g당 열용량은 수증기 쪽이 잠열이 크지만 밀도는 물 쪽이 크고 실제 전열효과는 물이 훨씬 뛰어나다. 물과 증기를 같은 용적으로 그 열량을 비교하면 증기는 물의 1/250 뿐이다. 잘 찌게 하려면 수증기량을 충분하게 하고, 면의 수분 함량을 적정량, 빠른 흡수력을 주어야 하며 이 관점에서 증기 상태를 점검하는 것이 필요하다.

전분질의 팽윤 α화에는 수분이 불가피해서 수분이 많은 쪽이 α화가 쉽다. 따라서 생면 중의 수분이 많은 것이 잘 쪄진다. 또한 수분이 많으면 생면의 비열도 크게 되어 증기량도 많게 되어 그 결과에서도 양호한 상태로 쪄진다.[64)]

실제 제품으로서의 야끼소바(焼そば) 蒸麵의 수분 함량은 60% 전후가 일반적이며 가수량이나 찌는 중의 수분 증가분만으로는 α화는 되더라도 제품의 수분으로는 부족하여 면은 너무 단단해지는 경향이 있다. 이런 현상을 막기위해 찌는 도중 또는 찐 후에 물을 살포하거나 물에 침적시키거나 수세를 하여 수분을 흡수시키기도 한다. 찌는 것과 삶는 것은 똑같은 습식 가열법이지만 내용적으로는 차이가 있다.

증면(蒸麵)의 특징은 첫째로 삶는 것은 면의 경우 수분을 침투 흡수시키는 것을 목적으로 하고 있지만 찌는 것은 수분을 침투시키지 않고 α화하는 것을 목적으로 하고 있다.

또 수증기의 양과 온도를 일정하게 사용되면 일정하고 안정적인 공정으로 가열처리할 수 있다. 또한 삶은 경우에는 수질, 원재료의 성질 등 삶는 공정에 영향을 주는 인자가 대단히 많지만 찌는 경우에는 이와 같은 인자의 변화가 거의 없고 일정한 공정으로 가열 처리할 수가 있다.

공정 도중에서 찌는 것에 즉석면류가 있다. 즉석면류에는 찐 후 열풍 건조하는 것과 기름에 튀겨 건조하는 것 두 가지가 있다.

찌는 경우에는 증숙 장치로 증기로 찌는 것이 보통이지만 솥 안에서 직접 찌는 방법이 있다. 찌는 상태를 좋게 하기 위해서는 증기량이 충분하여야 한다. 또한 생면 중의 수분이 많은 즉 가수가 많은 쪽이 잘 쪄진다. 생면의 표면적을 크게 하고 면선을 가늘게 한다. 가수량이 많은 것이 열의 흡수를 빨리 되며, 수분의 흡착량이 많아져 바람직하다. 증기 쪽에서 말하면 습기가 많은 충분한 양의 증기이면 좋고 과열 증기나 건조도가 높은 증기는 좋지 않다.

---

64) 内田晴彦, "생, 증자면류의 근황과 기술적 과제", 일본식품과학, p.6, 1996.

6) 건조(乾燥)

제면의 가공처리 중의 한 가지인 건조 방식이 있다.

건조의 대상이 되는 것에 생면, 증면, 숙면이 있으며 일부 동결 건조를 하는 제품도 있으나 상압의 기류 건조가 일반적으로 이용되고 있다. 증면의 경우는 면선이 다른 면보다 가늘고, α화 된 면을 강하게 하기 위해서 열풍 건조를 시킨다.

그러나 일반적으로 건면들은 생면을 건조한 것이다. 생면의 경우 급격한 건조에서 오는 내부 응력의 비틀어짐에 잘 견디지 못하고 면선이 비교적 굵고 잘 건조가 안 된다. 면의 건조 속도와 제품의 수분 상태를 관리하면서 습도와 온도를 잘 조절한 조습(調濕) 건조가 되어야 한다.

(1) 건조의 이론

건조는 통상의 경우 면선의 수분함량과 식염 함량에 의해 정해지는 고유의 평형습도에 의해서도 주변 환경의 습도가 낮을 때에 일어난다. 건조속도는 양자의 습도 차가 클수록 빠르다. 바꾸어 말하면 건조는 면선의 성질과 공기의 건조상태에 따라 영향을 받는다. 건조를 촉진시키기 위해 기류에 의한 면선 표면의 습한 공기의 확산과 수분의 증발에 필요한 열량이 필요하다.

평형습도란 면의 수분의 증감이 일어나지 않는 환경습도로서 면의 수분이 많을 때에는 평형습도는 높아진다. 식염량과의 관계는 면의 식염함량이 많으면 평형습도는 낮게 된다. 결국 식염이 많으면 건조가 어렵다. 이 관계를 나타내는 것이 평형수분곡선이다.

따라서 현재의 면의 건조는 환경습도를 조절해서 건조속도를 제어하는 조습건조가 기본으로 되어 있다.

건조가 지나치게 빠르면 표면만이 미리 마르고 내부의 건조가 늦어지는 결과 형상이 구부러지거나 내부응력이 균일치 못해 건조 중에나 건조 후에 끊어진다.

그러므로 표면의 증발을 적게 하여 내부로부터의 수분 확산과의 조화를 꾀하는 것이 조습(燥濕)의 목적이다.

건조 공정에서는 초기에는 건조가 빠르고(증발량이 많음) 차차 늦어지지만 특히 처음에는 표면의 "자유수"가 증발하므로 이 사이에는 건조속도는 빠르고도 일정하다. 이 기간을 항률건조기(恒率乾燥期)라고 한다.

면의 경우는 이 기간이 극히 짧아 곧 건조속도가 차차 떨어지는 감률건조(減率乾燥)로 들어간다.

공기의 건조능력도 또한 온도에 의해 크게 변한다. 온도가 높으면 공기의 수분을 함유하는 능력도 커진다. 예를 들면 25℃의 공기는 1kg당 20g의 물을 함유할 수 있지만 40℃에서는 49g의 물을 함유할 수 있다.

이상과 같이 면의 건조에는 건조할 면의 수분함량, 면의 평형 수분량, 건조에 사용하는 공기의 온·습도, 공기량 등이 관계하므로 건조실의 설비의 설계는 이러한 특성에 기초를 두어야 한다.

일반적으로 건면의 건조과정은 예비 건조, 주 건조, 마무리 건조의 3단계로 이루어진다.

① 예비 건조

예비 건조의 목적은 생면의 표면의 얇은 층의 자유수의 항률건조를 급속히 하므로 표층을 건조 경화하여 막대기에 걸려 있는 면선이 스스로의 무게로 늘어지는 것을 방지하는데 있다.

생면은 수분이 많아서 급속하게 건조시켜도 면의 균열과 온도의 상승 등의 큰 문제는 없다.

예비 건조는 보통 1시간 정도이고 생면의 수분 30~32%였던 것이 27~28%가 된다.

면질을 좋게 하는 데는 어느 정도의 "다가수"가 필요하다. 건면의 경우는 빨리 삶아 면질을 부드럽게 하기 위해 특히 중요하다. 따라서 이 예비 건조의 의의는 대단히 커서 이러한 예비 설비의 유무가 건면의 품질을 결정한다고 해도 과언이 아니다.

이 경우 건조의 온도가 높으면 면선이 연해져서 늘어나기 쉬우므로 될 수 있는 한 저온(15℃까지)의 대량의 건조공기를 사용하다. 이 예비 건조 공정은 면의 신장을 막는 공정이며 소요시간은 30~90분이다.

예비 건조 시간이 전체 건조 소요시간의 1/4 이하이지만 수분의 건조량은 많아 전 건조 수분량의 1/3 이상이 건조된다.

② 주 건조

예비 건조가 끝나면 주 건조에 들어간다. 이 단계에서 건조의 조건은 온도 35~45℃, 상대습도 70~80℃로 면의 수분량은 15~16% 이하가 된다.

습도를 올려서 면선 표면으로부터 수분의 증발을 억제하여 증발량과 내부 수분의 표면에의 이동과의 평형을 취하면서 건조를 진행시키는 조습(燥濕) 건조를 행한다. 급격한 건조를 행하는 예비 건조에서는 불균형한 건조 때문에 면선의 일부는 구부러지는 것도 많지만 이것도 조습 건조에 들어가면 너무 건조된 표면은 수분을 내부로부터 보충되어 다시 유연성을 되찾아 꼿꼿한 면선이 된다.

주 건조 온도는 40℃, 상대습도 70~75%에서 면선 12번, 두께 1.5mm일 경우 3~5시간 정도 걸린다. 주 건조는 수분의 증발량도 이 부분에서 가장 많고 전 건조실 면적의 2/3 이상을 차지한다.

이 때문에 주 건조의 처음 부분과 마지막 부분에서는 면선의 수분차가 크기 때문에 온·습도의 관리에 많은 주의를 기울여야만 한다.

(2) 마무리 건조와 냉각

이 공정에서는 주 건조에서 상승한 면의 품온을 실온까지 천천히 냉각과 동시에 일부 건조도 된다. 동절기와 같이 실온이 낮을 때는 냉각온도차가 커서 면선에 금이 가기 쉽다. 그래서 냉각 시간을 충분히 가질 필요가 있다.

주 건조로서 거의 건조는 종료되므로 면선 온도도 거의 건조실 온도로 된다. 수분의 증발 중에는 면선 온도는 실온보다 낮다.

이 시점에서 건조는 최종 목표수분보다 약간 높은 수분이 바람직하며 이것은 냉각공정에서 건조한다.

냉각공정은 냉각뿐만 아니라 일부 건조도 행하는 것이므로 마무리 건조공정이라고 한다.

이 단계의 면선은 유연성은 거의 없고 구부러지면 꺾어질 정도로 단단해져 있으므로 냉각을 조심해서 행하지 않으면 면선의 표면부와 중심부와의 온도차가 커져서 내부구조에 흠집이 생긴다. 그 결과 외견상으로는 이상이 보이지 않아도 끊어지기 쉽게 된다.

이와 같은 문제점을 피하기 위해 냉각 공정이 있지만 중요한 것은 주 건조를 필요이상으로 건조하지 않는 것이다. 지나친 건조가 되면 면선은 단단해지고 온도는 높다고 하는 악조건이 된다.

주 건조에서의 건조는 거의 끝난 상태여서 면선의 온도는 건조실 온도와 비슷하다. 이 시점에서의 건조는 최종 목표 수분보다 약간 높이는 것이 바람직하고 나머지는 냉각과정에서 건조한다. 냉각 공정은 단순히 냉각만이 아닌 일부 건조도 행하는 마무리 공정이라고 한다.

냉각에 있어서 가장 문제가 되는 것은 건면 공장에서는 야간에는 운전을 중지하는 것이 보통이며 이 때문에 일어나는 온도 급강하이다.

온도 급강하도 40℃로부터 20℃까지에서는 문제가 되지 않지만 15℃ 이하로 되면 주의를 요한다.

7) 면의 식감

면을 씹을 때의 치아, 입천장, 혀, 목으로 넘김 등의 촉감으로 면 상태의 좋고 나쁨을 판단한다. 이러한 종합적 느낌을 '식감(食感)'이라고 한다. 각각의 면에는 고유의 식감이 있으며 다양하다. 식감은 개인의 기호도, 지역차, 개인차가 있으므로 한마디로 평가하기가 간단하지 않다.

(1) 밀가루와 식감

밀가루의 주성분은 전분과 글루텐이며 식감과의 관계는 크다. 〈표 3-4〉에 글루텐의 양이 많으면 가락국수의 식감은 굳고 강도도 크지만 글루텐 양이 적으면 연약해서 부서지기 쉽게 되므로 각각의 면에 적정한 글루텐 양의 밀가루를 사용해야 한다. 전분질은 경질, 연질이 있고 가락국수에 있어서는 전분이 연질인 쪽이 식감이 좋다.

전분질의 경질, 연질은 밀 종류별의 특성에서 나타난다. 삶은 면의 식감은 삶은 면선을 잡아당길 때의 신장률이 큰 것이 좋다(항장력은 일정하다고 볼 때). 밀가루의 종류별로 삶은 면의 인장(引張)테스트의 결과로부터 신장률에 차이가 있다는 것을 알 수 있지만 전분의 영향에 의한 것이 크다고 생각된다.

요즈음 호주, 미국산 연질맥을 주로 사용하고 있다. 국산밀과 수입밀과의 건조면의 특성에 대한 실험에서 국산밀 제면 적성과 식감에서 향상시키기 위해 수율을 감안해서 회분 함량을 낮추고 물 흡수량을 향상시키려는 노력이 필요하다.[65]

〈표 3-4〉 용도별 밀가루에 의한 삶은 면 물성의 차

	항장력 (g/cm²)	신장률 (%)
강력분	300	115
박력분	230	76
면용 중력분	220	100

(2) 제면법(製麵法)과 식감(食感)

제면법과 식감과의 관계는 글루텐의 전개 구조의 방향성, 밀도에 의한 경질, 연질만이 아니고 탄력성 및 씹히는 촉감 등에 따라 크게 변한다.

제법과 식감으로 가장 관계되는 것은 글루텐의 망상구조의 차이이다. 글루텐이 가늘게 전개한 수연 가락국수에선 삶을 때 표면의 전분질만 용출해 표면의 부스러짐이 적기 때문에 식감은 탄력적이며 대단히 매끄러운 맛이 있다. 수타 가락국수는 글루텐 섬유가 큰 망상구조이며 그 구조도 거칠고 제조단계에서는 수연 가

65) 문유진, 국산밀의 건면 제조특성과 건조조전 및 효소처리에 따른 품질 개선, 부산대학교 식품영양학과, 2019.

락국수에서와 같은 방향성이 없다. 이와 같은 면의 식감은 부드러운 탄력성이 적어 씹는 맛도 약하다. 이것이 수타, 수연면을 비교해 볼 때 수타 우동의 특징이다.

스파게티의 경우는 경도, 탄력이 강하고 씹는 맛이 요구된다. 제조공정에서 탈기(脫氣)해서 면선을 치밀하게 하는 것도 경도를 크게 하기 위한 것이다.

또한 스파게티류는 건조품이 보통이지만 이것 설명한 바와 같이 수연 소면과 같다.

CHAPTER 04

제면 종류의 특성

1 생면(生麵, wet noodle)

생면이라는 것은 반죽 상태로 절단되어 어떠한 조리도 되지 않은 상태의 면선을 뜻한다.

생면의 정의로는 면발을 성형한 후 바로 포장한 것이거나 표면만을 건조시킨 국수류, 우동류, 수제비류, 만두피 등을 말한다.

생면의 장점으로 식감과 맛이 제일 좋으나 보존 기간이 짧다.

1) 생면

생면은 기본적인 제조과정으로 각 나라마다 전통적으로 내려오는 제조법으로 각 나라의 비법이 있어 탄력성과 부드러운 식맛이 우수하다. 단지 수작업의 경우 생산능률이 높지 않고 많은 수고를 필요로 한다. 그래서 최근에는 수타방식의 생면의 제조과정의 일부분을 기계를 사용하는 경우도 있다.

(1) 기본 배합

소맥분 100 : 단백질 9.0~10%, 회분 0.4% 이하

식　염 5~6

급　수 45~48

소맥분은 목표로 하는 면질에 따라서 강력분을 배합하기도 하는 일도 있지만 기본은 중력분 내지 면용 전용 맥분(준강력분)을 사용한다.

가수량과 식염량은 반죽의 상태, 작업성에 따라 증감 조절한다. 여름철에는 약간의 소금을 추가하고 겨울철에는 감소시킨다. 대략 식염 0.5% 정도 증감 조절시킨다.

(2) 제조 공정

원료준비 → 혼합, 반죽 → 분할 → 반죽 숙성 → 면대 숙성 → 성형 → 절출

(3) 배합, 반죽

알맞은 배합 용기를 선택한다. 수동으로 배합하기에 적당한 소맥분 1~2kg 기준으로 계량한다.

식염은 급수에 넣고 완전히 용해시켜 둔다. 용해시켜 둔 식염수를 서서히 가하면서 양손으로 가루 입자에 물이 혼합되도록 한다. 전체를 한 덩어리로 합쳐지면 바깥쪽에서 안쪽으로 말려들게 힘을 가해 반죽한다. 반죽 덩어리가 점탄성을 갖게 되면 표면을 둥글게 정리한 후 표면이 마르지 않게 젖은 헝겊이나 비닐을 덮어 숙성 대기시킨다. 반죽의 온도는 25~27℃ 정도로 숙성시간은 약 30~90분 범위 내에서 행한다.

숙성이 진행됨에 따라 반죽의 상태는 표면의 거친 감이 없어지고 매끈함과 윤택이 나온다.

다음에는 둥글한 반죽 덩어리를 만든다. 이것을 비닐이나 면포에 싸서 반죽을 휴지시킨다. 시간이 다소 걸리더라도 인내를 가지고 무리한 힘을 가하지 않도록

글루텐 망을 전개하는 것이 이상적이다.

배합기는 물을 가한 후 고속 회전시켜 물의 분산을 시킨 후 저속 회전으로 전환해서 반죽을 하는 것이 효율적이다. 숙성 과정은 동일하며 숙성 후의 반죽은 서로 수동, 자동과 대등한 상태로 된다.

(4) 분할, 둥글리기

숙성이 끝난 반죽(손으로 반죽한 것과 기계로 반죽한 것)은 용량이 많으면 1.5~2kg으로 분할하여 엄지손가락 밑 부분을 모아 누르면서 둥글게 모은다. 둥글게 뭉치지 않으면 반죽이 재 경화되어 밀 때 정형이 안 되는 경우가 생긴다.

둥글게 뭉치가 되면 건조가 안되도록 다시 1~2시간 숙성을 시킨다.

(5) 늘림, 면선 절단

충분히 숙성한 둥근 반죽을 손가루를 뿌리고 면봉(길이 110cm, 직경 1.5~3cm)으로 그 면봉으로 감을 수 있는 두께로까지 늘린다.

반죽을 얇게 늘리는 방법은 면봉에 반죽덩어리를 감아 붙여서 양손바닥으로 면봉의 앞쪽을 누르면서 굴리지만 면봉을 대각선상에 사각형이 되도록 번갈아 되감아가면서 이것을 되풀이한다.

늘릴 때 중심에서 반죽이 퍼지도록 하고 처음에 둥근 모양이었던 반죽이 점차 사각형으로 늘려 자를 때 손실을 최소화한다.

늘리는 두께는 3mm가 보통이며 소정의 두께로 늘리면 면선끼리 붙지 않게 손가루를 충분히 골고루 뿌리고 폭 15cm로 병풍같이 겹쳐 포갠다. 이것을 식칼로 앞쪽을 밀면서 일정하게 자른다. 폭을 일정하게 하는 것이 중요하며 굵기, 폭이 균일하지 않으면 삶을 때 일정치 않아 맛의 저하를 가져온다.

여기까지의 공정이 생면제조 공정이다.

2) 생 우동 제조법

면대를 선절하여 적당한 길이로 절단한 상태로 삶지 않고 제품으로 하는 것이 생 우동, 생 중화면, 생 메밀면이 있다.

(1) 배합률(기계 생 우동의 예)

중력분 100

식 염 3~4

급 수 37~40

(2) 제조방법

① 준비 : 식염을 물에 완전히 용해시킨다.

② 혼합 : 저속 3분, 중속 15분

③ 숙성 : 생지 배합 후 1시간 건조하지 않게 상온(24~26℃)에서 숙성시킨다.

④ 성형 : 3~6단계 롤러를 거쳐 두께 1.2mm로 성형한다.

⑤ 절단 : 원형 10~12번선 절출기로 절단한다(1식당 120g 정도).

3) 생 중화면 제조법

중화면이란 밀가루에 소금대신 간수를 가해서 제면한 것이다. 알칼리 반죽의 특징은 글루텐이 시간이 경과함에 따라 변질하여 단단해진다는 것이다. 제품으로서의 생 중화면에 요구되는 것에 식감 외에 색조의 밝음이 있다. 이 색조는 더불어 변화하여 서서히 암갈색으로 변화함으로 이 변화를 가급적 적게 하지 않으면 안 된다. 이 때문에 등급이 높은 것을 사용하지만 제품을 저온에 유지하는 것도 변색 방지에 중요하다.

(1) 면 배합율의 예

중력분 100

간　수 1～2

식　염 2.5～4

급　수 45

(2) 제조법

① 준비 : 식염과 간수를 물에 완전히 용해시킨다.

② 혼합 : 저속 3분, 중속 15분

③ 숙성 : 생지 배합 후 1시간 건조하지 않게 상온(24～26℃)에서 숙성시킨다.

④ 성형 : 3～6단계 롤러를 거쳐 두께 1.2mm로 성형한다.

⑤ 절단 : 원형 12～14번선 절출기로 절단한다(1식당 120g 정도).

4) 생 메밀면 제조법

메밀분은 효소활성이 강하고 변질하기 쉬워 제면 후 신속하게 데쳐서 먹는 것이다. 따라서 제면을 자기 점포에서 하는 것이 보통이다. 생 메밀은 식감과 함께 풍미가 생명이며 좋은 메밀면을 만들려면 풍미가 충분한 메밀분을 사용하는 것이 선결이다. 구입한 메밀분이 1주일 이내에 유통시킬 수 없으면 냉장 보관해서 사용한다.

(1) 면 배합율의 예

메밀분 70～50 : 회분 1.7% 정도

중력분 30～50

식　염 1

급　수 25～28

메밀분은 등급의 폭이 크나 등급이 높을 메밀은 희다. 생 메밀의 경우 반죽 시 발열을 가급적 피할 필요가 있다. 발열하면 글루텐의 결착 효과는 좋지만 식감에 변화를 주는 반죽의 효소활성을 강하게 하고 산화현상이 빨리 진행한다. 이 때문에 배합을 재빨리 10분 이내 종료시킨다.

배합기에서는 혼합만 하고 반죽의 형성을 roll로 한다. 복합은 1회로 하고 숙성도 최소한 짧게 끝낸다. 이것은 모두 메밀면의 특질을 잃지 않기 위해서이다. 칼날은 20~22번선을 이용한다. 생 메밀은 가급적 빨리 소비를 원칙으로 해 당일 중에 소비되는 경우에도 냉장하는 것이 바람직하다.

생 메밀을 상품으로 유통시킬 경우 식품 첨가물인 주정을 사용할 수도 있으나 주정은 효소분해 작용에 의해 이상한 냄새가 나서 식감이 감소된다. 생 메밀면을 포장에서 가열살균 할 수도 있지만 식감이 떨어지는 것은 생 우동의 경우와 비슷하다.

2 숙면(熟麵, cooked noodle)

숙면은 생면을 가열해서 익힌 것을 말하며 기계식 제면은 원래 수타면을 기계화 한 것으로 공정도 수타와 같지만 기계조작을 용이하게 하기 위해 가수량이 적고 반죽 상태가 단단한 것이 수타면과 다른 점이다. 그러나 품질상의 요구에서 다가수 제면 기계화가 되어 품질이 향상되고 있다.

1) 기본배합의 예

소맥분 100 : 단백질 9~10%, 회분 0.35~0.45%

전분류 10~20

식 염 2~4

급 수 30~35

소맥분은 목적으로 하는 면질에 따라서 적합한 것을 선택한다.

품질개량의 목적으로 타피오카, 옥수수, 감자 전분 등의 전분류를 10~20% 정도를 첨가하여 삶는 시간 단축, 매끄럽고 부드러운 식감과 점탄성 향상 목적으로 사용하는 일도 있다.

또 인산염류, 유화제, pH조정제들은 품질이나 개량을 위해 사용하는 경우도 있지만 이들의 사용은 명확한 사용목적과 효과에 의해 사용한다. 일반적으로 기본배합으로 하는 것이 좋다.

가수량은 충분하게 식염을 용해하기 위해서도 미리 하루 전에 용해시켜 두어 식염의 조정과 온도를 조정해 두는 것이 좋다. 배합할 때마다 식염을 녹여 첨가하는 것은 번거로운 일이며 계량의 변동 원인이 되기도 한다.

적당한 가수량은 원재료의 성질, 기온에 따라 다르지만 일반 기계제면에서는 소맥분 100에 대해 가수량은 32~35, 식염은 2~3이다.

2) 제조공정

원료준비 → 혼합, 반죽 → 면대 형성 → 성형 → 절출 → 삶기 → 수세, 냉각

3) 혼합, 반죽

혼합, 반죽할 때 배합기를 사용하는데 그 특성을 이해하고 충분히 활용하는 것이 중요하다.

가장 일반적인 배합기는 가로형의 한 개 축 또는 두 개 축의 배합기와 세로형 배합기이다. 이들 배합이 주체로 반죽 효과는 적고 롤러 제면을 하기 위한 복합이 목적이다. 적당한 반죽 형성에서는 배합시간이 긴 쪽이 좋지만 반죽의 발열이 있어 이점에서 주의해야 한다. 가수량, 배합기의 용량에 따라 다르지만 10~15분이 보통이다.

발열이 높으면 반죽 덩어리가 처져 배합기의 부하가 커지게 된다. 배합 반죽의

온도는 29℃ 이하가 돼야 한다. 실내 기온이 낮고 반죽의 온도가 20℃ 이하가 되면 반죽 형성이 나빠지므로 너무 차거나 너무 높지 않도록 반죽 온도에 주의를 기하여야 한다.

적당한 반죽 온도를 유지하기 위해 jacket이 붙어있는 배합기에 냉수 또는 온수를 순환시키거나 또는 실내온도, 가루온도, 수온 하나하나의 온도를 조절할 필요가 있다.

그래서 일상 각 온도의 자료를 수집하여 반죽의 온도와의 관계를 조사하는 것이 중요하다.

배합기에는 먼저 소맥분을 넣고 스위치를 넣어 1분간 혼합시킨 후 가수를 샤워식 또는 분무식으로 가급적 작은 물방울로 분산시켜 첨가하는 방식이 좋다. 최근에는 연속적으로 순식간에 분무 혼합되는 자동고속 배합기도 개발되어 가수의 얼룩을 해소시킨다.

가수량이 45% 이상의 다가수 반죽에서는 커다란 반죽이 형성이 되므로 후 공정에서 처리가 어렵다.

최종 배합 상태는 콩알 크기와 좁쌀 크기의 반죽이 절반씩 골고루 섞여 있는 상태가 좋다.

4) roll 제면

복합기와 압연기를 동시에 사용해서 면대를 만든다. 복합기의 사용 목적은 반죽을 글루텐 형성시키기 위한 전 단계로 면대를 만드는 것이다. 배합이 막 끝난 반죽은 부슬부슬해서 곧 바로 면대형성이 어려워 원형 feeder에서 대기시켜서 복합압연롤러에 틈새 없이 천천히 반죽을 압축 투입해서 2겹의 면대를 겹쳐 압연롤러를 통과시켜 1겹의 조면대를 형성시킨다. 기계제면에서는 이 단계에서 면대를 면봉에다 휘감아 숙성시키는 경우가 많다. 연속 제면의 경우는 컨베이어 위에서 띠 모양 그대로 숙성시키는 것이 보통이다.

복합된 면대를 한 번에 소정의 두께로 압연하려고 하면 면대에 무리한 힘을 가하게 되어 복합으로 형성된 글루텐 조직을 파괴가 된다. 이것을 방지하기 위해 여러 번 나누어 순차적으로 무리 없이 압연한다.

5) 숙성

제면공정 중의 숙성에는 배합을 끝낸 반죽의 숙성과 면대 숙성이 있다. 공정 형편상 어느 한쪽을 택한다면 통상의 제면에서는 복합면대의 숙성 쪽이 효과적이다. 반죽은 다가수로 잘 반죽된 반죽 덩어리일수록 필요성이 높다. 면대 숙성은 연속설비로써 벨트 컨베이어 방식 등의 숙성장치도 있지만 복합면대를 나무봉으로 휘감아서 절단한 후 비닐 등으로 덮어 숙성이 보통으로 행해지고 있다.

6) 절단

면의 굵기에 따라 삶는 시간, 식감도 크게 변한다.

면의 굵기를 칼날의 번호로 표현하고 있지만 실제 제조에서는 이 두께와 폭의 관리가 중요하다.

일반적으로 자른 폭 4에 대해 두께 3의 비율로 하지만 평평한 국수나 납작하게 뽑는 국수와 같이 폭에 대해서 두께가 얇은 것도 있다. 칼날 roll의 회전 속도는 전단의 미세조정 롤보다 약간 빠르게 하고 면대를 약간 잡아당기는 상태로 사용하지만 너무 빨리 하면 면대를 손상시키므로 주의한다. 칼날의 뒤측에는 빗살이 붙어 있어 칼날의 홈에 부착한 부스러기를 떨어뜨리는 역할을 하고 있다. 이 스크레파가 나쁘면 면선의 표면이나 절단면을 손상시키므로 주기적으로 분해하여 청소한다.

7) 삶기

삶기까지 전 공정이 완벽하게 되어도 삶기를 실패하면 수포가 된다.

삶는 데는 수질의 영향이 크고 수질의 조정이 중요하다는 것은 전에 설명했지만 이 조정법은 용수를 자동 조정하여 삶는 솥에 들어가는 물의 pH를 미리 조정하는 방법과 솥 내의 탕의 pH를 직접 조정하는 방법이 있다.

삶는 原水를 조정하는 경우 pH 5.0(알칼리도 0)에 조정하고, 삶는 물에서 pH를 조정할 때는 pH 5.8을 목표로 한다.

pH 조정에는 젖산, 사과산, 구연산 등의 유기산을 사용하지만 사용량은 수질에 따라 다르다. 알칼리도 측정으로 소비된 황산에 대해 화학 당량의 유기산을 사용하면 pH는 목표치보다 약간 높게 된다. 이 경우 계산량의 10% 증가도가 적정량이다. 일반적으로 알칼리도 50PPM의 물의 경우 사과산의 계산량은 물 1톤당 60g이지만 실제 70g 첨가가 좋다.

삶는 솥에는 능력과 형태에 따라 여러 가지가 있지만 물의 양은 생면량의 10~20배가 필요해서 삶는 양에 맞는 크기의 솥을 사용한다.

면의 양에 대하여 삶는 물이 적으면 생면 투입시 탕이 온도가 급격히 낮아져 다시 끓는 온도까지 시간이 걸려 면의 표면이 불기 쉽다. 또한 탕 중에서 면의 움직임이 나빠 불규칙하게 삶아진다.

그렇다고 탕량이 과다하면 수질의 영향을 세게 받게 되어 붕괴가 일어나서 적절한 수량으로 맞추는 것이 필요하다. 삶는 솥은 생면 투입부분의 화력을 최고 강하게 두면 온도 저하를 막을 수 있다. 삶는 솥 내의 온도는 일정하게 98℃가 좋다. 삶기 위해 온도는 높은 것이 좋지만 그 이상으로 하면 격렬한 상태가 되어 숙면의 표면이 마찰로 붕괴된다. 솥 내면과 삶는 면의 마찰을 피하기 위해서 솥 내부의 마찰의 영향을 피하기 위해 마찰의 영향이 적은 구조와 재질로 해야 한다.

삶는 중의 용출되는 성분의 변화를 보면 먼저 면 표면의 전분이 호화되어 녹아나오며 그 후는 표면의 글루텐 막의 붕괴와 함께 전분이 호화·용출된다. 삶는 시간이 20분인 경우 삶는 중의 전 용출량을 100%로 하면 처음 5분간에 60%가 용출하고 그 주체 성분은 전분이다. 나중의 5분간의 용출은 전체의 10% 정도에 불과하며 용출성분도 단백질의 양이 증가하여 처음의 5분간에는 4%이였던 것이 8%로 증가된다.

8) 수세, 냉각

삶아낸 면은 수세해서 충분히 냉각한다. 급냉에 따라 면을 단단히 조여주고, 광택이 나며, 늘어짐을 피하고 식감이 좋아진다. 또한 보존성측면에서 특히 중요하다. 냉각에 의해 품온을 10℃ 이하로 하는 것이 좋다.

9) 수율

숙면의 수율은 기업의 손익에 따른 중요한 지표로서 제면 작업 공정의 진단 근거이며 항상 필수적이다. 수율은 소맥분 22kg에서 나올 수 있는 사리의 개수로서 단단한 면과 부드러운 숙면에 있어서는 일반적으로 부드러운 쪽이 수율이 좋지만 제품의 상태에 따라 달라진다. 포장제품의 중량은 표시량의 ±5% 이내로 규정하지만 표시량의 2~4% 정도 여유분으로 계산하는 것이 보통이다. 기업의 채산성에 있어서 계량 정밀도의 향상은 중요과제의 하나로 되어 있다.

10) 보존성

예전에는 숙면이라고 하면 면판에 담아 당일 생산, 당일 판매의 상품이었다. 요즘은 제조장의 생산 및 고도의 냉각 위생처리 설비, 저온 유통 시스템의 발달과 판매처의 재고 관리의 시스템 확대로 실시간 판매데이터를 받아 판매대에서의 상품의 유통기간 4~5일로 기간 내의 안전성을 확보하게 되었다.

현재에는 살균제인 과산화수소를 사용하고 있지 않으나 이것을 대신해서 저온 유통기구의 현저한 발달과 위생의식의 보급으로 유통기간이 늘어나게 됐다.

이제부터 숙면 제조업 종사자에 있어서는 위생 지식과 이것에 의거한 제면법의 습득이 불가결하다. 요는 제품에 세균의 오염이 되지 않도록 할 것과 부착균은 증식시키지 않을 것 2가지 점이다.

이를 위해서는 환경 정비(자재장소, 제면실, 증숙실의 칸막이와 청소 청결의 철저 및 흡배기의 완비), 제조기기의 세척소독 제품의 급속 냉각, 제품의 냉장보존 및 작업자 자신의 청결과 위생의식의 철저화가 필요하다.

3 개량숙면(改良熟麵, modified cooked noodle)

개량숙면의 정의는 밀가루 및 모밀분 등의 곡분류를 주원료해서 제면 또는 성형해서 찌거나 삶은 후 밀봉 포장 후 가열 살균한 것에 조미료, 고명을 첨부해서 간편한 조리조작에 의해 먹도록 제공한 것으로 상온 장기 보존의 耐久性 제품을 말한다.

개량숙면(改良熟麵)은 생면을 삶아 익힌 숙면을 다시 밀봉포장 후 가열 살균하여 상온에서 장기 보존이 가능한 것으로 숙면(熟麵)을 장기보존용으로 포장한 제품으로 국수류, 중화면, 메밀면 등이 있다.

일반적으로 숙면은 보존기간이 laminating수지로 된 봉지 등으로 포장하여도 2일 정도이다. 그것은 부패균의 작용으로 면이 상하기 때문에 이를 방지하기 위해 특별히 살균 처리한 면을 LL(Long Life)면이라고 한다. 살균은 증기가열이 일반적인데 면에 스팀을 주어 90~100℃의 온도로서 약 30분간 가열해서 살균하고 이후 냉풍을 쏘여 냉각시킨다. 증기 살균한 면의 보존기간은 6개월 정도로 알려져 있고 보관 또한 상온에서 충분하므로 상품의 유통이 편리하다. LL면의 맛은 생면의 삶은 직후의 맛과는 다른데 이는 삶은 후 증기로써 재 가열함과 더불어 시간이 경과하면서 노화되기 때문에 이로 인해 쫄깃쫄깃한 감이 감소되고 만다.

LL면의 장점은 보존기간이 길고 짧은 조리시간 2분으로 간편성에 있다. 또 다양한 스프를 잘 조화시켜 새로운 감각의 음식, 상품이 될 수 있다.

1) 개량숙면의 제조

(1) 기본 배합의 예

소 맥 분 100%

변성전분 5～20%
식 염 2～3%
급 수 30～37%

(2) 제조 방법

원료준비 → 혼합, 반죽 → 면대 형성 → 성형 → 절출 → 삶기 → 수세 → pH 조정제 침지 → 포장 → 살균 → 냉각 → 2차 포장

제면하여 삶을 때까지의 공정은 통상 숙면과 같다. 삶은 후 수세하여 면을 미리 준비해 둔 일정한 농도의 유기산 침지액에 일정시간 담가 처리한다. 그 침지액의 액온의 설정이 살균법에 있어서 가장 큰 영향 요인이 된다. 〈표 4-1〉에 표시한 대로 침지액의 온도가 높으면 숙면의 산 흡수량이 많아진다. 또 포장 후의 증기 가열살균에 있어서는 품온의 상승에 시간을 요하므로 당초의 품온이 낮으면 살균효과가 다소 불리하다. 그래서 산 침지액의 액 온도가 높은 쪽이 살균효과가 높아 가열 살균처리에 의해 숙면의 품질을 크게 떨어지는 것을 피할 수 있다.

〈표 4-1〉 산 침적 시간, 온도와 숙면 pH

온도(℃) \ 시간(초)	10	20	40	80
20	pH 5.46	5.28	5.00	4.80
40	5.26	5.08	4.76	4.56
60	5.04	4.77	4.60	4.24

* 완충젖산(50% 농도)의 0.6%을 사용한다.
* 생면은 절출기 12번선 사용, 20분간 삶음.

또한 고온 침적으로는 흡수속도가 빠르기 때문에 액 온도와 침지시간의 조절을 정밀하게 요구된다. 그래서 고온의 경우는 침적액의 산농도를 엷게 조절한다.

〈표 4-2〉에 나타난 바와 같이 유기산은 각각의 pH를 낮추는 세기가 다르다.

즉, 숙면의 pH는 사용한 산의 종류에 따라 조절 사용해야 한다.[66)]

〈표 4-2〉 각 유기산의 강도 비교(소맥분 페이스트를 pH 4.2로 기준으로 할 때 산도)

산의 종류	적정량	산의 종류	적정량
후마르산	817	사과산	1,058
주석산	835	인산	1,174
피친산	840	구연산	1,141
완충 젖산	872	초산	2,089
글루콘산	1,025		

식미로써 느끼는 산미는 pH보다도 유기산량에 비례한다. 따라서 pH를 가급적 내리고자 할 경우 후말산이나 젖산을 사용하면 좋다. 포장면의 제조에는 젖산이 많이 사용되고 있고 양조식초도 잘 사용된다. 양조식초에는 초산이며 pH를 내리려고 하면 산미가 강하게 나오므로 사용량을 줄여 고온의 물에 담그는 것이 적합하다.

이런 유기산과 병행하면서 아미노산의 글리신(Glycine)을 병행해 사용하면 보존효과도 효과적이다. 포장 후 가열 살균온도는 살균 효과가 높고 식감인 품질면에서 낮은 쪽이 좋지만 증기 살균에서 90℃ 이상에서 40분 이상은 필요하다.[67)]

66) 井川房欣, 「有機酸による 食品の 保藏」, 天然物による 食品の 保藏, お茶水企劃, 134-181, 1985.
67) 白石俊訓, 「果實酸の 機能性について」, 香料, 157(9), 91-112, 1992.

(3) 실제 계량숙면의 제조 공정도의 실례

배 합	15분 전후, 생지 온도 20~25℃
↓	
복 합	압연율 50%, 롤러 직경 8×8×10, 10×10×10
↓	
숙 성	면대 또는 생지 숙성, 가수량과 온도로 조절 표면의 건조에 유의한다.
↓	
압 연	압연율 50~30%, 무리한 압연 금지 롤러 직경 10×8×6×4cm
↓	
절 출	절출칼 #8~12
↓	
삶 기	삶는 물을 pH 5~6 조정(유기산 사용) 삶는 온도 97~100℃(생면 투입시 100℃)
↓	
水洗, 냉각	냉수 사용 : 면을 탄력 향상, 전분 분리, 품온 저하
↓	
pH 조정 침지	혼합 유기산 처리 10℃ 전후 온도에서 0.2%~0.25% 농도 20초~30초, 최종 면선의 pH 4.5~4.0 유지
↓	
포 장	LDPE, HDPE 재질 포장재 사용
↓	
살 균	증기살균 95℃, 40~45분(품온 85℃ 15분 이상 유지)
↓	
냉 각	냉각수 통과 또는 냉각PAN 강제 순환
↓	
포 장	검수 후 포장

(4) 계량숙면의 제조관리 중점 점검사항

① 원재료의 계량

원료, 소맥분 등의 배합은 적정으로 계량하고 仕入시 매번 확인한다. 첨가물을 사용하는 경우는 계산기를 이용하여 정확하게 계산, 계량한다.

② 혼합

加水量 및 배합 시간 등 소정의 조건을 준수한다. 혼합 후 상태를 육안으로 검사하고 원재료의 계산 및 혼합공정 등에 적합한가를 확인한다.

③ 숙성

면대 등은 건조, 젖은 덩어리 및 미생물의 오염이 없고 異物이 혼입되지 않도록 한다. 장치 내는 계기를 사용하여 적정한 온도 및 습도를 유지한다.

④ 제면

롤러의 압연방법은 적정한 압연비를 가지고 압연하고 면대의 조직이 치밀하게, 표면이 매끈하고, 소정의 면두께를 가져야 한다. 면대 등의 건조를 방지하는 적절한 처리를 강구한다. 충분하게 보수, 정비된 회전칼, 절출기를 사용한다. 면선의 폭, 길이 및 상태가 소정의 범위에 적합해야 한다.

⑤ 삶기

장치 또는 기구를 사용해서 소정의 온도를 유지하고 작업표준에 따라 확인한다. 삶기 사용하는 물의 pH는 소정의 기준에 적합하고 면선에 유래하는 성분이 과도하게 용출하지 않도록 관리한다.

⑥ 수세

〈그림 4-1〉 삶는 면이 소정의 기준에 정해진 시간 내 및 온도로 냉각되도록 장치 내의 온도 및 수량을 조정한다. 수세 및 냉각하는 물이 과도하게 오염되지 않도록 한다.

〈그림 4-1〉 삶은 면틀에서 수세, 냉각되는 모습

⑦ pH 조정 처리

수세한 면을 pH가 4.3 정도의 유기산 수용액에 침지시켜 항상 유지 관리한다. 산 수용액의 온도는 소정의 범위를 유지한다. 산 수용액이 과도하게 오염이 되지 않게 하며, 적절하게 수용액이 면에 균일하게 흡수되도록 흐름의 속도를 조절한다.

(5) 개량숙면의 산 침지 목적과 효과

면 제품을 미생물이 번식하기 어려운 조건의 pH의 상태로 조절하여 이것에 의해 보존 기간을 늘리는 것이 개량숙면의 특징이다. 일반적으로 유기산을 직접 반죽에 넣는 방법과 삶은 이후에 유기산용액에 침지하는 방법이 있다.[68)]

미생물 생육 억제를 위한 pH 조절에 쓰이는 유기산은 종류가 다양하고 산의 종류마다 농도가 다르다. 일반적으로 주위의 pH를 무기산보다 유기산으로 조절하였을 때 생육을 위한 최저 pH는 높아져 미생물의 저해 속도는 커진다. 다양한 유기산을 사용하여 pH를 조절하였을 때 Salmonella 속의 저해효과는 다음 순으로 나타난다.

일반적으로 유기산은 사과산, 구연산, 초산, 젖산 등이 사용되고 있다. 삶기 과정에서의 가열만으로는 충분한 살균 효과를 얻을 수 없으므로 균의 내열성을 약화시키고 증식을 억제하는 의미로 숙면의 pH를 낮추어 가열살균하는 것이 보다 효과적이다. 특히 장기 보존을 필요로 하는 개량숙면의 경우에는 이것은 불가결하

68) 차욱진, 「유기산이 숙면의 저장성 및 물성에 미치는 영향」, 한국 농화학지, 41(2). 166~174, 1998.

다. 유기산은 산성을 가진 유기화합물 전체의 총칭으로 산미의 부여, 향의 증강, 항균 방부(抗菌 防腐)의 효과, 완충작용, 점성조정, 팽창제로서의 목적 등으로 이용되고 있으며 가공식품의 기호성 향상, 품질, 부패의 방지 등의 목적으로 식품 가공에 넓게 이용되고 있다. 유기산의 항균력은 유기산 자체가 보유하는 항균력과 pH의 저하 작용에 의해 미생물의 성장 억제와 산 분자 자체의 독성 효과 때문이다.

유기산을 배합에 직접 넣을 때는 사용량이 결정되면 일정량을 한 번에 반죽에 첨가하면 편리하고 관리가 용이하나 반죽 속의 글루텐의 탄력을 저하시키고 삶는 공정에서 면질상의 문제가 있어 사용량의 주의가 필요하다. 섞는 양은 삶는 물의 pH와 관계가 있으므로 삶는 물 pH를 5.5 이하로 조정하고 있는 경우는 밀가루 양의 0.1% 이하가 좋다.

침지하는 방법은 삶은 면 수세 후의 공정으로 글루텐의 점도에 크게 영향을 주지 않으나 지속적인 pH 조절과 맛에 미치는 관능상의 영향을 주므로 지속적으로 세밀한 관리가 필요하다.

유기산용액에 침지하는 방법을 사용할 때는 침지액의 산 농도, 침지액의 온도, 침적 시간에 따라 산의 흡착 비율을 알아 면선의 pH에 유의하는 등의 충분한 관리가 필요하다. 장기 보존용의 완전 포장 면의 면선의 pH를 4.5 이하로 해야 한다. 어느 쪽 한 가지 방법으로 보존효과를 높이는 것은 어렵고 가열 살균과 병용해서 효과를 높일 수가 있다. 단, 사용되는 유기산에 따라 관리되는 pH가 달라질 수 있으므로 확인이 필요하다.

⑧ 면 털기 및 개별 포장

적절한 상태에 면에 과잉으로 묻은 수분을 털어낸다. 밀봉의 상태 및 열용융 강도는 계속해서 확인한다. Lot 기호 등을 붙여 제조일 및 제조 라인을 확인할 수 있도록 한다. Pin hole 및 실링 불량을 방지하는 대책을 충분히 한다.

⑨ 포장의 검사

포장 밀봉상태 및 이물 혼입 조사를 행하는 일이다. 특히 금속 혼입 및 내용 중량은 금속검출기 및 중량 측정기를 사용해서 전수검사를 한다. 면의 일반 성상(외관 성상), 수분, pH(또는 적정 산도), 조리성 및 식미에 대해서는 소정의 기준에 따라 검사한다.

⑩ 가열살균

면의 중심부의 온도 및 살균시간에 대해서는 면의 중심부의 온도가 90도 이상에서 5분 이상 보장하는 살균조건을 설정하여 이 조건에 적합한지를 확인한다. 특히 작업의 개시 및 종료 시는 살균온도를 높인다. 장치 내의 살균환경에 대해서는 살균의 조건을 확보할 수 있는 온도 등의 기준을 설정하여 자가기록계 등에 의해 기록한다.

가열살균 공정은 식품 중에 존재하는 미생물을 죽이는 공정으로 가열 정도에 따라 미생물의 생육 자해, 생육 억제, 부분 살균, 멸균 등으로 구분한다. 이를 위하여 식품의 종류, 미생물의 종류와 수를 고려하여 가열 처리한다. 실제로 멸균을 위한 열이 식품의 많은 부분을 파괴하기 때문에 식품공업에서는 상업적 멸균(commercially sterile), 세균 불활성 살균(bacterially inactive), 부분적 살균(partially sterile)으로 명시된 유통기간 내에 어떤 부패 미생물의 생육 때문에 먹지 못하는 경우가 일어나지 않도록, 개량숙면의 경우는 유효적절하게 가열 처리하는 이른바 상업적 가열 처리 방법을 많이 사용하고 있다. 상업적 살균을 행할 때에는 다양한 가열조건을 고려해야 한다.

개량숙면은 1차적으로 단위 포장을 한 후 상업적 가열 살균을 거친 후 냉각시킨 일종의 레토르트 방식의 제품이다. 1차 단위포장의 재질은 가열 살균이 가능한 레토르트용 포장지(retort pouch)를 사용하는 이유는 가열 살균을 하는 과정에서 포장지의 손상이 없이 면의 특성을 보호 · 유지해야 하기 때문이다. 개량숙면용 파우치 포장지에 산 침지된 면을 넣어서 탈기를 시킨 후 밀봉을 시켜야 한다.

일반적으로 식품의 종류, 상태, 성질, pH, 가열 후 저장 방법, 미생물 포자의 내열성, 산소용해도, 용기, 오염된 미생물의 수 등이 살균시간과 방법을 결정하는 데 매우 중요한 요소들이다. 또 식품이 고체인지, 액체인지, 열전도가 좋은지, 구성성분이 어떠한지 등을 확인 후 가열 시간과 온도를 결정한다.

일반적으로 미생물의 오염도가 클수록, 내열성이 클수록 가열 시간과 온도를 높여야 한다. 특히 살균조건에서 그 식품의 pH는 매우 중요하다. 식품은 pH가 3.7 이하의 고산성식품(high acid foods), pH가 3.7~4.5 범위에 있는 산성식품(acid foods), pH 4.5 이상인 저산성식품(low acid foods) 등으로 구분한다. 고산성식품의 경우는 포자 형성 세균은 자라지 못하므로 살균 목적으로 효모와 곰팡이의 사멸 조건을 맞추면 된다. 그러나 식품의 pH가 3.7 이상일 때는 그 상태에서 생육하는 미생물의 종류나 내열성을 파악하여 적당한 조건에서 〈그림 4-2〉처럼 상업적 살균을 실시해야 한다.

〈그림 4-2〉 증숙 살균 터널을 통과한 LL면

⑪ 냉각 및 포장

빠르게 소정의 온도까지 냉각한다. 조미료 및 고명은 적정하게 첨부하여 육안에 의해 전수검사를 한다. 외포장 포장상태가 적정하도록 항시 확인한다. 표시의 적정한 용기포장을 사용하여 날인 표시는 항상 확인한다. 중량 및 첨부물의 누락여부를 확인한다.

제조공정은 제조사양서, 제조사양서를 근거로 한 확인 및 검사의 결과는 점검표 등에 기록하여 1년간 보존한다. 온도계, 계량기 및 압력계 등의 계기류는 정기적으로 점검하여 정밀도를 확인한다.

4 건면(乾麵, dry noodle)

건면은 생면을 그대로 건조한 것으로 말린 소면, 우동, 중화면, 메밀면 등이 있지만 수연제품 이외에는 모두가 기계제품으로 사용하는 기계제면은 거의 생면과 동일하다.

1) 원료 비율의 예

소맥분 100
식　염 3~5%
가수량 33~38%

2) 제조공정

원료 → 혼합, 반죽 → 숙성 → 면대 형성 → 성형 → 절출 → 건조 → 절단

(1) 배합공정

건면류는 밀가루와 식염수만으로 보통 만들어지며 다른 면류에 비해 첨가물 사용은 적다.

건면의 기본적인 성질로서 생면보다 삶는 시간이 길며 식감이 단단한 경향이 있다.

건면은 대량 생산형 제품이다. 원재료의 좋고 나쁨은 밀가루에 따라 결정되지만 이것은 반드시 등급만의 문제는 아니다. 밀가루는 원칙적으로 보통분을 사용하지만 소면과 같은 가는 것만큼 식감에서 씹는 맛과 단단함이 필요하므로 단백질량이 많은 것을 사용한다. 우동에서는 7.5~9.0%, 소면에서는 9.5~11.0% 정도의 단백질의 것을 사용한다. 건면의 경우는 다가수 숙성면이 적합하다. 최근에는 제품의 차별화를 위해 저염이니 소맥분 이외의 재료 첨가물 등이 배합 사용되는 일도 많아 졌다. 특히 건강지향 때문에 식이섬유, 미네랄강화를 위해 칼슘염, 해조, 야채류 등이 배합에 사용된다.

공정관리상 건조제품의 수분, 염분의 함량을 목표치에 일치시키는 것이 중요하지만 건면의 경우는 건조과정 중에 발생되는 부스러기면 또는 낙면(落麵)의 재생처리가 부가된다.

낙면을 배합하지 않고 제면할 경우는 가해진 식염수 중의 식염이 제품 중의 식염량의 전부이기 때문에 알기 쉽다. 그러나 낙면을 배합할 때는 낙면에 포함된 식염을 사용할 필요가 있다. 낙면의 재활용에 있어서는 제품의 식염 함량에 영향을 받아 그 결과 제품의 마무리가 변하므로 주의하지 않으면 안된다.

(2) 제면공정

제면공정은 낙면의 혼합처리를 제외하면 건면의 제면공정은 생면과 거의 비슷하다.

건면의 경우는 건조공정의 건조실 관계로 생산능력을 높이기 위해 roll의 폭이 최대 1m의 큰 제면기를 사용하는 일이 많다. 이 때문에 모든 장치가 대형, 중형화 되어간다. 제면의 공정관리는 생면보다 큰 의미를 갖게 된다. 다단 압연기에서의 마지막 압연롤러를 거친 면대는 바로 이어서 면발을 만드는 절출기로 연결되고, 마지막 면대의 최종 두께를 결정짓는 동시에 면발의 외관을 매끈하게 만들어 주는 중요한 기능을 수행한다. 마지막 압연롤러의 표면에 상처나 이물이 없도록 매끄러운 표면 유지가 면발의 품질 관리에 중요한 요소이다.

절출 후 건조대에 길게 늘어뜨려 건조하는 관계로 건조 초기의 면선의 신축에 관계하는 요인의 조절이 제품의 안정성과 낙면의 발생을 최소화하는데 중요하다.

이 면선의 신축에 관여하는 요인에는 가수량, 가염량, 소맥분의 품질, 반죽의 상태, 반죽의 온도, 숙성시간 등이 있다. 이 중에서 공장에서 특히 조절을 필요로 하는 것은 반죽온도이다.[69]

---

69) https://www.ncs.go.kr/NCS국가 직무 능력 표준화/식품 가공분야/건국수류제조.가공학습모듈

가수량 35% 이하 같은 저가수의 경우는 문제가 크지 않으나 다가수에 반죽이 부드러울 경우는 온도의 영향을 많이 받는다. 반죽의 온도는 낮은 쪽이 좋지만 일반적으로 중온~상온 건조에서는 25~30℃, 저온건조에서는 20~15℃가 좋다.

(3) 건조공정 원리

건조는 식품 속에 있는 수분을 수증기로 증발시켜 대기 중으로 방출시키기 위해서는 외부로부터 에너지(증발잠열이라고 한다)를 공급해 주어야 하므로 가열과 공기의 순환이 필요하다. 식품을 건조시키기 위해서 대부분 햇볕을 이용한 자연건조 방법을 활용했지만 요즘은 대부분 가열한 공기를 식품에 접촉시켜 건조시키는 방법을 활용한다.

다음 〈그림 4-3〉에서 A~B구간을 예열기간 또는 조절기간(settling down stage)이라고 하며, B~C구간을 정률건조기간(constant drying period), C점은 임계수분함량(critical moisture content), C~D를 감률건조기간(falling rate period)이라고 한다. 조절기간은 식품이 가온되는 단계이며, 정률건조 기간은 식품 표면에 있는 수분이 증발되는 단계로 비교적 빠른 속도로 건조가 진행된다. 감률건조기간은 표

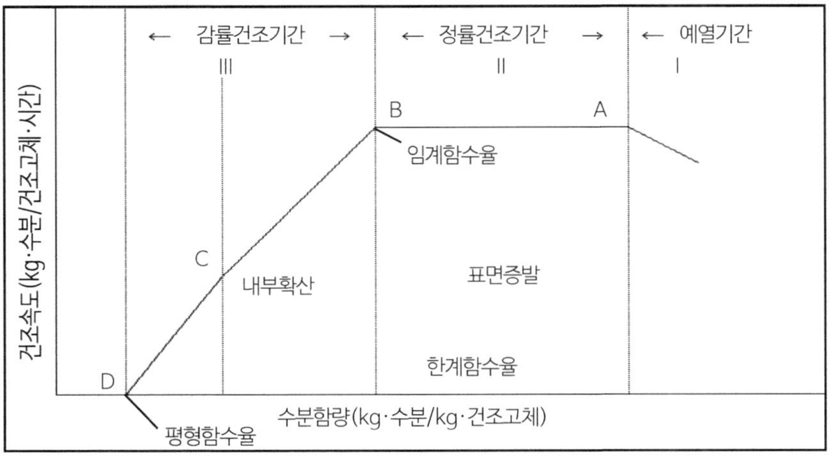

〈그림 4-3〉 식품의 건조 곡선

출처 : 장학길, 이영택, 「식품가공학」, 신광출판사, p.56, 2004.

면 수분이 전부 제거되고, 식품 내부에 있는 수분이 표면으로 이동되면서 건조되는 단계이기 때문에 건조 속도가 떨어진다.

식품 건조의 특징은 건조 온도, 풍속, 습도에 영향을 받는데, 일반적으로 정률건조기간이 짧거나 없는 경우가 많아서 대부분 감률건조기간에서 건조되는 것이다. 감률건조기간에서도 건조 속도가 일정하게 감소되지 않으며, 이를 세분하여 제1 감률건조기 및 제2 감률건조기로 나누기도 한다. 감률건조에서의 건조는 식품 내부에 있는 수분이 모세관 이동(capillary movement)과 확산이동(diffusion movement) 현상에 의하여 식품 내부의 수분이 표면으로 이동하여 제거되는 것이다. 모세관 이동은 식품 조직의 미세한 구멍을 따라 수분이 이동하는 것이고, 확산이동은 수분 농도가 균일해질 때까지 농도가 높은 쪽에서 낮은 쪽으로 이동하면서 건조되는 현상을 의미한다.

3) 면류 건조의 설계

일반적으로 건조 공정은 예비 건조, 주 건조, 냉각의 3단계로 나누어져 각각 온도, 습도조건이 다르다. 일반 건조의 경우는 중~상온(40~30℃) 건조가 많이 행해지고 있다. 어느 건조 방식이든 간에 다가수 제면으로 중요한 것은 예비 건조를 빨리 하는 것이다. 이것에 의해 가수량을 많이 할 수 있은 가를 결정한다. 식품의 전체 건조 기간을 편의상 몇 개의 구간으로 구분한다.

예비 건조 공정에서는 최초에 봉에 걸친 생면이 늘어짐이 있기 때문에 자체 중량으로 늘어나는 것을 단시간에 다량의 수분을 제거해서 방지할 필요가 있으며 건조능력이 높은 공기가 필요하다.

수분이 많고 부드러운 생면은 급격하게 건조되어도 균열의 염려는 없다.

생면의 표면에서 수분 증발이 많아 항률 건조가 주이며 생면의 품온 상승이 적다. 그다지 가온되지 않은 대량의 건조공기가 급속하게 일정 수분까지 건조된다. 통상 예비 건조는 1시간 전후로 30~32%의 수분을 27~28%까지 건조된다.

특히 다가수면은 부드럽고 유동성이 높기 때문에 15~20℃의 저온과 R.H 50%

이하의 저온 조건과 많은 양의 통풍량이 필요하다. 주 건조는 면선 표면에서의 과도의 수분증발을 억제하여 내부수분의 표면의 확산량에 비례한 증발을 행한 감율 건조라고 말한다.

예비 건조 후 본 건조에서 35~45℃, 상대습도 70~80%RH로 흡입, 배기의 온도, 습도와 양의 관계에서 설비의 설계가 되지 않으면 안되지만 공정은 자동 제어가 보통이다.

주 건조에서 면의 수분을 15~16%까지 내리지만 이 공정의 수분증발량이 제일 많고 이것은 전 건조실 면적의 2/3 이상을 점하고 있다.

마무리 공정 즉 냉각 공정은 주 건조에서 높아진 면선의 품온을 실온까지 천천히 냉각시키기 때문에 일부 건조도 된다. 겨울철에는 실온이 낮은 경우 냉각온도차가 크게 되면 면 표면이 비틀어져 갈라지는 원인이 되기 쉽다. 냉각온도차가 큰 경우는 충분한 냉각시간을 줄 필요가 있다.

본 건조 후에 있다고 하지만 제품의 수분은 본 건조에서 결정됨으로 이 점에 주의를 필요로 한다. 건조 부족의 경우는 손으로 만져도 알 수 있으며 과잉 건조한 것은 그냥 지나치는 일이 많다. 과잉 건조에서는 사후 대책이 특별히 없어 이전에 주의를 해야 한다. 과잉 건조는 낙면의 주원인이며 식감에도 영향을 미치기 때문이다.

〈그림 4-4〉 제면공장의 자동 건조실의 모습

면류의 건조를 실제로 행해지고 있는 건조방식으로 나누면 이용온도에서 본 경우 고온(70℃ 이상), 중온(35℃~50℃), 상온(20℃~35℃), 저온(20℃ 이하)의 4가지로 나눌 수 있다. 당연히 고온 쪽이 건조가 빠르다. 기계적으로 건조실의 이행(移行)의 방식으로부터 연속자동이행, 定置자동이행, 定置無移行의 3가지가 있다.

① 고온 건조(70℃ 이상)

고온일수록 건조를 빠르게 할 수가 있으므로 단시간 건조를 목적으로 한다. 실용 면에서는 스파게티류의 건조에 쓰이지만 보통의 건면에는 아직 예가 없다. 그러나 스파게티도 탈기·압출에 의해 제선(製線)하기 때문에 면선이 치밀하고 형상이 환형(丸型)이며 표면적이 적으므로 건조가 어렵고 무리하면 제품에 균열이 생긴다. 이 때문에 고습도에서 건조속도를 억제하여 서서히 건조시킬 필요가 있다.

보통의 건면에서도 고온 건조는 가능하며 1~2시간으로 끝나지만 고온, 고습의 조건을 갖추기 위해서는 별도의 설비가 필요하므로 경제성이 좋지 못하다. 또한 가락국수의 건조에 있어서는 역효과다.

② 중온 건조(30℃~50℃)

가장 일반적인 건조이며 스파게티류도 중온 건조가 기본이다. 건면류에서는 굵기에 따라 다르지만 6시간 정도의 건조시간이 보통이다. 건조의 이론으로부터 본다면 면선이 굵을수록 건조에 시간이 걸리고 이것은 굵기의 2승에 비례한다. 또한 면선의 중량당의 표면적에 반비례한다. 이들 관계는 삶은 면의 삶는 속도의 경우와 같은 관계라고 생각해도 좋다.

그러나 전 건조 소요시간 중에는 예비 건조, 본 건조, 냉각 공정이 있으므로 면의 굵기를 1/2로 해도 전 소요시간은 1/4로는 되지 않고 이보다 오래 걸린다.

③ 상온 건조(20℃~35℃)

건조의 종류를 고온, 중온, 상온, 저온의 온도로 나누었지만 이것은 그대로 건조속도에 의한 구분이라 해도 좋다. 온도가 낮으면 면선의 내부의 수분이동이 늦고 공기의 건조 능력도 낮으므로 건조에 시간이 걸린다. 상온 건조는 시간을 요함으로 생산성에서는 좋지는 않지만 앞서 설명한 바와 같이 온도를 높이면 관리가 어렵고 설비도 보다 많이 필요하게 된다. 또 품질 면에서도 통상 건면에서는 건조온도가 높은 것이 좋다고는 말할 수 없다. 이와 같은 것으로 보아 상온 건조를 채용하는 제면 공장도 최근에는 증가하고 있다.

상온 건조의 경우는 통상 10～20시간의 건조시간을 요하지만 다른 건조 방법과 비교하여 시간당 건조 수분량이 적으므로 건조실의 많은 면적을 차지하지만 설비능력이 작더라도 무난하게 관리될 수 있다.

중 · 고온 건조에서는 단위당의 많은 수분을 제거하기에 외부에서 가온 조습된 공기를 주입하고 습한 공기를 배출하는 open system으로 건조하지만 상온 건조에서는 시간당 수분 감소량이 적어 건조실의 공기를 순환시켜 수분은 제습기로 처리하는 close system을 채용하는 공장이 많다. 그러나 조습 건조라는 방식은 변함이 없다.

또한 고온, 중온 건조의 경우는 연속적인 자동방식으로 건조가 보통이지만 상온 건조에서는 자동 방식이지만 건조실이 면으로 가득 찬 상태에서는 제조를 중지하고 다음날까지 정치 내지 순환하는 방식을 취한다.

이것은 한정된 면적의 건조실에서 장시간 건조를 하는 경우의 부득이한 방식이지만 주간만 가동하는 작업 형태라면 야간을 건조시간에 포함시키면 생산성 면에서는 오히려 합리적일 수도 있다.

중온, 상온 건조에 의한 건면의 질적에는 큰 차이가 없다. 상온 건조의 경우 시간당의 화학적, 물리적 변화는 중온에 비하여 적지만 시간 그 자체가 길어지므로 서로 상쇄된다.

④ 저온 건조(20℃ 이하)

겨울철에 옥외 건조를 하면 통상 10℃ 이하이며 이와 같은 저온에서의 건조도 수연소면 등에서는 예전부터 내려왔다. 이것은 저온에서는 공기의 함수능력이 낮고 또 면선 내부의 수분 확산도 늦어짐으로 건조에는 시간이 걸리게 되지만 다행히 겨울철에는 습도가 낮다는 것, 소면과 같이 가는 면에서는 수분의 확산 속도의 영향도 적다는 등에 의거하고 있다.

최근에는 수연소면도 연중 생산되지만 여름철 제조는 고습도의 경우 건조 시간이 길기 때문에 변질이나 색상의 저하가 문제가 되는 일이 적지 않다.

메밀과 같이 효소 활성이 강한 원료를 사용하는 면에는 변화를 억제하는 저온 건조는 아주 유효 적절하다.[70)]

4) 건조실의 온도 · 습도 조절하기

절단한 생면 상태의 면발을 거는 기계로 면걸이에 걸어 천장에 병렬로 붙인 체인 위에 올려놓고 이송 장치로 움직이면서 건조시킨다. 건조는 우선 예비 건조 과정에서 생면의 수분이 26~28%까지 건조되는데, 이때는 비교적 급속히 건조된다.

다음의 건조 과정에서는 온도 30~45℃, 습도 70~85%에서 면선의 표면과 내부의 수분이 균형을 이루도록 서서히 건조시켜야 한다. 그렇지 않으면 면선에 금이 가고 갈라지는 현상이 생겨 건국수 품질에 나쁜 영향을 미친다.

마무리 건조는 온도를 내리면서 일정한 수분까지 건조시킨다. 보통 밀가루 100 kg에서 건면 100kg이 생산된다. 즉, 반죽을 만들고 면발 형성을 위해 첨가된 수분은 모두 증발되고 원래 밀가루 양만큼의 건국수가 생산되는 것이다.

온도와 습도를 조절하기 위해서 히터, 선풍기, 흡 · 배기 시설을 설치하고, 이를 적절히 조작하여 온 · 습도를 조절한다.

5) 건면의 질

생면과 건면의 본질적인 차이는 삶았을 때의 식감에 있으며 건면 쪽이 단단하다고 할 수 있다.

건조는 면선 표면에서의 수분 증발과 내부에서 표면으로 수분 확산의 균형이 필요하다. 따라서 건조 시 온도 · 습도의 조절이 중요하며, 그 조절이 잘못되면 면

70) 安勝剛九, 乾めん 入門, 일본 식량신문사, 개정 4판, 2020.

선에 응력이 생겨서 균열의 원인이 된다. 식염 첨가에 의한 증기압 저하가 면선의 균열 방지에 효과가 있기 때문에, 건면 제조 시 소금 첨가량은 다른 면의 경우보다 다소 많다.

가는 면은 차게 해서 먹는 것이 보통이며 씹히는 맛이 좋기를 원한다면 건면이 바람직하다. 생면은 삶았을 때 찰기가 있으며 부드럽다. 가는 면은 그렇지 않다. 굵은 우동의 경우는 일반적으로 따뜻하게 먹는 것이어서 부드럽고 찰기가 있다.

우동의 경우 건면은 식감으로 생면보다 다소 떨어지고 삶는 시간이 길어지는 이유로 건면으로서의 우동의 매출은 감소원인 중의 하나이다.

생면을 건조한 것이 건면이며 가열처리된 것이 아니어서 본질적으로 같다고 볼 수 있으나 삶으면 식감이 다른 것은 수화한 글루텐이 건조에 의해 불가학적으로 변성했기 때문이라고 생각된다. 이것은 건면을 다시 분말로 분쇄해서 여기에 가수하여 반죽을 만들더라도 원래의 반죽과 전혀 다른 성질의 것이 되는 것으로 이해할 수 있다. 〈표 4-3〉은 생면의 건조가 진행하는 상황에서의 면질의 변화양상을 조사한 것이다.

〈표 4-3〉 생면의 건조에 의한 물성의 변화(일본 제분 자료)

건조시간 *(1)	생면 수분	삶은 면의 점탄성				초산불용성 단백 %	식 감
		삶은시간 *(2)	항장력 Rg cm^2	신장률 E %	R/E		
0	32.8	10′40″	197	118	1.67	28.2	양호
1.0	29.5	11′10″	205	110	1.86	28.5	생면에 가깝다
1.5	26.7	12′40″	235	101	2.32	32.3	약간 딱딱하다
2.5	20.6	13′25″	243	103	2.34	32.3	탄력 감소
3.5	19.0	13′55″	258	99	2.61	32.3	↓
6.0	17.4	15′20″	270	101	2.67	32.3	건면적 식감
23	12.9	16′20″	304	106	2.90	32.4	강하다

(1) 건조시간 30℃ 70% RH
(2) 삶는 시간은 삶은 면 수분 75% 되는 시간

위 표에서 보듯이 건조가 진행함에 따라 면이 삶기 어렵게 식감이 단단해지는 것을 알 수 있다.

건면은 보존식(保存食)으로서 장기저장에 견디어 본래 편리한 식품이지만 유통이 발달한 현대에서는 가치가 떨어진다.

가락국수 건면의 과제는 식감을 어떻게 해서 생면의 식감에 근접시킬 수 있는가 하는 것으로 좋은 건면이란 생면에 가까운 식감을 내고, 삶는 시간이 짧은 것이다.

5 유탕면(油湯麵, instant fried noodle)

유탕면은 기본적으로 밀가루와 식염수로 반죽하여 면대를 시켜 가열해서 익힌 것을 기름에 튀겨서 보존성을 향상시킨 제품이다.

유탕면의 대명사인 라면은 1958년 9월 일본의 日淸食品의 회장 安藤 百福씨가 개발해서 시판시켰다.

우리나라에서는 1963년 9월 삼양식품이 일본의 명성식품과 기술 제휴하여 1일 5만식의 닭고기 스프 맛인 삼양라면을 생산한 것이 국내라면 생산의 출발점이었다. 이후 1965년 주식회사 농심이 설립되었다. 그 이후 한국 야쿠르트, 오뚜기라면, 빙그레, 삼립식품 등 많은 회사들이 인스턴트 면류 제조에 참여했다.

1) 라면의 제조 역사

① 1958. 9 – 일본 일청식품 첫 발매

② 1960. 1 – 일본 명성식품(치킨라면)

③ 1961. – 일본 명성식품(스프별첨)

일본에서 우리나라로,

① 1963. 9. 15 – 삼양식품(치킨베이스 : 삼양라면) 삼양라면 출시 가격 10원

〈그림 4-5〉 삼양라면 모습

② 1965.10 – (주)농심[구 롯데공업 : 소고기라면, 롯데짜장면, 식물성기름 사용('72년 : 야자라면), 최초식물성 팜유라면('79년 : 해피라면)]

③ 1983. 9 – 한국야쿠르트(주) : 클로렐라라면, 참깨라면 등

④ 1985. 1 – (주)청보 → 오뚜기라면

⑤ 1986. 1 – 빙그레 라면(우리집라면)

⑥ 1991. 1 – 삼립식품(중화라면, 샤우면, 청라면 등이 있음)

2) 유탕면의 발전(유탕면 발전 동기)

① 라면이 우리나라 전통적 식생활과 부합(국, 찌개, 탕류문화, 젓가락문화, 김치와 어울림, 지방과 야채 영양식)

② 인구증가와 베이비 붐 현상('60, '70년대 베이비 붐 시기가 수요창출)

③ 경제성장으로 경제활동 인구의 시간절약형 식생활 패턴으로 간편식 변화로 '80년대 이후 용기면 성장

④ 기술개발 경쟁에 다양한 신제품 발매로 소비자를 시장으로 유도

⑤ 취사도구 개발과 보급(석유, 가스, 가스레인지, 전자레인지 등)

⑥ 시장 세분화 및 소비형태 변화로 소품종 대량생산에서 다품종 소량생산 체제로 전환

3) 우리나라의 유탕면류의 발전방향

① 제1세대(모방 도입기) : '60년대(일본 기술 도입 : 춘추전국시대)

② 제2세대(독자기술 개발기) : '70년~'80년(상품개발 및 안정적 성장기)

③ 제3세대(기술 도약기) : '80년 중반~'93년(상품다양화 및 고급화)

④ 제4세대(기술 집약기) : '94년 이후(개량 즉석면, 생 라면, 해외시장 본격 진출기)

⑤ 향후 시장변화 방향

- 생 개념추구 : '94년 농심 생생라면의 개량즉석면 도입
- 건강개념 도입 : 저염, 저칼로리, 기능성 원료 사용
- 천연소재의 활용 : 첨가물 및 원료개발
- 간편성과 구매만족의 경제성 겸비 제품화

4) 배합원료의 비율 예

밀가루	100
전분	5~20
식염	2
알칼리제	0.2
껌류	0.1
색소류	0.003
유화제	1~1.5
폴리인산염	0.06
급수	35~40

즉석면의 종류에 따라 다르지만 유탕면 구성 비율은 소맥분이 70~85%, 澱粉류가 5~10%, 유지 10~15% 정제염 및 기타 첨가물이 2% 정도로 구성되어 있다.

라면 제조에 사용되는 소맥분은 단백질의 함량이 8~11% 사이로 너무 높으면 식감이 단단한 라면이 되므로 면질의 품질을 고려해야 한다.

소맥분 성분 중 탄수화물이 차지하는 비율은 75% 안팎이 되어 이 중 대부분이 전분이므로 식감에서 소맥전분의 특성이 중요한 영향을 미친다. 전분은 Amylose 75~80%와 Amylopectin 20~25%로 구성되어 있어 2가지의 구성비율 및 결합형태가 소맥 전분의 특성을 결정짓는다.

대체적으로 물의 흡수가 용이하고 열에 의해 빨리 팽윤하며 쉽게 붕괴하는 전분을 연질 전분, 그와 대조적인 것을 경질 전분이라 하며 일반적으로 연질 전분 특성을 갖는 소맥분이 면질 식감의 매끄러움이나 끈기를 갖추고 있으므로 굵은 면 등에 적합하고 경질 전분 특성을 갖는 소맥분은 가는 면에 사용이 유리하다.

회분은 함량이 낮을수록 면질의 색상이 밝고 식감에서 부드러운 경향이 있다. 인스턴트 식품의 대명사로 라면의 소비자의 기호를 맞추기 위해 특정한 전분을 선택하여 사용한다. 전분은 면의 탄력과 復原力을 높여주고 조리 시간을 단축시켜 주며 투명감을 주는 효과가 있다.[71)]

그러나 소맥분에 대해 30% 이상을 전분을 사용하면 면 전체의 글루텐 함량이 낮아져 압연성이 나빠지고 조리 시에도 쉽게 끊어지는 문제가 발생하므로 사용 시에 이 점을 주의하여 글루텐을 보강하는 등의 대책이 필요하다. 면류용 전분으로 감자전분, 찰옥수수전분, 타피오카전분, 소맥전분, 변성전분 등이 있다. 감자전분은 식감을 부드럽게 하고, 탄력을 부여하며 투명한 느낌을 증진시킨다. 찰옥수수전분은 식감을 부드럽게 하고 점성을 증가시키고, 타피오카전분은 식감을 부드럽게 하고 탄력을 부여하고, 컵라면, 사발면 등과 같이 뜨거운 물로 복원하는 유탕면의 조리 시간을 단축하고, 독특한 관능 특성을 부여한다. 유탕면 중에서 끓여 먹는 봉지면의 경우에는 조리할 때 물을 붓고 3~4분 끓이기 때문에 일반 전분을 사용하여도 좋은 결과를 얻을 수 있으나, 뜨거운 물을 붓고 2~3분 내에 복원이 되어야 하는 용기라면의 경우에는 물리·화학적인 처리로 전분의 특성을 개량한

---

71) http://www.alic.go.jp/即席めんとでん粉, 般社団法人日本即席食品認定協会 理事長 任田耕一

변성전분을 사용하는 경우가 많다. 변성전분은 초산전분 또는 인산가교전분 등을 사용한다.

첨가물로는 면발을 신전성 향상과 식감에서 매끄럽게 해주는 간수로서 면류 알칼리제인 탄산나트륨, 탄산칼륨, 탄산수소나트륨(중조), 인산염류의 칼륨염, 나트륨염이 주성분으로 한다. 과다 사용하면 튀김유와 결합하여 비누취를 내기도 한다.

소맥분 중의 글루텐 성분이 칼슘, 마그네슘 등의 무기이온과 반응하지 못하게 하여 면의 伸張性을 높여주는 인산염이 있다. 乳化油脂는 면대에서 글루텐을 연화하여 압연 시 골고루 펼치게 하고 흡수를 촉진하며 글루텐의 망목 구조 형성을 촉진한다. 생면끼리의 부착을 막아주고 조리시간 단축, 전분의 노화를 막아 준다.

튀김油의 보존성을 증가시키며, 제품의 산화 안정성을 연장시켜주는 천연 산화방지제(토코페놀)가 있다. 이외에 면에 먹음직한 식감을 부여하는 천연 색소 소재(베타카로틴, 치자색소 등)가 사용되고 있다.[72)]

5) 제조공정

라면의 일반적인 제조공정은,

배합 → 면대 형성 → 절출 → wave → 증숙 → 성형 → 油湯 → 냉각 → 포장 공정으로 거쳐서 생산된다.

(1) 전처리

식염, 알칼리제, 구아검, 폴리인산, 리보후라빈 색소, 유화제를 급수에 완전 용해 시켜둔다.

(2) 배합 공정

배합 공정은 즉석면 제조 공정에서도 제일 중요한 공정으로 숙련도에 따라 제품의 식미를 좌우한다. 배합기에 소맥분을 넣고 간수와 식염 등을 용해시킨 혼합

---

72) http://www.geocities.jp/mentukuri/tyuuka/index.htm : 中華めん(らーめん)

액을 가한다. 15분 전후 배합을 행한다. 배합은 소맥분에 수분을 가해 혼합, 수화, 팽윤, 배합과정을 거쳐 소맥분의 글루텐의 점성을 활성화하는 데 목적이 있다. 가수량은 35~40% 정도로 한다. 급수의 온도는 20~30℃ 정도가 적당하지만 배합시간과 상관하여 최종 생지의 온도가 25~30℃가 되도록 조정한다. 또한 제조 시 기온과 날씨에 따라 영향을 받기 때문에 가수량과 온도를 조절하여 일정한 반죽을 만드는 것이 중요하다.

가수량이 많거나 온도가 높아지면 면대가 질어 쳐져 후 압연 공정에서 작업성 불량으로 분할 중량 편차 및 wave 형성이 어려워 튀김 후 면 중심이 수분 과다로 소위 '물 라면'이 발생하기도 한다.

최근에는 연속식 배합기를 사용해서 소맥분과 가수용액을 일정량씩 연속적으로 배합기 내에 넣고 초고속회전으로 날개를 회전시켜 단 시간 내에 혼합, 수화, 배합을 하는 시스템도 있다.

(3) 압연 공정

반죽이 끝나면 feeder로 전해지는데 이 상태에서 면선이 어렵기 때문에 복합 면대를 통과시켜서 조면대를 만든다. 압연은 복합한 면대를 서서히 얇게 펼쳐나가는 공정이다. 한번만 무리를 가해 원하는 두께로 압연하면 글루텐 망목 구조가 찢어질 우려가 있으므로 5~7단으로 롤러를 통과한다.

절출은 면선의 폭은 칼날 폭에 의해 결정되고 두께는 최종 roller 간격에 의해 조정된다.

〈그림 4-6〉과 같이 공정은 wave형성으로 면이 절출기를 거쳐 갈림판에서 정렬되어 wave 컨베이어로 이전되면 면선의 배출속도보다 wave conveyer의 속도비가 빠를 때 면선이 겹쳐져서 나타나는 현상이며 더욱 조밀하기 위해서 wave box 통과 간격을 좁게 한다. WAVE 형성 원리는 절출기의 회전선속도(절출된 면발이 배출되는 속도)보다 면발을 받아내어 수평 이동시키는 컨베이어의 속도를 느리게 하면, 적체된 면발이 꼬부라지면서 일정한 웨이브 모양으로 형성되어 컨베이어 위

에 쌓여 이동한다.

〈**그림 4-6**〉 라면의 절출 후 wave box 통과 후 성형된 모습

면선이 파도 모양으로 하기 위해 과도하게 조밀하면 즉 단위 면적당 면선의 산과 골의 개수가 과도하게 많으면 조밀하게 겹친 부위는 증기가 닿지 못해 α화가 안된 상태에서 그냥 지나가 조리 후에 딱딱하게 씹히며 구부러지는 경계부분은 뚝뚝 끊어지므로 과도한 조밀함은 삼가 해야 한다. 보통 1식당 wave가 25~30개가 적당하다. 생산 현장에서 웨이브 형성 장치를 통하여 웨이브가 만들어진 면발의 상태를 보여 준다. 각 회사마다 특성을 살린 웨이브 박스(wave box) 개발을 위해 노력하고 있는데, 그 이유는 면발과 면발 사이에 끼어 있는 튀김유가 유탕 후에 실시하는 탈유 조작에도 불구하고 잘 배출되지 않아 지방함량이 높아지고 맛에 영향을 주는 등 웨이브 상태에 따라 제품의 품질과 생산성에 영향을 주기 때문에, 각 회사마다 중요한 관리항목으로 한다.

(4) 증숙공정

면대 형성 공정에서 만들어진 꼬불꼬불한 면발을 고온의 수증기와 접촉시켜 수증기가 보유하고 있는 잠열(潛熱)을 이용해 면을 쪄서 익히는 공정이다. 수증기로 찌는 작업을 한자어로 증숙(蒸熟)이라 한다. 각 공정에 따라 면을 익히는 온도와 방법에도 차이가 있으며, 면발을 익히는 온도와 방법에 따라 고유한 특성이 나타난다.

파도무늬로 성형된 면선을 net 컨베이어에 얹어져 스팀 터널의 증기장치로 들어가 연속적으로 찐다. 이 공정의 목적은 소맥분 내의 전분의 α화와 조리시간을 단축시키고, 파도형이 풀어지지 않고 고정시켜 틀에 넣는 작업과 튀김공정을 하기 쉽게 하고 또한 파도형의 면의 독특한 식감을 향상시킨다.

100℃ 이상의 포화수증기로 100초～170초간 면의 중심부까지 찐다. 제품의 외관, 색깔, 시감에 영향을 주는 과정으로 튀김공정에서 기름의 흡유율과 후의 면의 강도에 영향을 주고 있다.

최적의 증숙공정을 행하려면 장치의 전체구조가 효율적으로 되어야 한다. steam의 누출, 방열을 극소화된 상태에서 낮은 압력에서 필요 증기량만 공급하여 증숙할 수 있도록 연속 자동화 시스템이 요구되고 있다.

(5) 유탕(油湯) 공정

유탕면 제조과정에서 가장 중요한 기기가 유탕기이다. 증숙된 면은 유탕용 틀에 소정의 분할을 거쳐 충전되어 140～150℃ 전후의 뜨거운 기름 아래로 담겨져 1분 30초～2분 정도의 짧은 시간에 통과되면서 튀겨진다. 이 과정에서 면은 가열되면서 수분이 급속팽창 · 증발하여 조직의 팽화(膨化) 현상이 발생하며, 수분이 증발된 조직인 공간 속으로 기름이 흡수되는 동안에 증숙 공정에서 호화된 전분의 '알파화-고정' 현상과 메일라드화 반응 및 캐러멜화 반응 등 복잡한 이화학반응이 동시에 진행되면서 수분 함량이 10% 이하의 유탕면 특유의 다공성의 조직, 색상과 고소하고 독특한 향미가 생성 형성된다.

유탕 공정이란 가열된 기름을 이용한 식품가공 공정 중 'deep fat frying' 공정을 말한다. 'Deep fat frying'은 프라이 팬(fry pan)에 얇게 바른 기름을 가열수단으로 조리하는 'pan frying'과 달리, 비교적 깊고 큰 용기에 담긴 많은 양의 기름을 가열하면서 그 속에 조리 원료를 깊숙이 넣어서 가열 조리하는 튀김공정이다.[73]

---

73) 卽席めん入門, (社)日本卽席食品工業 協會 監修, 日本食糧新聞社, 1981.

고온의 유탕유를 이용하여 식품을 가열 조리(튀김)하는 동안에 수분은 증발되고, 단백질은 열변성을 일으키며, 전분은 알파화가 진행되고, 알파화된 것은 알파화 상태가 고정될 뿐 아니라, 식품의 풍미에 영향을 주는 메일라드화 반응과 캐러멜화 반응 등 다양한 반응이 단시간에 동시다발적으로 발생하는 특징을 갖는 공정이다.

증숙된 면이 소정의 분할 중량(135～145g)으로 절단된 후 사각이나 원형의 스테인리스 트레이에 담는다. 이 트레이에 담을 때 사각틀에는 사각형의 면선을 그대로 넣고, 원형틀에는 사각으로 절단면을 약간 면을 잡아 당겨 풀어서 원형틀에 넣는다.

이렇게 성형틀은 자동으로 튀김조로 들어간다. 팜유 또는 식용유에서 140～150℃에서 90초～120초간 튀겨 낸다. 튀기기 전의 면의 수분은 30～35% 정도이지만 튀긴 후에는 면의 수분 함량이 3～6%로 급격히 수분이 탈수 건조된다. 또한 면에는 유지 함량이 17～22%가 된다.

유탕의 목적은,

① 튀김 유지의 높은 온도를 이용해서 단시간의 탈수 건조로 한다. 제품의 수분 함량이 10% 이하로 낮아져 수분활성도가 낮아 보존성이 높아진다.

② 튀김에 의해 흡착유가 즉석면 특유의 향과 맛을 준다.

③ 단시간 탈수건조에 의해 수분이 10% 이하로 α화가 지속 고정된다.

④ 기름으로 튀겨 면 속의 물과 기름의 치환으로, 면 조직이 다공질(多孔質)로 되어 조리시의 인스턴트화가 가능하게 된다.

Fryer에는 밑에서 버너로 직접 가열하는 직접 가열 방식과 열교환기로 증기를 통해 튀김유를 전열 가열시켜 이 뜨거운 기름을 기름가마에 투입해서 순환시키는 간접가열 방식이 있다.

유지의 산화가 적고, 안전성이 높고, 부분적으로 과열이 없고, 온도 조절이 용이한 것, 기름가마 내의 온도분포를 자유로이 제어할 수 있는 튀김 시스템을 선호한다.

사용하는 기름은 풍미와 안전성이 좋은 라드, 팜유, 대두유 등이 사용되지만 매일 매시간 튀김유의 상태를 알기 위해 산가(AV : acid value), 과산화물가(POV : peroxide value)를 측정해서 식품공전의 규격에 합격할 수 있도록 관리하지 않으면 안 된다. 튀김유의 관리의 중요성은 튀김가마 중의 기름 회전율을 높이도록 하는 배려와 필요 이상의 고온으로 하지 않는 일, 기름 속에 탄 찌꺼기를 제거하는 일, 원료유를 직사광선, 자외선 차단 관리 등이 있다.

유탕 공정 관리 측면에서 유지의 산패 예방을 위해 유의해야 할 조건은 유탕유 회전율(turn-over rate)의 관리이다. 유탕유 회전율이란 '새로운 기름첨가비율'이라고도 한다. 즉, 1시간 작업 기준으로 "유탕기에 담겨 있는 기름 중량에 대한 신유 첨가량"이다. 유탕 공정에서 turn-over rate가 16% 이상이 되면 생산된 제품의 보존성을 향상시킬 수 있다. 유탕 공정에서 고온 단시간에 수분이 10% 이하(실제로는 5% 정도)로 급속히 증발이 일어나므로 면발에서 메일라드 반응(갈변현상)이 발생하면서 맛 좋은 풍미를 갖게 된다.

면 조직은 다공질로 되며 일부의 다공질 부분에 기름이 흡착되어 지방 함량이 15~20% 정도가 된다.

유탕에 사용된 정제유지는 비교적 산화안정성(酸化安定性)이 높고, 맛이 담백하여 조리할 때 사용하는 조미 소재의 맛을 잘 수용할 수 있는 특징을 가지고 있으며, 세계적으로 생산량이 풍부하여 가격 경쟁력도 높은 팜유(palm oil)를 사용한다. 제품에 따라 팜유, 돈지(豚脂, lard), 우지(牛脂, beef tallow)를 단독 사용하거나 적절히 혼합하여 사용한다. 유탕면 제조에 많이 사용하는 팜유는 식물유래 영양성분(phyto-chemical)을 다량 함유하고 있어 유지의 산화안정성이 좋을 뿐 아니라 건강상의 이점도 있는 것으로 알려져 있다. 팜유의 최대 장점은 산화안전성이 높은 점이다.

α화 시킨 면을 유탕면이 기름을 사용해서 탈수 건조하는 것에 비해 열풍건조에 의해 건조시키는 건면을 비교해서 frying 면과 non-frying 면으로 구분하여 부른다.

열풍 건조의 이점은 기름을 사용하지 않아서 기름의 산화에 의해 제품 변패가 없고 건조 비용도 싸고, 식감은 찰기가 있다는 것이다. 일반 건면에 비해 고온 저습에서도 이상 없이 건조할 수 있는 것은 α화에 의하여 면이 강인하게 되어 있기 때문이다. 그러나 건조시간과 조리시간이 다소 긴 것이 단점이다. 열풍 건조 조건은 80~100℃에서 30분 이상이 걸린다.[74)]

(6) 냉각, 포장

유탕면 또는 열풍 건조된 면은 냉각 공정으로 이동된다. 냉각 공정은 면에 냉풍을 불어 35~40℃ 정도 되게 냉각시킨다. 냉각이 불완전하면 포장내부에 물방울이 생겨 곰팡이 발생과 산패의 원인이 되어 같이 포장된 스프류에 갈변 변질을 가져와 완전히 냉각할 필요가 있다.

냉각 후 포장 전에 검사를 하는데 면의 중량, 형태, 튀김 상태, 건조 상태, 냉각 상태, 이물질이나 금속 혼입여부 검사를 하여 스프를 얹어 포장한다.

6) 유탕면 제조 관리(대량 생산 공정)의 예

구 분	관 리 포 인 트
배합수 제조	1) 정제수, 면 품질 개량제(탄산나트륨, 탄산칼륨), 색소, 식염용해 20분, 숙성 60~90분 pH : ≒9 밀가루량의 33~35% 용해수 제조용해 20분, 저장대기 30분 이상 탄산나트륨, 탄산칼륨의 간수 계량, 밀가루량의 33~35% 용해수 제조
혼합 반죽	1) 분체 혼합 및 첨가물 혼합(5분) 배합수 투입 후 고속 5분, 저속 10분 배합수 : 34%±1%(하절기 33%, 동절기 35%) 온도 : 25~30℃, 반죽시간 15분(밀가루 혼합 : 3분) 2) 적정온도 25~30℃ 3) 가수량 33±2%

74) 「めんの本」, 小田聞多・山口雅之, 宇野清晴, 塚本徹, 食品産業新聞社, 1982.

구 분	관 리 포 인 트
복합 - 압연	1) 원형 반죽 공급기에서 10분 숙성. 정체 복합 5.4×2, 압연율 50% 복합 5.4 mm×2장(10.4 mm) 5단 롤러사용, 압연률 50~30%(무리한 압연 금지) 압연 : 1단 10.0 m/m, 2단 6.0 m/m, 3단 4.0 m/m, 4단 2.0 m/m, 5단 1.2 m/m 2) 압연 1단 10 mm, 2단 6.0 mm, 3단 4.0 mm, 4단 2.0 mm, 5단 1.2 mm(용기면 세면 기준)
절 출	1) 절출기 폭은 300 mm에 절출기 번호로 나눈다. 2) 환(丸), 각(角)형 절출기 선별 사용 3) 절출기 번호 : 세면 22~24번, 봉지면 16~18번, 우동면 10~12번, 선절의 폭은 30 m/m에 가닥
증 숙	1) main 압력 5 kg/cm^3 2) 입구 0.3 kg/cm^3, 출구 0.3 kg/cm^3 3) 시간 120~170초
납형(納型)	일정 길이로 절단 후 모양을 만듦. 원형 모양, 도시락(사각), 봉지면용(배접이 형태)
FRYING (튀김)	1) 튀김유 : 팜유(palm oil) 튀김 온도 : 130~150℃(스팀 압력 8~10 kgf/cm^2) 튀김 시간 : 2분~2분 30초(면의 형태, 모양에 따라 차이 있음) 유탕기 용량 : 2~2.5톤 온도 135~140℃ 2) 시간 60~120초
냉 각	1) 트레이형, 네트 컨베이어형 2) 외부 공기를 불어 넣어 냉각 3) 냉각 온도 : 상온 4) 냉각 시간 :
포 장	1) SOUP 첨가[분말, 액체, 야채(별첨) 등] 2) 제조일자, 유통기한 표시 3) BOX 단위 포장(12~30식) 4) 중량체크(완제품 : Auto-checker)

7) 유탕면 품질관리

라면은 식품 衛生法상 성분 규격이 10% 이하, 산가 2 이하, 과산화물가 30 이하로 규정되어 있으나 실제 일반적으로 유통되는 제품은 수분함량이 7~9% 정도, 산가는 0.3~0.5, 과산화물가는 4~5로 양호하다.

〈표 4-4〉 성분규격(식품공전 : 즉석면류 성분규격)

구 분	유탕면(라면)	호화 건면	개량 즉석면
① 성상	고유의 향미를 가지고 이미, 이취가 없어야 한다.		
② 수분	10% 이하	13% 이하	-
③ 산가	20% 이하	-	-
④ 과산화물가(Peroxide Value)	30% 이하		
⑤ 타르색소	검출되어서는 안된다.		
⑥ 보존료	검출되어서는 안된다.		
⑦ 세균수	-	-	1,000 이하
⑧ 대장균	-	-	
⑨ 대장균군	-	-	음성

(1) 소맥분 검사

수분검사(14% 이하), 회분검사(소맥분 등급 측정치에 따라서), 단백질 검사(gluten 등, 2차 가공 적성판단), 맥아당(제분손상 척도기준), 색상검사(peker test, 분광광도계), 입도검사

(2) 공정검사

① 원료 혼합 및 배합수 규격검사

② 반죽시간 및 온도체크

③ 중량체크(가닥수, 튀김온도, 기계일반 규격치)

④ Oil 품질 체크(AV, POV)

(3) 완제품 검사

① 수분분석(봉지면 7~9%, 용기면 3~5%)

② 지방분석(봉지면 16~20%, 용기면 20~22%)

③ 관능검사

④ 포장지 등 부재료 검사(타르색소, 보존료 등)

⑤ 미생물 검사(세균수, 대장균 등)

8) 유탕면의 특징

- 인스턴트 식품으로 값싸고 편리한 대중식품이다.
- 제조 시 증숙 및 유탕(150℃)에서 살균되었으며, 제품수분이 10% 이하로 유지되어 있는데, 이러한 조건에서는 미생물이 자라지 않으므로 자연부패를 막기 위한 방부제를 사용할 필요가 없다.
- 저장성이 좋아 비상식품으로도 각광 받는다.
- 건조식품이므로 수분이 않은 식품에 비해 단위 중량당 영양분이 많으며, 대량생산이 가능하므로 값이 싸다.
- 먹기 전에 3~5분 끓이는 과정에서 살균을 다시 할 수 있으므로 더욱 위생적이다.
- 라면은 다른 식품에 비해 지방함량이 많으므로 지방섭취가 부족한 서민에게 도움을 줄 수 있다. 최근에는 유탕면이 아닌 건면 형식으로 건강식으로 선택폭을 넓히고 있다.

9) 유탕면의 안전성

(1) 사용 지방

① 동물성 : 우지, 돈지

② 식물성 : 팜유(Palm oil). 열대지방에서 자라는 야자과에 속하는 팜나무 열매에서 채취한 순식물성 기름이다. 미국, 일본 및 선진국에서 라면을 비롯한 각종 튀김용으로 사용하고 있다.

식물성유의 장점

- 필수 지방산, 프로비타민 등이 다량 함유되어 우지(쇠기름)보다 영양상 우수하다.
- 고혈압이나, 동맥경화증을 유발하는 콜레스테롤이 거의 없어 건강상 유리하다.

- 열에 의한 변화에 강하여 보존성 및 안전성이 높다.
- 동물성 우지보다 고가이며 고급품이다.
- 우지보다는 느끼하지 않고, 담백하며 산뜻한 맛을 낸다.

(2) 제품의 안전성

유탕면에는 튀김유의 혼합 요인으로 장기보존에 의해 광선(햇빛, 자외선, 형광, 기타 빛), 공기(특히 산소), 습기(수분), 열(온도)에 민감하여 유지 산패에 의해 이미, 이취의 기준이 있다. 제조일 시점에서 유통기간을 6개월 이내로 하는 제품으로 제품포장제는 산소, 빛, 수분 등의 차단 효과와 해충으로부터 밀폐효과가 좋은 포장방법과 포장재 선택이 매우 중요하다.

6 압출면(壓出射出麵, extruded noodle)

압출면은 소맥분, 곡분, 전분류를 고온 압출 성형기에 의하여 냉면, 파스타, 쫄면, 당면, 막국수, 밀국수, 쌀국수 등과 같은 제품에 이용되어 제조되고 있다. 최근 밀가루를 사용하지 않는 여러 가지 전분 곡류를 이용하여 압출 방식의 쌀국수[75) 76)] 대만에서의 쌀국수[77)], 밤국수[78)] 등의 다양한 제품을 만드는데 이 압출 제면원리를 이용하고 있다.

압출성형(extrusion)은 원료 혼합물에 직접 물리적 압력 또는 열을 가하여 일정한 모양을 가진 출구로 힘을 가해, 사출구와 유사한 모양으로 성형하는 것을 말한다. 또한 압출성형을 하기 위해 제작된 기계를 압출기 또는 압출성형기(extruder)라고 한다. 압출기를 구성하는 핵심적인 부분은 스크루(screw)로써 투입된 식품

---

75) 李永玉, 佐竹隆顯, 國産米粉活用事例 - ライスヌードルの開發, 「New Food Industry(日本), 52(1), pp. 47-54 2010.
76) 한국공개특허, 20-044-1547, 제면기, 2008.
77) https://www.youtube.com/watch?v=kvLB3kpKpgE
78) 한국공개특허, 10-2014-0115048, 밤국수제조방법, 2013.

원료는 스크루를 따라 전진하면서 혼합되고 압착되면서 반고상 물질을 형성하여 스크루 끝부분에 있는 사출구를 통해서 압출된다. 이때 압력이나 외부에서 투입되는 열, 기계적 전단응력 등에 의하여 가열 처리될 경우 이를 압출성형조리(extrusion cooking)이라 한다.[79] 압출되어 가열 없이 사출형태로 나온다해서 사출(射出)면이라도 한다.

압출성형은 일정한 식품 원료로부터 여러 가지 형태, 조직감, 색과 향미를 가진 다양한 제품의 생산이 가능하다. 압출가공은 고온단기간가열(HTST : high temperature short time) 공정으로 단시간에 고온에서 미생물을 사멸시키고 효소를 불활성화 시키며, 수분활성도가 낮아지기 때문에 보존성이 높다. 압출기의 내부 온도는 외부에서 가열될 경우에 배럴 내벽 온도로 측정되는 독립 변수이지만, 자가발열형 압출기에서는 원료의 종류, 투입량, 스크루 회전 속도 등에 의존하는 종속 변수가 되며 이것은 제품의 품질을 결정하는 매우 중요한 요소가 된다. 압출기 조작 조건에 관여하는 변수는 대단히 많으며, 이 중 독립 변수로는 원료의 사입량 · 수분 함량 · 스크루 · 배럴 및 배출구의 형태 · 스크루의 회전력 · 배럴 벽면의 온도 등이 있고, 종속 변수로는 점도 · 층 밀림 속도 · 내부 압력 · 동력 요구량 · 체류 시간 · 내부 물질의 온도 · 제품의 특성 등이 있다. 그러므로 이 독립 변수의 변화에 따라 종속 변수가 어떻게 달라지는가를 규명하여 제품의 품질을 최적화하기 위한 조건을 찾아내어야 한다.[80]

압출기의 일반적인 가동에서 얻은 내용으로 원료의 수분 함량이 감소함에 따라 각 부위 온도 및 동력 요구량은 증가하였고, 입자 크기가 작을수록 표면적이 증가하여 압축 부위 온도가 높아진다. 스크루 회전 속도가 증가함에 따라 각 부위의 온도는 증가하였으며 방해 판을 설치하였을 경우 압출 부위의 온도가 더 높아졌다. 일반적으로 배럴 내부 온도 분포가 계량 부위>사출구 부위>압축 부위 순서로 이루어질 때 압출기 작동 상태가 가장 양호하였다.

---

79) 한국식품 Extrusion 연구회, Extrusion 기술 2, 서울 : 유림문화사, 1988.

80) 류기형 · 이철호, 원료 곡분의 성성과 압출 조건이 extruder 내부 온도 분포에 미치는 영향, 한국식품과학회지, vol.20, no3. pp.303-309, 1981.

1) 냉면

냉면의 정의는 식품공전상에 "메밀가루, 밀가루 또는 전분을 혼합하여 압출 성형한 것"이다.

메밀가루가 5%함량 이상이 되어야 한다.

냉면이 우리 민족의 고유 음식으로 자리 잡은 시기는 정확히 알기 어렵다. 다만 동국세시기(東國歲時記), 진찬의궤(進饌儀軌), 규곤요람(閨壼要覽), 부인필지(夫人必知), 시의전서(是議全書) 등에 기록되어있는 것으로 보아 조선시대부터 즐겨먹던 음식이다.

요즘은 냉면을 여름철에 즐겨먹지만 냉면이 처음 나오는 문헌인 동국세시기에서는 11월 시식으로 별식의 하나로 소개하고 있다.[81]

냉면은 우리나라 고유의 전통 압출 방식의 면으로 우리나라를 대표하는 음식으로 문헌의 기록으로 보아 조선시대부터 겨울철 별식으로 즐겨 먹었다. 요즘 여름철에 주로 먹고 있으나 겨울철에 먹어야 제 맛이다.

냉면은 메밀가루에 녹말을 약간 섞어 만든 압착식 국수에 편육, 오이채, 배채, 쇠고기볶음, 삶은 달걀 등을 고명으로 얹고 국물을 붓는다. 냉면국물로는 쇠고기를 곤 육수, 꿩이나 닭고기를 고아 만든 국물, 배추김치 국물, 동치미 국물에 육수를 섞어 국물에 쓰인다.

원료에 따라 전통적인 2가지 방법으로 나눈다.

① 평양식 냉면

평양식 냉면은 주원료가 메밀가루로 녹말을 섞어 압출하여 국수를 만든 다음, 꿩탕과 동치미 국물을 붓고 삼겹살, 무채김치, 배, 삶은 달걀을 얹고 잣, 실고추, 겨자, 식초 등으로 맛을 낸다.

춘천식 막국수도 메밀가루를 주원료로 한 강원도 지방의 특산물로서 널리 알려져 있다.

---

81) 과학원고전연구실, 『역주동국세시기』, 서울 : 한국문화사, pp.10~15, 1999.

② 함흥식 냉면

함흥식 냉면은 감자녹말을 주원료로 해서 압출 방식으로 국수를 만들고 국수가락이 소의 힘줄보다 질기고 오돌오돌하며 가자미나 홍어 등 생선으로 회를 쳐 양념한 고추장을 국수에 얹어 비벼 먹는 것이 특징이다.

비빔 냉면은 함흥식 냉면으로 메밀가루 1에 녹말가루 2의 비례로 배합하여 국수 반죽을 하여 삶은 것으로 질기다. 이에 비해 평양식 냉면은 메밀가루 2에 녹말가루 1의 비율로 반죽한 것이다.

식당에서 몇 인분씩 반죽을 해서 dies에서 유압식으로 압출하여 바로 끓고 있는 솥에 밀어 넣어 30초 정도 삶아 데쳐 냉수로 수세, 냉각시켜 육수에 담아 고명을 얹어 먹는다.

시판되는 상태는 생 냉면, 냉동 냉면, 건 냉면 형태로 다양하게 판매되고 있다.

(1) 냉면의 원료 비율

냉면의 원료는 메밀을 주원료로 하지만 〈표 4-5〉와 같이 맛의 변화를 주기 위해 업소마다 선택을 하고 있다.

〈표 4-5〉 냉면 유형별 비율의 예

원료명	함흥식 냉면	평양식 냉면	막국수
소맥분	50~70	50~70	80~10
메밀 가루	20~30	20~50	10~90
감자 전분	30~50	20~30	10~20
식 염	2	2	2
급 수	50~60	50~60	40~45

(2) 제조 공정

원료 → 혼합 → 반죽 → 압출 → 삶기 ———————→ 〈즉석 생 냉면, 막국수〉
　　　　　　　　　　　　　└→ 숙성 → 냉동 ————→ 〈냉동 냉면〉
　　　　　　　　　　　　　　　　　　　└→ 건조 → 〈건냉면〉

① 혼합 및 반죽(mixing and kneading)

반죽의 목적은 원료와 물을 혼합하여 반죽이 압출 성형기에 투입이 잘되기 위함이다. 반죽과정에서 원료와 물이 잘 혼합되어 반죽의 끈기가 증진된다.

가수량이 많으면 반죽의 투입이 원활하고 압출 성형기 내에서 마찰이 낮아 전분 입자의 손상이 적어 외부에 가열장치를 설치해야 한다. 반면에 가수량이 적으면 반죽의 투입이 어렵고 내부에서의 마찰이 심하여 조리할 때 면의 용출이 많고 쉽게 풀어진다.

② 압출 성형(extrusion)

냉면용 압출기는 현재 단일축 스크루를 사용하고 있고 쌍축(twin)은 거의 사용되지 않고 있다. 단일 축형 압출 성형기는 비교적 단순하고 숙련된 기술이 없어도 사용이 가능하다. 구조는 반송 이동 스크루, 투입 롤(feeding roll), 스크루, 다이(die, 현장에서는 분창이라고도 함), 배럴(barrel), 그리고 구동 모터와 부속 장치 등으로 구성된다.

크기는 주로 구동 모터의 마력수(HP)로 표시되는데 작게는 10마력에서 50마력까지 다양하다. 생산 능력은 30마력을 기준으로 할 때 500kg 정도이다.

압출 성형기에서 나온 압출면이 연결된 컨베이어 벨트를 타고 이송되면서 절단된다.

다이구멍의 크기는 냉면의 경우 1.2mm, 막국수 1.2mm, 쫄면은 1.5mm 내외, 사리용 국수 2.5mm 굵기, 한 번에 나오는 면발은 200~250줄 정도로 이는 원료의 투입량, 스크루 회전속도, 면발의 굵기 및 토출량에 따라 조정되어야 한다.

③ 숙성

절단된 압출면은 숙성을 거쳐야 면발이 곱고 부드러우며 끊어지지 않는다. 숙성실의 온도는 15℃ 정도가 적당하며 숙성시간은 빛이 차단된 암실에서 12시간 내외로 한다. 숙성과정에서 표면의 수분이 증발되고 면의 품온이 냉각되어 다음 공정이 원활하게 이루어질 수 있다. 숙성이 끝난 상태의 면은 건조제품의 경우 냉동 공정으로 들어가고 일반 비건조품인 경우는 포장을 하게 된다.

④ 냉동

숙성된 면은 면가닥끼리 서로 붙어있는 상태이기 때문에 그대로 건조시키면 면가닥이 분리되지 않는다. 냉동 후 건조 공정에 들어가면 면이 해동되면서 면이 함유한 수분이 흘러나와 면가닥을 분리시켜 주고 내부 수분이 용출로 인하여 건조시간이 빨라진다. 냉동방법은 급속동결이 필요 없으며 냉동실 내에 넣고 하룻밤 동안(12시간) 냉동시킨다.

⑤ 건조

수분을 제거하여 제품의 보존성을 높이기 위한 공정으로는 재래식 방법인 일광건조와 기계적인 건조 방법이 있다. 재래식 방법은 건조시간이 약 3시간 정도 오래 걸리며 비위생적이고 계절과 기후의 영향으로인 품질 관리의 어려움으로 점차 자동화에 따른 기계식은 위생적이며 계획 생산이 증가하고 있다.

2) 당면

당면은 식품공전 상에서 당면의 정의는 "전분을 주원료로 하여 압출 성형한 것"으로 전분이 80% 이상 함유한다. 동양의 독특한 면 중의 하나로 고구마전분, 옥수수전분, 녹두 또는 각각의 혼합분으로 만든다. 각 나라마다 제조 원료의 차이가 있다. 호면(胡麵)이라고도 한다. 중국이 원산지이다. 당면이 한반도에 널리 보급된 것은 일제강점기로 일제강점기였던 1912년 화교로부터 당면 만드는 법을 배운 어느 일본인이 평양에 당면 공장을 세웠고, 이어 1919년에는 양재하라는 조선인에 의해 황해도 사리원에 광흥공장이라는 대규모 당면공장이 건설되었다. 1935년에는 사리원 공장에서 만든 당면 60만 근(1근 600g으로 잡으면 약 360톤)이 일본에 수출이 되었다고 하는 기록이 있으니 당면은 1920~30년대에 들어서 전국적으로 보급되었다고 볼 수 있다.[82)]

중국에서는 녹두 전분을 원료로 해서 만든 것을 Fensu(粉絲), 일본에서는 Domen(豆麵), 감자나 고구마전분으로 한 Harusame(春雨)라 한다.

우리나라에서는 분탕(粉湯) 또는 호면(胡麵), 얼려서 만들어서 凍麵이라고도 하며 녹두, 팥, 감자, 고구마 등의 전분을 이용하여 제조하여 왔다. 당면은 원래 밀가루를 조금 풀어 분탕을 만들고 여러 가지 양념으로 맛을 낸 다음 함께 끓여 이용하여 왔다. 그러나 최근 우리나라 당면은 고구마전분, 옥수수전분 등으로 제조하고 있으며 고구마 당면 100%, 옥수수전분 100%, 혼합 전분(50% 고구마전분 50% 옥수수전분 혼합)으로 사용하고 있다.

당면의 제조 공정은 크게 전분 반죽을 작은 구멍으로 자연 낙하시켜 끓는 물로 익히는 방법인 손당면과 압출 성형기로 압출 익히는 기계당면으로 나눌 수 있다. 고구마전분에는 글루텐이 없고 엉기는 성질이 있으므로 묽은 반죽을 하여 실 모양의 가닥으로 뽑아 끓는 물에 삶아 내어 동결시킨다. 동결법에는 자연동결법과 인공동결법이 있으며 얼린 국수는 천천히 녹여서 물기를 빼고 잘 통하는 곳에서 말려 제품으로 한다. 당면에 관련된 특허 문헌이 400여건의 특허가 등록된 상태이다.[83)]

(1) 원료 비율의 예

전분 100(고구마전분과 감자전분을 약 5:1 정도의 비율로 혼합 사용)

명반 0.15~0.35(전분에 끈기를 주어 가락이 생기도록 한다.)

급수 40~60

---

82) https://namu.wiki/w/당면
83) https://scienceon.kisti.re.kr/srch/PORSrchPatentList.do 특허검색

(2) 제조방법

원료 전분 → 혼합 → 전분 반죽 → 압출 → 냉각 → 숙성 → 동결 → 해동 → 건조

↓

압출 → 냉각 → 건조

전분 100 중량부에 명반 0.15~0.35 중량부 및 물 40~60 중량부를 첨가한 후 약 6~7분간 믹서를 이용하여 교반시키는 단계, 회전 속도가 20~60 rpm인 압출기를 이용하여 당면의 호화도가 40~60%로 상기 혼합물을 사출시키는 단계, 건조시킨 후 포장하는 단계로 이루어지는 것을 특징으로 하는 당면의 제조방법을 예로 든다.[84)]

① 혼합 단계

전분에 명반 및 물을 첨가한 후 6 내지 7분간 믹서(Mixer)로 교반하여 혼합한다. 제조된 혼합물은 전분미립 형태로 더운물을 사용하지 않았기 때문에 호화되지 않은 상태이다. 상기 전분은 고구마전분, 옥수수전분 또는 이의 혼합물일 수 있다. 상기 혼합물의 수분 함량은 전분의 35 내지 45%가 바람직한데, 45%를 초과하면 교반이 되지 않고, 35% 미만이면 교반 후 압출이 되지 않는 단점이 있다. 이때 사용되는 명반은 결착 작용을 하며, 사용량은 전분 100 중량부에 대해 0.15 내지 0.35 중량부가 바람직하다. 상기 명반의 사용량이 0.35 중량부를 초과하면 비용이 많이 들고, 0.15 중량부 미만이면 결착 작용이 떨어지는 단점이 있다. 또한, 이때 사용되는 물의 양은 40 내지 60 중량부가 바람직하다.

② 압출

공정 중에서 중요한 압출 공정에서 적절한 호화도를 맞추기 위해 압출기(Single 또는 Twin screw extruder)의 축 회전 속도 및 압출부 온도를 조절한 후, 통상적으로 음용되는 당면을 제조하기 위해 1 내지 3mm의 직경을 갖는 노즐(nozzle)을 장착한 압출기에 통과시켜 상기 혼합물을 당면으로 제조한다. 〈그림 4-7〉 압출방

84) 대한민국특허국, 공개특허번호 10-1998-0057249, 당면제조 방법, 공개일자, 1998.

식에 따라 상기 제조된 당면의 바람직한 호화도는 약 40 내지 60%로 면의 형태를 유지하는 동시에 표면끼리 달라붙지 않는 효과가 있다. 이때 사용된 압축기의 바람직한 축 회전 속도는 20 내지 60 rpm이다. 상기 회전 속도가 60 rpm을 초과하면 호화도가 너무 높아 면끼리 붙을 수 있고 더욱 초과할 경우에는 퍼핑(puffing) 등의 바람직하지 않는 반응이 발생할 수 있으며, 20 rpm 미만이면 당면의 생산 속도가 낮아지고 바람직한 호화가 발생되지 않아 당면의 형태를 형성하지 못할 수 있는 단점이 있다. 또한, 상기 압출기의 바람직한 압출부 온도는 40 내지 80℃이다. 상기 압출부 온도가 80℃를 초과하면 호화도가 너무 높아 면끼리 붙을 수 있고 더욱 초과할 경우에는 퍼핑 등의 바람직하지 않는 반응이 발생할 수 있으며, 40℃ 미만이면 당면의 생산 속도가 낮아지고 바람직한 호화가 발생되지 않아 당면의 형태를 형성하지 못할 수 있는 단점이 있다.

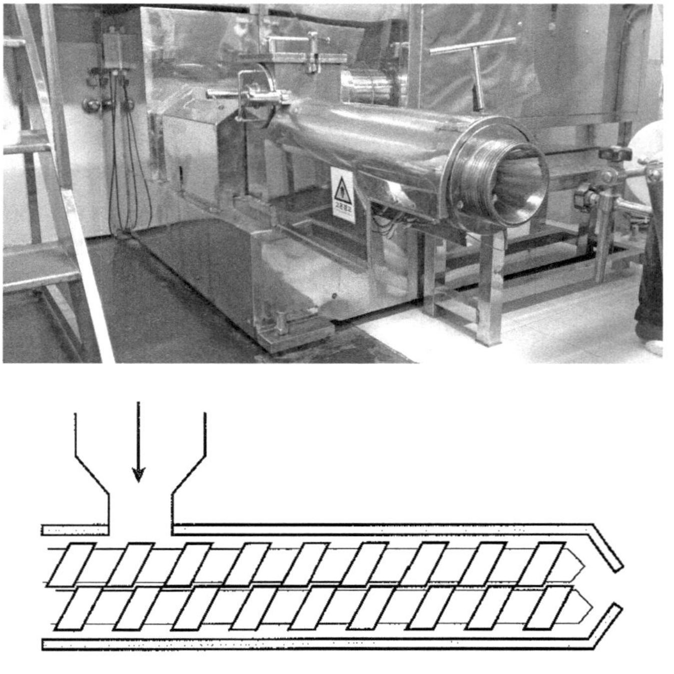

〈그림 4-7〉 수평식 압출기의 내부 원리

③ 건조 및 포장 단계

약 5~12시간 동안 통상적인 건조 방법인 태양 건조시킨 후 포장한다. 상기 건조 방법으로 적당한 설비가 갖추어지지 않았을 경우에는 열풍 건조를 사용할 수 있으며, 제조 시간을 단축시키는 효과가 있다. 이때 상기 당면의 건조 온도는 40 내지 60℃가 바람직하며, 60℃를 초과하면 건조 중 당면의 형태가 변형될 수 있으며, 40℃ 미만이면 장시간의 건조가 필요하게 되는 단점이 있다.

제조방법 1예

먼저 고구마전분 500g 정도를 큰 그릇에 넣고 백반 10g 정도를 섞고 따뜻한 물을 부어 잘 반죽한 다음 100℃ 끓는 물을 부어 현탁액으로 만든 다음 고구마전분 100g씩 부어가며 충분히 저어 고루 풀리게 한다. 때때로 필요하면 끓는 물을 추가시키고 최후로 감자전분 300g을 넣어 충분히 반죽한다. 약간 묽은 반죽이 되게 한다.
반죽이 끝나면 제면 그릇(밑에 구멍이 여러 개 뚫린 바가지 모양의 그릇)에 담아 끓는 물 속에 흘러내리게 한다. 이때 끓는 물 속에 떨어진 가락은 익어서 질긴 면이 형성되므로 막대기로 건져 막대기에 걸친 채로 그늘에서 약 20여 시간 예비 건조시킨다. 약간 건조된 것은 곧 냉동실에 옮겨 24시간 동결시킨 다음 꺼내서 찬물 탱크에 담아 얼음을 녹여내고 물기를 뺀 다음 건조장에서 약 6~7시간 건조시킨다. 완전히 건조된 것은 적당한 크기로 절단한 뒤 제품으로 출고한다.

제조방법 2예

① 혼합 배합 단계

전분에 명반 및 물을 첨가하여 풀물을 수분 함량 35~45%가 되도록 6~7분간 배합 반죽한다. 이때 사용되는 명반은 결착 작용을 하며 사용량은 전분 100에 대해 0.15~0.35 비율이 바람직하다.

② 압출 단계

적절한 호화도를 맞추기 위해 압출기(single 또는 twin screw extruder)의 축 회전 속도 및 압출부의 온도를 조절한 후 통상적으로 1~3mm의 직경을 갖는 노즐(nozzle)을 장착한 압출기를 통과시킨다. 압출기의 회전 속도는 20~60rpm으로 호화도는 40~60%로 면의 형태를 유지하며 표면끼리 달라붙지 않는다. 압출 온도 80℃ 정도이다.

③ 건조 및 포장 단계

약 5~12시간 동안 통상적인 일광 건조 후 포장한다. 또는 40~60℃의 열풍 건조에서 건조시킨다.

위와 같이 최근에는 공정 개선을 통해 당면 반죽을 종잇장처럼 얇게 사출한 후 열 건조시켜서 재단하여 동결, 해동 공정을 생략시켜 많은 원가 절감을 도모하는 연구가 활발히 움직이고 있다.

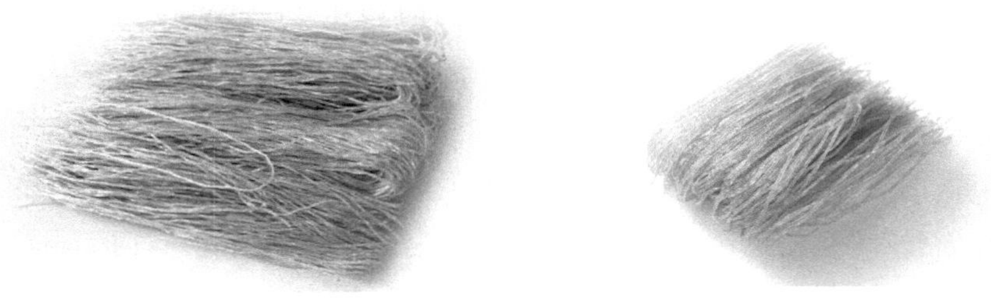

〈그림 4-8〉 건조된 당면

3) 파스타(pasta)

세계적으로 파스타를 가장 많이 소비하는 이탈리아, 독일, 프랑스 등지에서는 파스타를 모양이나 크기에 따라 비슷하게 정의한다. 미국의 경우에는 세몰리나(semolina), 듀럼(durum), 화리나(farina), 일반 밀가루 또는 이것들의 두 가지 이상을 사용하여 물과 첨가물을 넣어 반죽하여 성형하여 건조한 제품을 파스타로 정의한다.[85)]

85) https://myfoodbook.com.au/파스타

일반적으로 파스타라 함은 스파게티나 마카로니와 같은 제품들을 총칭하여 일컫는 것이다.

마카로니류의 정의도 〈그림 4-9〉 형태별로 분류한다.

형 태	명 칭	여러 형태
긴 모양 (long goods)	마카로니(macaroni) 스파게티(spaghetti) 버미셀(vermiceel) 누들(noodle)	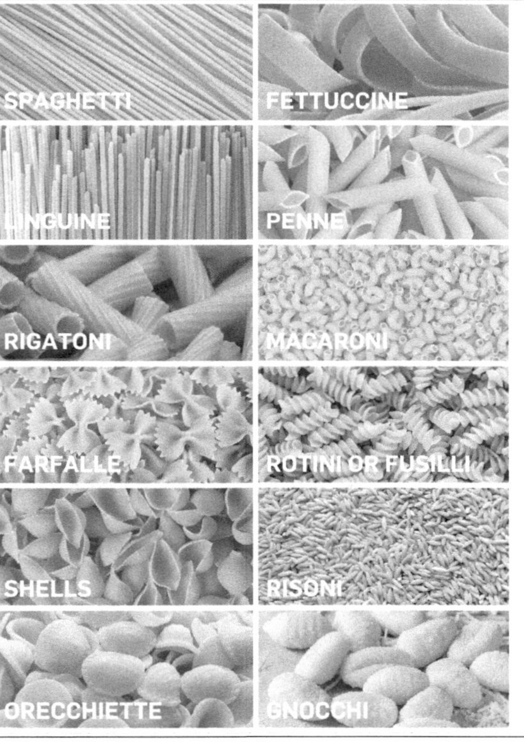
짧은 모양 (short goods or cut goods)	엘보우(elbow) 쉘(shell) 휘일(wheel) 알파벳(alpHabet) 링(ring) 스타(star)	

〈그림 4-9〉 파스타의 모양[86)]

(1) 파스타 제품을 위한 원료

파스타 제품은 주로 듀럼 밀로부터 제분된 입자가 큰 세몰리나로 생산된다. 그리고 적은 양이기는 하지만 일반 밀가루나 입도가 큰 화리나가 세몰리나와 혼합되어 사용되어지기도 한다. 주로 세몰리나가 파스타 제품에 이용되는 이유는 다른

86) The Essential Pasta cookbook, THUNDER Bay press, san diago, UAS.

밀가루로 만든 제품과 비교해 볼 때 우선 밝은 노란 색을 띄는 특성과 조리 시에 용량 손실이 적기 때문이다.

① 듀럼 소맥

듀럼 밀은 파스타 제품 생산에 가장 적합한 밀이다. 듀럼은 다른 맥종에 비해 반 건조한 지역에서 잘 자라는 경향이 있기 때문에 세계적으로 이러한 기후에 맞는 곳에서 주로 재배 및 생산되고 있다. 듀럼 소맥은 대개 다음과 같은 세 가지의 종류로 소분류 된다.

㉠ Hard Amber Durum Wheat : 초자질이 75% 이상인 경질 호박색 듀럼 밀

㉡ Amber Durum Wheat : 초자질이 60~75% 미만의 호박색 듀럼 밀

㉢ Durum Wheat : 초자질이 60% 미만의 호박색의 듀럼 밀. 듀럼소맥의 단백질 함량이 꼭 중요한 등급 기준은 아니지만 파스타 제품의 조리 특성상 대개 11.0% 이상의 단백질을 요구한다.

② 세몰리나(Semolina)

너무 입자가 작지도 또한 크지도 않은 250~350마이크론 세몰리나가 일반적으로 좋은 품질의 파스타를 생산하는 데에 가장 적합하다. 대부분의 파스타 제조업자들은 일정한 크기의 세몰리나 입도를 선호한다. 왜냐하면, 세몰리나 입도가 일정치 않은 경우 파스타 제조 공정 중 입도가 작은 세몰리나가 입도가 큰 세몰리나보다 물을 더 빨리 흡수하기 때문에 최종 제품에서 물을 흡수하지 못한 입도가 큰 세몰리나가 흰 반점으로 그대로 남아 있기 때문에 제품의 저장성 내지는 조리를 할 때에 좋지 않은 효과를 나타내기 때문이다.

③ 물

파스타 제품의 생산에 이용되는 물은 일반적으로 정수된 물을 사용한다. 파스타 제품은 대개 실온 또는 상온에서 제조되기 때문에 물의 품질이 나쁠 경우 종종 최종 제품에 박테리아의 수가 기준을 초과하는 경우를 초래하기도 한다. 하지만, 최근에는 파스타를 건조하는 방식이 높은 온도를 사용하기 때문에 과거의 건조 방

법보다 박테리아로 인한 제품의 안정성에 대한 문제는 거의 발생하지 않는다.

④ 기타원료

수동으로 만드는 전형적인 파스타의 반죽공식은 달걀 1개당 밀가루 100g이다. 그리고 밀가루 300g, 달걀 3개, 올리브 오일 1스픈, 물 1스픈의 비율이다. 계란과 같은 액상 제품은 반죽 시에 글루텐 망상 구조의 형성과 강화와 고유의 색상형성을 한다. 올리브오일은 억센 글루텐을 부드럽게 하며 풍미를 향상시킨다.[87)]

세몰리나 이외에 다른 원료로는 건조된 야채(시금치, 샐러리, 양파, 토마토), 계란 등이 사용된다. 소금을 일반적으로 사용하지 않으나 풍미를 내거나 반죽의 강화 목적으로 사용하기도 한다. 건조된 다양한 가루제품 등은 색상이나 영양 강화 등의 목적으로 이용된다.

(2) 파스타의 일반 제조 공정

원료 → 혼합 → 반죽 → 압출 → 건조 → 제품 → 포장

① 배합

1차 배합기와 2차 배합기의 두 단계를 통해 세몰리나와 물을 고르게 수화하는데 목적이 있다.

무게를 단 세몰리나와 기타 재료들을 1차 배합기에 넣은 후 적당량의 물을 원심 분력에 의한 방식을 통해 공급한다. 고르게 수화가 된 세몰리나가 압출 전까지 혼합기에서 계속 팽윤되는데 배합기의 속도가 너무 빠르게 되면 기계적인 전단력에 의해 전분 입자의 손상이 나타나며 단백질의 변성에 의한 조직간의 변화가 오기 때문에 속도 조절에 유의하여야 한다.

② 2차 배합

1차 배합기보다 낮은 위치에 있으며 중력과 원심분리에 의하여 2차 배합기로

87) 마크베트리. 데이비스요하임, 마스터링 파스타, 한스미디어(주), 2018.

연속 공정에 의해 옮겨진다. 통상적으로 배합과정시의 온도에서는 수화될 때 전분의 구조적 변화는 거의 없으나 단백질의 경우에는 배열의 순서가 바뀌며 내부에 있던 기능기들이 외부로 노출되어진다.

이 때 물의 첨가에 의해 lipoxigenase, peroxidase, polypHenol oxidase와 같은 산화효소들에 의해 산화 작용이 일어나게 된다. 리포옥시다제(lipoxidase)에 의해 세몰리나 고유의 색깔인 노란색이 파괴되기도 하며 퍼옥시다제(peroxidase)에 의해 갈색으로 변화할 수도 있다. 하지만, 이 과정에서의 효소 활성에 의한 산화 작용은 최종 제품에 크게 영향을 미치지는 않는다.

배합 공정 중의 중요한 요소들로는 수분 흡습의 속도가 일정하게 유지될 수 있도록 세몰리나의 종류와 입도의 크기, 샤프크의 회전 속도 및 길이, 수분의 온도를 원하는 제품에 따라 조절하는 것이 중요하다. 대체로 배합은 대기압 하에서 행하여졌지만 지금도 진공 하에서 보편적으로 행하여진다. 진공 배합기를 사용하게 되면 산화 작용에 의한 색의 변화를 막을 수 있고 공기 방울을 방지할 수가 있어 최종 제품의 부드럽고 균일한 외관을 얻을 수 있지만 배합 공정 중 더 큰 에너지를 필요로 하고 배합물의 재료에 물리적 손상을 끼칠 수 있다.

③ 압출 성형

압출 과정에서 연속적인 반죽과 성형이 동시에 일어난다. 이 결과는 압출 작용에 의해서 배합기에서 배합물을 받아서 압력의 최종 단계인 다이(die)로 보낸다. 배합기에서 수화된 세몰리나와 다른 재료들이 옮겨지며 복잡하고 격렬한 반응이 일어난다. 이때 반죽의 압력이 올라가며 온도도 함께 상승하게 되는데 이로 인해 각 지역마다 다른 점도를 가지게 되어 최종 제품의 질을 좌우하게 된다.

반죽이 진행되게 되면 반죽이 균일한 점탄성을 갖게 되며 글루텐이 형성되게 된다. 반죽이 연속 공정에 의해 다이를 통하여 나오면서 최종의 형상을 만들게 된다. 압출기의 최종 단계에서 반죽과 반죽의 밀어내는 작용에 의해 온도가 상승하여 물질의 불규칙적인 운동에 의해 단백질 구조의 약화가 수반된다. 이제 단백질 변성을 막기 위해 헤드의 외벽에 흐르는 물을 공급하여 반죽 내부의 온도를 40~

45℃ 정도 유지하여야 한다.

다이의 재질로는 일반적으로 청동 다이와 테프론으로 코팅한 것을 많이 쓰는데 청동 다이를 쓰게 되면 거친 표면을 가진 파스타가 제조되어 조리할 때에 소스를 쉽게 달라붙게 하기 때문이며 테프론으로 코팅한 것은 압출 속도를 빠르게 하여 더욱 노란색을 유지하게 하고 표면이 매끄러운 파스타 제조를 하기 위함이다.

④ 건조

압출된 파스타 제품은 대략 31% 정도의 수분을 함유하고 있지만 최종 제품의 조직감이나 외관 그리고 미생물로 인한 오염을 방지하기 위해 12%의 수분 함량으로 건조되어야 한다. 건조의 습도와 온도 그리고 송풍의 조절이 상당히 중요한 요인으로 작용한다. 예를 들면, 건조가 너무 늦게 되면 파스타 제품은 곰팡이와 다른 미생물의 오염을 일으킬 수 있으며, 반대로 건조가 너무 빠르게 되면 파스타 제품의 내부에 깨어짐이 생기게 되어 품질을 떨어뜨리게 된다.

건조의 방법은 여러 가지가 있으나 대개 중온건조(conventional temperature drying : CTD), 저온건조(low temperature drying : LTD), 고온건조(high temperature drying : HTD) 그리고 초고온건조(ultra high temperature drying : UHTD)의 방법 등이 이용된다.

㉠ 중온 또는 저온건조 방법

1974년 이래도 현재까지 사용되는 방법으로 건조 온도 55℃ 또는 그 미만으로 건조하는 방법으로 스파게티와 같은 모양이 긴 제품을 대개 16시간 그리고 마카로니 같은 짧은 제품은 8시간 정도 건조하는 방법이다.

㉡ 고온건조 방법

70년대 중반 이후부터 이용되는 건조 방법으로 대개 55℃~75℃의 온도를 사용하고 저온건조 방법보다 건조 시간도 줄일 수가 있고 미생물로부터의 오염과 최종 제품의 품질성을 향상시킬 수 있다. 스파게티와 같은 제품은 10시간 정도, 마카로니와 같은 제품은 4.5시간 건조한다.

㉢ 초고온건조 방법

최근에는 75℃~100℃ 정도의 온도를 이용한 파스타 건조 방법인 초고온건조가 소개되었다. 이 건조 방법은 저온건조나 고온건조보다 크게 건조 시간을 줄일 수가 있고 제품의 품질을 더욱 향상시킬 수 있으며 기계 운용비를 줄일 수 있는 장점이 있다. 초고온건조 방법을 이용한 건조 시간은 모양이 긴 파스타 제품인 경우에는 5.5시간, 짧은 제품인 경우에는 2.5시간 정도의 건조 시간을 요구한다.

㉣ 마이크로웨이브 건조 방법

가장 최근에 개발되고 있는 방법으로 모양이 긴 제품보다는 짧은 파스타 제품에 주로 이용되고 있다. 이 건조 방법을 이용하게 되면 2시간 미만으로 건조할 수 있으며 이 밖에도 건조기의 공간을 줄일 수 있고 제품의 색상이나 조리 품질을 향상시킬 수 있다. 또한, 미생물로 인한 오염을 줄이고 공정 및 운용비를 다른 건조 방법과 비교해서 상당히 줄일 수 있는 장점이 있다.

(3) 파스타의 품질에 영향을 미치는 요인

① 원료 밀의 품질

앞에서 기술한대로 듀럼 밀과 모든 종류의 밀들이 파스타 제조에 쓰여질 수가 있다. 하지만 듀럼 밀의 세몰리나로 제조된 파스타 제품이 다른 맥종으로 만든 것보다 더 밝은 노란색을 가짐으로 소비자의 선호도가 높을 뿐 아니라 낮은 흡수량을 요구함으로 건조시 수분을 제거하기가 쉬운 장점이 있다. 또한 최종 제품의 외관과 조리 성질이 듀럼 밀 세몰리나로 만든 경우 일반 경질분보다 더 나은 경향을 나타낸다. 건조온도를 40, 60, 70 그리고 80℃로 증가시킬 경우에도 세몰리나로 제조한 스파게티는 색상이나 식감, 조직감 및 외관과 조리시 전분 용출 등에서 일반 밀가루로 만든 것보다 현저히 좋은 특성을 나타낸다.

밀의 발아(germination)는 밀을 수확할 즈음에 너무 강우량이 많거나 또는 추운 날씨 때 일어나는 현상으로 대개 알파 아밀라제의 활성이 높아지게 된다. 이러한 발아립(sprouted grain)으로 제조된 최종 제품은 좋지 않은 품질을 나타내게 된다. 특히, 듀럼 밀의 세몰리나를 이용하여 파스타 제품을 만들 경우 이 점이 중요한데 만약 너무 발아가 된 듀럼 밀의 세몰리나로 제품을 가공하게 되면 저장 중에 파스타 제품의 외부와 내부에 깨어짐의 현상을 초래할 수가 있다. 그리고 건조 시 스파게티와 같은 제품은 건조대로부터 늘어짐과 끊어짐의 현상이 심해지기 때문에 생산 손실을 야기하게 된다. 따라서 알파 아밀라제의 활성이 작은 즉 폴링넘버(falling number)의 수치가 300 sec 이상의 세몰리나로 제품을 만드는 것이 좋다.

원료 밀의 용적중량(test weight, lb/bu 또는 kg/hl) 또한 파스타의 품질에 영향을 미치는 중요한 인자로 작용한다. 용적중량이 낮으면 제분상 세몰리나의 수율이 떨어지게 되고 회분 함량이 올라감에 따라 세몰리나의 색상이 어둡게 나타나기 때문에 최종적으로 파스타 제품의 색깔을 떨어뜨리는 결과를 초래하게 된다. 하지만 용적중량이 낮게 되면 단백질의 함량이 높아짐으로 파스타의 중요한 식감인 단단함과 탄력은 오히려 증가하게 되는 좋은 면도 있다.

② 세몰리나의 물리 화학적 성질

세몰리나의 물리 화학적 성질이 파스타에 미치는 영향에서 지방 성분은 파스타의 화학적 성분 중 적은 부분을 차지하지만 조리된 스파게티의 물리적 성질에 영향을 미치는 것으로 보여진다. 압출공정 중 기계적인 작용에 의하여 세몰리나의 지방 성분은 화학적인 변화를 하게 된다.

또한 건조공정 중 유리지방성분이 다른 세몰리나의 화학성분과 물리 화학적 결합을 하게 됨으로 파스타의 품질에 영향을 미치게 된다. 모노글리세라이드는 전분을 구성하고 있는 아밀로스와 물에 녹지 않는 복합체(water-insoluble complex)를 형성하게 되어 있어 파스타 표면의 끈적거림을 줄이게 되고 또한 조리시간이 길어질 경우에도 덜 퍼지게 하는 역할을 하게 된다.

파스타의 조리 상 특성은 제품 품질을 평가하는데 가장 중요한 요인으로 작용한다. 일반적으로 조리된 파스타는 퍼짐성이 너무 많으면 안되고 조리 시 파스타 본래의 모양을 잘 유지해야 할 뿐만 아니라 조리 후의 식감도 단단함을 유지해야 좋은 품질이라 할 수 있다. 파스타의 조리상 특성을 평가하는 방법들은 조리된 파스타의 무게와 조리손실 그리고 firmness의 식감을 조사하게 되는데 대개 다음과 같이 구분하여 평가를 하게 된다.

㉠ 무게

팽창 부피(Expansion volume)라고 하며 조리 시 파스타의 물을 흡수하는 능력을 평가하게 된다. 일반적으로 건조된 파스타 제품이 조리 후 약 3배 정도의 중량을 갖게 되면 좋은 부피팽창을 가진 제품이라고 말할 수 있다.

㉡ 조리 손실

조리 시 파스타의 전분질이 용출되는 양으로 평가되는데 너무 많은 조리 손실이 발생할 경우 최후의 식감에도 나쁜 영향을 줄 뿐 아니라 조리된 물이 용출된 전분질로 하여금 뿌옇게 되어 소비자가 나쁜 품질로 생각할 우려가 있다.

㉢ 식감

조리된 파스타 제품을 씹었을 때의 느껴지는 특성으로 평가되는데 대개의 경우 한번 씹었을 때 치아 사이에 끼어들지 않고 단단하면서도 한 번에 깨끗이 끊어지는 듯한 느낌이 좋은 파스타 제품의 식감으로 표현된다.[88]

이상과 같은 조리상의 파스타의 특성들은 단백질의 양과 품질 그리고 전분질의 특성들과 높은 상관관계를 가지고 있는 것으로 보인다.

예를 들면, 상대적으로 높은 단백질의 양과 질적인 특성이 전반적인 조리 시 높은 무게 증가와 낮은 조리 손실 그리고 단단한 파스타의 식감에 많은 영향을 주는 것으로 알려져 있다.

앞서 기술한 바와 같이 이외에도 파스타 품질에 영향을 미치는 요인들이 몇 가지 더 있는데 예를 들어 파손된 파스타 제품을 수거하여 재분쇄(regrinding)한 후 본래의 세몰리나와 배합을 하는 경우 대개 15% 미만의 제분쇄물을 사용하는 것이

---

88) Simple Pasta step by step, Thunder Bey Press, Sandiego, USA

최종 제품의 조리상 특성이나 색상 등의 품질을 유지하는 데에 좋다.

7 냉동면(冷凍麵)

1) 냉동면의 원리

식품공전 상에 냉동면의 정의는 “생면 또는 숙면을 −15℃ 이하에서 냉동한 것”이다. 즉, 생면 또는 숙면을 해동(냉동생면의 경우는 해동, 삶음)하는 것만으로 최고의 면이 되도록 급속 동결시킨 면이다.[89] 75년에 등장한 냉동면은 그 우수한 제품특징 때문에 현저한 속도로 시장 규모가 커지고 있다. 또한 기술향상에 따라 품질개선이 되어 시장 규모는 신장을 계속하고 있다.

냉동면의 평가 포인트는 삶아낸 그대로의 맛, 빠른 조리가 가능한 간편성, 장기간의 보존성, 위생관리 만전의 안전성 등이다.

급속동결이란 면류의 조직 용출이 되지 않도록 최대 빙결정 생성온도대(最大 氷結晶 生成溫度帶)인 −1～−5℃를 최단시간 내(25～35분간 이내)에 통과해서 생성되는 얼음 결정을 최소화해서 세포 조직의 손상을 억제하고 −15℃까지 동결하는 것이며 이러한 과정의 유지가 냉동면의 최대의 특징이다.

결국 냉동면은 이 최대 빙결정 생성온도대(最大 氷結晶 生成溫度帶)인 −1～−5℃를 최대한 빠른 시간 내에 통과하여 동결하고 해동 시점에서 결정된 얼음을 얼마만큼 빨리 녹이느냐에 제품의 생명이 좌우된다.

최대 빙결정 생성온도대(最大 氷結晶 生成溫度帶)는 식품의 동결 과정에서 큰 얼음 결정이 많이 생성되는 생성대를 말하며 일반적으로 −1℃～−5℃ 정도에 표시한다. 급속 동결시킨 식품은 얼음 결정이 적고 조직의 손상이 적다. 그래서 이것을 잘 해동하면 동결 前과 가까운 상태로 된다. 완만 동결시킨 식품은 최대 빙결정 생성대의 통과시간이 길어 얼음 결정이 커서 조직 손상이 되어 이것을 해동

---

89) 白石道春, 冷凍めんのすべて, 食品産業 新聞社, 1990, 日本.

시켜도 동결 전 상태보다 품질은 저하된다.[90)]

2) 냉동면의 특성

(1) 맛

면은 삶은 직후에 먹는 것이 가장 맛있다고 한다. 이때 면의 맛(탄력성이 있는 씹는 맛)은 면 내부의 수분분포에 따른다. 면을 삶을 때 초기 면선 외측에 수분이 많고 중심부는 적다. 시간이 경과함에 따라 균일화가 된다. 전분상태의 차이에 의한 것이라고 알려져 있다.

냉동숙면은 이 삶음 직후의 상태로 급속하게 동결하고, 급속하게 해동함으로 삶음 직후의 상태로 재현될 수 있다. 그러므로 냉동숙면을 급속 해동하지 않고 자연해동한 상태로 방치하면 면 내부 수분의 균일화, 노화의 진행으로 면의 질이 떨어진다.[91)] [92)]

(2) 간편성

냉동면은 열탕으로 짧은 시간 내에 해동해서 먹을 수 있다. 〈표 4-6〉처럼 끓이는 시간도 짧고 정해진 방법대로 조리함으로 항상 안정한 맛있는 상태의 면을 만들 수 있다.

〈표 4-6〉 4가지 면의 해동시간

종 류	해 동 시 간
가 락 국 수	60초
메 밀 국 수	30초
라 면	20초
스 파 게 티	30초

90) 日本冷凍食品協會, 最新冷凍食品事典, 朝倉書店, 1987, 日本.
91) 畑中 和憲, “食品の微生物 管理と 保存性 向上 技術”, 日本食品工業誌, 30(5), 1985.
92) 那加重道, 冷凍.

(3) 보존성

냉동면은 일반적인 냉동식품과 같이 보존을 위한 첨가물을 사용하지 않고 장기간 보존이 가능하기 때문에 안심하고 이용할 수 있다.

(4) 안전성

냉동면은 수준 높은 위생관리가 이루어지는 공장에서 제조되고 냉동면을 취급하는 기준이나 방법이 높은 수준을 요구하기 때문에 안전성을 보장받을 수 있다.

3) 냉동면의 제조

원료분과 부재료 → 반죽 → 면대 형성 → 성형 → 절출 → 삶기 → 수세(水洗) 및 예냉(豫冷) → 용기 담기 → 냉동 → 포장 → 냉동 보관

대체적으로 원료에서 삶기까지는 각 면의 특성에 맞추어 만들어 삶은 후 냉동 과정으로 들어간다.

일반적으로 삶은 면의 품온은 80~90℃인데, 이처럼 높은 온도의 면을 −18℃ 이하로 급속 동결하기 위해서는 많은 열량이 필요하며 냉동 비용이 높아지게 된다. 따라서 냉동 효율을 높이고 냉동면의 품질을 높이기 위해서 삶은 면의 품온을 적정 온도까지 내려 주는 과정이 냉각 공정이다.

삶는 과정에서 높아진 면의 품온을 가장 효과적으로 떨어뜨려 주는 방법은 열교환 효율이 가장 높은 '물'을 이용하는 방법이므로, 냉각 공정은 삶아진 면을 차가운 냉각수에 투입하여 삶아진 면의 품온을 최단시간에 적정한 온도까지 떨어뜨리는 공정이다. 적당하게 삶아진 면은 그 상태를 유지하여야 최적의 품질을 유지할 수 있는데, 시간이 지날수록 면은 불게 되며, 품온이 높을수록 불는 속도는 빨라지게 되어 품질은 급격하게 나빠지게 된다. 따라서 삶아진 면의 품온을 최단시간에 떨어뜨려 주어야 면의 불는 속도를 늦출 수 있고 최적의 품질을 유지할 수 있게 되는 것이다. 이때 삶아진 면의 최적의 품질을 유지하기 위해서는 삶은 면의 품온이 1분 이내에 80~60℃ 범위를 통과할 것을 권장하며, 3분 이내에 20℃ 이하로 낮출 것을 권장한다. 냉각수의 온도가 낮을수록 삶은 면의 품온을 낮추는 시간이 짧아지며, 온도가 높을수록 길어지는데, 삶은 면의 품온이 낮아지는 속도는 냉동면 제품의 품질에 영향을 주며, 생산성에도 영향을 주기 때문에 가능한 냉각 시간을 짧게 할 것을 권장한다. 따라서 냉각수의 온도는 10℃ 이하, 가능하면 5℃ 이하를 권장한다.

냉동면의 제조를 위해 다가수 제면을 전제로 가수량을 40% 이상으로 하고 밀가루도 충분히 검토된 것을 사용한다. 일반적으로 수타풍을 지향 두꺼운 면발의 가락국수 삶는 시간 단축 및 식감 개선을 위해 전분(타피오카전분이나 찰옥수수전분)이 사용되는 경우가 많다.

가는 면발의 냉동면 제조에는 삶아낸 후 변화가 빠르기 때문에 냉각, 냉동에 이르는 공정은 특히 신속하여야 한다. 또 활성 글루텐의 사용 등으로 식감을 강화하는 것이 보통이다.

이를 위한 수단으로서 냉동 전에 냉수에 침지해 숙면의 온도를 될 수 있는 한 낮추는 것이 중요하다. 구체적으로는 삶아 낸 면을 수세, 냉각을 하고 나서 0℃에 가까울수록 좋지만 최소한 5℃ 이하의 냉수에 침지해서 숙면의 품온을 5℃ 이하까지 떨어뜨리는 것이 바람직하다.

순간 퍼짐을 억제하기 위하여 동결에 넣기 전 제품온도는 10℃ 이하이면 충분하지만 조리 시 해동을 보다 용이하게 하기 위해서는 냉동 전 품온이 낮은 만큼 좋다.

냉동은 빠른 만큼 좋다. 〈그림 4-10〉처럼 동결과정별 최대 얼음결정 생성대를 빨리 통과함과 함께 퍼지는 현상을 저지하고, 면속의 내부온도가 −18℃로 낮추고 조직 내의 얼음결정이 미세하게 되도록 한다.

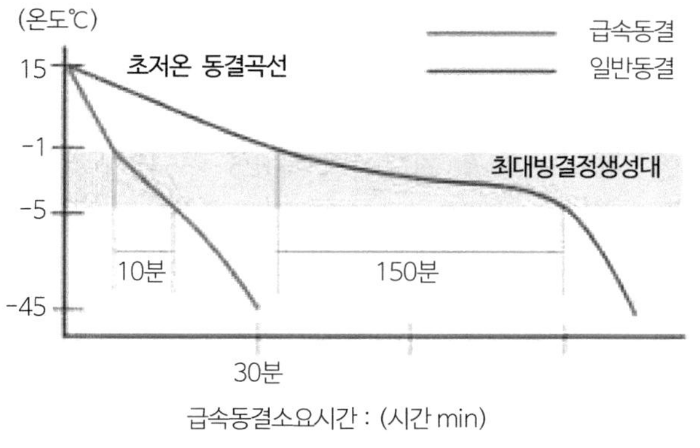

〈그림 4-10〉 동결과정에서의 최대 얼음결정 생성대

이것은 표층이 동결 고화(固化)한 후에 늦게 중심부가 동결할 때의 체적의 팽창에 의해서 표층부의 균열이 생기고 조직이 파괴되는 것에 의하는 것으로 생각된다.

숙면과 같이 수분이 많고 조직구조가 물성에 미묘하게 관계하는 경우는 주의할 필요가 있다.

따라서 −30℃에서도 빨리 동결을 하면 그 쪽이 품질이 좋기 때문에 연구가 필요하다.

〈그림 4-11〉 냉동면의 형태

4) 냉동방법

급속동결이란 면류의 조직 용출이 되지 않도록 최대 빙결정 생성온도대(最大 氷結晶 生成溫度帶)인 −1∼−5℃를 최단시간 내(25∼35분간 이내)에 통과해서 생성되는 얼음 결정을 최소화해서 세포 조직의 손상을 억제하고 −15℃까지 동결하는 것이다.

결국 냉동면은 이 최대 빙결정 생성온도대(最大 氷結晶 生成溫度帶)인 −1∼−5℃를 최대한 빠른 시간 내에 통과하여 동결하고 해동 시점에서 결정된 얼음을 얼마만큼 빨리 녹이느냐에 제품의 품질이 좌우된다. 냉동방법 선정에 있어서는 제조규모, 제품종류, 유통 소비 형태 등을 감안하여야 한다. 경우에 따라서는 기존의 설비를 이용하는 것도 가능하지만 간단한 냉동고에서는 본래가 저장고이기 때문에 냉각능력이 약해서 부적당하다. 냉동방법으로서는 에어 블라스트(air blast : 공기강풍)형, 냉각한 금속판 등에 밀착시킨 콘택트(contact : 밀착)형, 부동액에 침적시켜 동결시키는 이머전(immersion : 침지)형 및 액체(질소가 보통)의 기화열을 이용하는 가스 스프레이형, 또 이들의 겸용형이 있는데 일반적인 것은 에어 블라스트(air blast)형이다.

질소가스 스프레이형은 최초경비는 다른 것에 비해 저렴하지만 가동경비가 높기 때문에 대량생산에는 부적당하다. 침지의 경우는 면류의 포장이 불가결하기 때문에 제한이 있다. 그러나 액체에 침지하면 대단히 단시간에 동결시킬 수 있다.

숙면의 경우 포장품을 −30℃의 브라인에 침지하면 10분 안에 동결이 완료되기 때문에 동결법으로 우수하다. 그러나 장내에서 숙면이 압착되기 때문에 라면에 비해서 해동에 시간이 긴 것이 단점이 있다. 브라인으로서는 염화칼슘용액이나 에틸알코올이 사용되고 있다.

비포장 제품을 동결하는 경우는 에어 블라스트 혹은 에어 블라스트와 콘택트 병용법을 사용하는 것이 일반적이다. 이 경우 −40℃에서 30분 이상을 요하는데 전술했듯이 냉동 전에 충분히 냉각해서 급속 냉동 처리하면 품질에 문제는 없다. 대량생산에서는 연속형 냉장고(freezer)를 사용하지만 소량생산의 경우 배치(batch)

형 냉동고(freezer)라도 좋다. 배치형의 경우는 숙면을 1배치 저장을 하는데 걸리는 시간을 적게 하도록 하는 것이다.

5) 냉동면의 해동(解凍)

냉동면의 경우에는 자연 해동은 금물이라는 것을 명심해야 한다. 일반적으로 냉동식품의 해동은 자연 해동이 적합하다고 하지만 특히 냉동 숙면의 해동은 펄펄 끓는 물에서 단시간으로 해동하는 것이 중요하다. 〈그림 4-12〉와 같이 냉동면은 대량 식당에서 이용되는 경우나, 많은 손님의 주문에 의해서 해동하는 열원이 충분치 않은 해동솥에서는 열탕 온도가 떨어져 해동에 시간이 걸린다. 이것은 품질에도 악영향이 있어 조리 시 열손실이 크고 바쁜 시간에 객석 회전이 나빠서 냉동면을 이용하는 의의가 반감하게 된다. 많은 양을 동시에 해동하는 경우도 있어 해동 용기는 열량 공급이 우수한 것이어야 한다. 이를 위해 개발된 전기, 가스병용형의 숙면전용 해동용기도 있다.

〈그림 4-12〉 냉동면 해동 모습과 전용 해동기

증기를 이용하여 해동할 수 있지만 숙면의 경우 해동 후 품질이 약간 떨어진다. 그러나 소바와 같은 조리면엔 증기해동도 개발되고 있다. 전자레인지에 의한 가열해동도 가능하지만 해동에 기간이 걸리고 해동이 고르지 못한 점, 가열방식이 다

르기 때문에 식감이 변화하는 등의 문제가 있다.[93]

6) 냉동면의 취급

냉동면은 대단히 민감한 제품이다. 앞에서도 서술했듯이 일단 해동된 냉동면은 원래대로 복원되지 않는다. 예를 들면 판매점의 진열장에서 나와 가정의 냉동고에 보관되는 사이에 장시간 방치되어 자연히 냉동된 냉동면에 대해서도 마찬가지로 다시 동결시켜도 결코 원상태와 같은 삶은 직후의 맛있는 냉동면을 재현할 수 없다. 삶은 직후의 맛있는 면은 중심부의 수분분포가 낮고, 외측부분의 함유 수분이 높은 상태이다. 그러나 장시간 경과하면 외측수분이 내측으로 침투해서 면 전체가 균일한 수분분포가 된다. 결국, 삶은 직후의 상태로 급속 동결하고 먹을 때에 급속 해동하는 것이 냉동면을 취급함에 있어 중요한 점이다.[94] 냉동면의 제조, 보관, 수송, 배달 등의 각 단계에도 각각 올바른 취급을 하여 항상 −18℃ 이하의 품질관리를 하는 것이 중요하다.

또, 냉동면은 파손되기 쉽기 때문에 수송, 배달, 보관 시 난폭하게 취급하면 손상되고 만다. 주의해서 취급할 필요가 있다.

7) 냉동면의 위생관리

냉동면은 냉동면으로서 취급을 받아야 하기 때문에 그 면에서 제조설비 기준이나 위생지표에 적당한 것이어야 한다. 〈표 4-7〉에 식품공전에 고시한 성분규격을 나타내었는데 냉동면은 냉동 전에 수세하기 때문에 냉동 전 비가열(가열 후 섭취 냉동) 냉동식품의 범주에 속한다.

그러나 기술했듯이 일반적으로 유통되고 있는 숙면류는 제조 직후에는 일반 냉동식품과 비교해서 위생면(생균수)에서는 높은 수준인데 품질 목표는 1g당 생균

93) http://www.maruzen-kitchen.co.jp/냉동면 해동기/전기 냉동면 솥
94) ひろせぁきお, 冷凍めんの製造・流通における品質管理上のポイント, Japan Food Science, 7, p.33-37, 1987.

수 1만 마리 이하, 대장균군 음성으로 하고 있다.[95)]

〈표 4-7〉 냉동면의 성분 규격

구 분	비가열 섭취냉동식품	가열 후 섭취냉동식품 및 수산물	
		냉동 전 가열제품	냉동 전 비가열제품
성 상	고유의 색택과 향미를 가지고 이미, 이취가 없어야 한다.	고유의 색택과 향미를 가지고 이미, 이취가 없어야 한다.	고유의 색택과 향미를 가지고 이미, 이취가 없어야 한다.
세 균 수	1g당 100,000 이하 (다만, 유산균 첨가 제품의 경우 유산균수를 제외한다)	1g당 100,000 이하 (다만, 유산균 첨가 제품의 경우 유산균 수를 제외한다)	1g당 3,00,000 이하 (다만, 유산균 첨가 제품의 경우 유산균 수를 제외한다)
대장균균	1g당 10 이하	1g당 10 이하	
대 장 균			음성이어야 한다.

8) 업소용 냉동면의 취급

(1) 냉동숙면

삶은 면을 급속동결한 냉동면. 시간이 걸리지 않고, 해동만으로 삶은 상태로 복원될 수 있다. 삶은 시간이 긴 우동, 스파게티는 물론, 라면, 메밀국수 등도 시간 단축과 효율화를 기할 수 있다.

(2) 냉동생면

삶음 전의 면을 급속동결한 냉동면.

(3) 냉동조리면

삶은 면에 스프, 건더기 첨가 또는 완전 조리하여 급속동결한 냉동면.

95) 김성수, 건면, 숙면 및 냉동면 제조기술, 식품기술 9권 1호, p.77-89, 1996.

해동만으로 바로 먹을 수 있기 때문에 메뉴의 다양화나 전자레인지의 활용 및 보급 등으로 폭넓은 용도에 사용되고 있다.

① 최고품질로 제공할 수 있다

면의 맛을 과학적으로 해명해서, 맛있는 삶은 직후의 맛을 음미하도록 한 것이 냉동면이다.

② 빠른 서비스에 최적이다

냉동숙면은 해동시간은 전용 해동솥에서 불과 1분 이내 조리가 가능하다.

③ 안전성 · 보수성 우수하다

냉동면은 엄정한 위생관리를 거쳐 제조된다.

또한 보존을 위한 첨가물 등을 사용하지 않기 때문에 장기간 보존할 수 있어 안전성, 보존성이 우수하다.

④ 조리장을 콤팩트(compact)하게 사용

냉동면 조리장은 좁은 공간에서도 운용할 수 있어서 조리장을 유용하게 활용할 수 있다.

⑤ 조리장의 청결 · 낭비가 없다

냉동면은 필요한 양만을 해동하기 때문에 쓰레기 발생이 없어 청결하다.

⑥ 요리사가 필요 없다

냉동면은 정해진 사양을 준수하면 누구라도 간단히 프로의 맛을 제공할 수 있다.

⑦ 안정한 품질의 면을 제공할 수 있다

냉동면은 종류마다 조리방법이 정해져 있기 때문에 항상 안정한 면을 제공할 수 있다. 또 고객이 붐벼도 미리 삶아 둘 필요가 없기 때문에 100℃의 삶는 물에서 신속 처리하면 삶음 퍼짐이 없이 항상 최고의 품질로 제공할 수 있다.

⑧ 메뉴의 다양화가 가능하다

다품종의 제품을 동일 시스템으로 도입할 수 있기 때문에 메뉴의 다양화를 기할 수 있다.[96)]

9) 냉동면의 수송 배송

냉동면의 특성상 보관 단계에서 동 설비에 관한 기준에서 냉동능력, 온도계 또는 온도 측정 장치의 설치, 냉동창고의 입출고 장소에 확인하는 절차가 필요하다. 특히 냉동보관에 관한 취급 기준에서 엄격한 냉동 온도관리의 모니터링과 선입선출의 원칙하에 입출고 보관 방법에 대해서 많은 연구가 필요하다. 제품 창고에 입고될 때는 냉동면의 수송 및 배송단계에서 수송 및 배송 차량에 냉동 조건을 유지기준, 취급기준, 위생에 관한 기준, 안전에 관한 기준에 관한 것을 서류나 온도기록계를 확인하고 관능, 육안 검사를 마친 후 입고한다.

96) 食品化學新聞社, 冷凍食品, フードゲミカル, 101-108, 2-1986. 日本.

CHAPTER 05

제면의 위생관리

식품생산자는 우선되는 식품위생법을 준수해야 되는 의무 사항이 있다. 가공식품, 식품첨가물, 제조기계, 기구, 포장, 제품저장 및 유통 등에 대하여 용어의 의미나 식품을 취급하는 사람들이 지켜야 할 원칙이나 식품 관계 영업자가 시설의 관리 운영상 준수해야 할 사항이 정해져 있다.[97] 주된 목적은 식품을 취급함에 있어서는 청결하고 위생적으로 취급해야 한다.[98]

HACCP은 식품의 원료 및 제조공정에서 생물학적, 화학적, 물리적 위해요소들이 존재할 수 있는 상황을 과학적으로 분석하고 사전에 위해요소의 잔존, 오염될 수 있는 원인들을 차단하여 소비자에게 안전하고 위생적인 식품을 공급하기 위한 시스템이며, 위해 방지를 위한 사전 예방적 식품안전관리체계이다.

HACCP은 원래 미국에서 처음 시작되어 국제적으로 널리 알려진 식품의 안전관리 시스템으로 1960년대에 미 항공우주국(NASA)의 아폴로 계획에 사용된 우주식의 안전성 확보 차원에서 개발되기 시작한 위생관리 기법이다. HACCP란 'Hazard Analysis Critical Control Point'의 머리글자를 취한 것으로서 우리말로는 '위해요소 중점관리기준'이라는 용어로 쓰인다. 즉, HA(Hazard Analysis : 위해분석)와

97) https://www.ncs.go.kr/국가직무능력 표준홈페이지/식품가공/면류식품가공/면류위생관리
98) 식품의약품안전처, 「식품위해요소중점관리기준」, 2014-21호

CCP(Critical Control Point : 중점관리점)를 합친 말이다. HA란 식품제조의 모든 단계에서 위해의 요인과 원인을 파악하고, 파악된 위해의 중요도 및 위험도를 평가하는 것이다. CCP란 식품의 위해를 방지, 제거하거나 안전성을 확보하는 단계를 말한다.

최고 경영자, 감독자는 식품의 위생적 관리를 위한 계획이나 규정이 마련된 후에는 지속적인 지도·감독이 있어야만 그 효과를 거둘 수 있다. 〈표 5-1〉 HACCP 선행요건 관리 기준과 〈표 5-2〉 HACCP 관리 기준과 같이 하드웨어적인 제조장의 선행요건 관리기준이 필수적으로 구성되어야 하고 그 안에서 일어나는 소프트웨어적인 운용 관리 기준이 갖추어지고 실행되어야 한다. 현재 HACCP 인증 업체에 향후 첨단 스마트 공장의 전초전으로 스마트 HACCP의 시스템 도입을 정부에서 권장하고 있어 까다로운 식품 공정에 많은 스마트화 기술지원으로 스마트공장의

〈표 5-1〉 HACCP 선행요건 관리 기준

선행요건 관리기준	
영업장 관리	식품을 취급하는 환경(건축물, 외부환경 등)과 관련된 관리 기준 : 건축물 관리, 작업장 관리, 부대시설 관리, 외부환경 관리, 폐기물 처리시설 관리 등
제조 · 가공 시설 · 설비 관리	식품 취급에 사용되는 시설 · 설비의 관리 기준
냉장 · 냉동 시설 · 설비 관리	냉장 · 냉동 시설 · 설비의 구축, 유지 · 보수 관리 기준
위생관리	작업장, 작업자, 시설 · 설비, 방충 · 방서 등에 관한 위생관리 기준 : 작업장 위생관리, 작업자 위생관리, 세척 · 소독 관리, 방충 · 방서 관리, 폐기물 관리 등
용수관리	제조가공, 세척 · 소독에 사용되는 용수 관리 기준 : 용수관리, 용수 저장시설 관리
입고 · 보관 · 운송 관리	사용되는 원 · 부재료, 자재에 대한 입고 · 보관 · 운송에 대한 관리 기준 : 원부재료, 자재 입고 기준, 원부재료 보관 관리기준, 화학약품 보관 관리 기준, 운송 관리 기준 등
검사 관리	자체 실시(또는 외부 의뢰)하는 원부재료, 공정품, 완제품, 환경 등의 실험검사 관리 기준 및 계측기의 정도 관리 기준 : 실험검사 기준, 검교정 관리 기준 등
회수 관리	출고된 제품의 회수상황 발생 시 조치 기준

〈표 5-2〉 HACCP 관리 기준

HACCP 관리기준	
팀 구성	식품 취급과 관련된 담당자(모니터링 담당자 및 위생관리 담당자)의 지정 및 업무분장 : 팀 조직도, 팀원별 업무분장, 인수인계 내용 등
제품설명서	영업장에서 취급되는 제품의 상세 내용 : 제품설명서(원 · 부재료, 제품규격, 포장단위, 제품 용도, 섭취 방법 등 포함)
제조공정도	식품의 취급하는 전체 과정(주요 취급 기준 및 방법 포함) : 제조공정도, 공정별 가공방법
작업장 평면도	작업장 내 · 외부의 전체적인 평면도 : 작업장 평면도, 작업장 동선도, 시설 · 설비 배치도, 위생설비 배치도, 검사 측정부위 등
위해요소분석	원 · 부재료, 작업자, 작업환경 등으로부터 기인할 수 있는 식품위해(생물학적, 화학적, 물리적)를 규명하는 과정 : 심각성 평가기준, 발생가능성 평가기준, 위해분석 목록표 등
중요관리점 결정	중요관리점 결정도 및 전문가 의견에 따른 식품위해요소를 제어, 예방하는데 주요하게 관리되어야 할 공정 또는 방법(요소) 등 : 중요관리점 결정도, 중요관리점 결정표
한계기준 설정	식품 위해를 규격 내로 관리하기 위한 공정기준(또는 관리기준) : 한계기준 설정 근거
모니터링 방법 설정	한계기준의 준수사항을 확인할 수 있는 방법 기준
개선조치 방법 설정	중요관리점의 한계기준 이탈 시 올바른 상태로 돌릴 수 있는 방법 기준
검증	수립된 선행요건, HACCP 관리기준의 유효성, 적합성을 확인하는 기준 : 검증계획서, 검증 실시 보고서 등
문서화 및 기록 유지	선행요건 관리기준, HACCP 관리기준 양식, 점검표 양식 등의 내용 및 보관에 관한 기준
교육 · 훈련	전체 작업자, HACCP 팀원, 모니터링 담당자 등의 교육 · 훈련 계획 및 실시 내용에 관한 기준

도입이 기대되고 있다.

생산제품의 특성, 생산선행요건 기준, 제조공정 기준, 위해평가 분석결과를 토대로 위생제도 HACCP system을 구축해야 하고 주기적인 CCP(중점관리 기준) 및 미생물 오염도 모니터링과 작업자들의 개인 위생교육 통해 미생물학적 안정성이 확보되어야 한다.[99] 결국 위생관리 제도 도입과 실천으로 최종 소비자의 고객 만

99) 김지혜, 제면회사의 HACCP도입을 위한 미생물위해평가, 경상대학교 석사논문, 2008.

족과 자사의 신뢰성 확보로 이윤 향상의 지속적인 발전을 도모하기 위함이다.

1 식품안전관리인증기준 관리계획(HACCP Plan)과 제조 위생 관리원칙

원료 구입에서부터 최종 판매에 이르는 전 과정에서 위해가 발생할 우려가 있는 요소를 사전에 확인하여 허용 수준 이하로 감소시키거나 제어 또는 예방할 목적으로 안전관리인증기준(HACCP)에 따라 작성한 영업장 관리, 위생 관리, 제조·가공·조리 시설·설비 관리, 냉장·냉동 시설·설비 관리, 용수 관리, 보관·운송 관리, 검사 관리, 회수 프로그램 관리 문서나 도표 또는 계획을 말한다. 이러한 관리 기준을 작성은 아래와 같은 원칙이 있으며 실천 운용되도록 한다.[100)]

- 작업장은 외부의 오염물질이나, 해충·설치류 등의 유입을 차단할 수 있도록 밀폐 또는 위생적으로 관리하여야 한다.
- 작업장은 청결구역과 일반구역으로 분리, 구획 또는 구분하여야 한다. 이 경우 화장실 등 부대시설은 작업장에 영향을 주지 않도록 분리되어야 한다.
- 종업원은 작업장 출입 시 이물제거 도구 등을 이용하여 이물을 제거하여야 하고, 개인장신구 등 휴대품을 소지하여서는 아니 된다.
- 종업원은 작업장 출입 시 손·위생화 등을 세척·소독하여야 하며, 청결한 위생복장을 착용하고 입실하여야 한다.
- 포충등, 쥐덫, 바퀴벌레 포획도구 등에 포획된 개체수를 정해진 주기에 따라 확인하여야 한다.
- 작업장 내부는 정해진 주기에 따라 청소하여야 한다.
- 배수로, 제조설비의 식품과 직접 닿는 부분, 식품과 직접 접촉되는 작업도구 등은 정해진 주기에 따라 청소·소독을 실시하여야 한다.

100) 식품의약품안전처 고시 제2015-97호(2015.12.22, 제정) 식품 및 축산물 안전관리인증기준.

- 식품안전관 관련된 소비자 불만, 이물 혼입 등 발생시 개선조치를 실시하고, 그 결과를 기록 · 유지하는 등 식품위생법에서 정하는 준수사항을 지켜야 한다.
- 식품과 직접 접촉하는 모니터링 도구(온도계 등)는 사용 전후 세척 · 소독을 실시하여야 한다.
- 파손되거나 정상적으로 작동하지 아니하는 제조설비를 사용하여서는 아니 되며 식품위생법에서 정한 시설기준에 적합하게 관리하여야 한다. 이 경우 제조 가공에 사용하는 압축공기, 윤활제 등은 제품에 직접 영향을 주거나 영향을 줄 우려가 있는 경우 관리대책을 마련하여 청결하게 관리하여 위해요인에 의한 오염이 발생하지 아니하여야 한다.
- 가열기 및 냉장 · 냉동 창고의 온도계는 정해진 주기에 따라 검 · 교정을 실시하여야 한다.
- 냉장 · 냉동 창고의 온도를 적절히 관리하여야 한다.
- 식품의 제조 · 가공 · 조리 · 선별 · 처리에 사용되거나, 식품에 접촉할 수 있는 시설 · 설비, 기구 · 용기, 종업원 등의 세척에 사용되는 용수는 수돗물이나 「먹는물관리법」 제5조의 규정에 의한 먹는물 수질기준에 적합한 지하수이어야 하며, 필요한 경우 살균 또는 소독장치를 갖추어야 한다. 또한, 저수조를 설치하여 사용하는 경우 정해진 주기에 따라 청소 · 소독을 하여야 한다.
- 원 · 부재료 입고 시 시험성적서를 확인하거나, 육안검사를 실시하여야 한다.
- 원 · 부재료, 반제품 및 완제품 등은 지정된 장소에 바닥이나 벽에 밀착되지 않도록 적재 · 보관하고, 교차오염 예방 및 청결하게 관리하여야 한다.
- 운반 중인 식품 · 축산물은 비식품 · 축산물 등과 구분하여 교차오염을 방지하여야 하며, 냉장의 경우 10℃ 이하(단, 가금육 −2~5℃ 운반과 같이 별도로 정해진 경우에는 그 기준을 따른다), 냉동의 경우 −18℃ 이하로 유지 · 관리하여야 한다.
- 완제품에 대한 검사를 정해진 주기에 따라 실시하여야 하며, 기준 및 규격에 적합한 제품을 제조 · 판매하고 부적합 제품에 대한 회수관리를 하여야 한다.

1) 원료 관리

주원료인 밀가루 외에 전분이나 단백질을 포함한 부원료나 첨가물류, 유지 등은 원재료로서 제면 공장에서도 상당한 시일 동안 저장되는 일이 있다. 이 원료들은 저장보관의 조건에 의해서는 외적, 내적 요인에 의한 해충, 변패 등의 피해가 발생한다. 또한 각종의 곤충류, 곰팡이, 세균류와 같은 것들은 원재료와 혼입되어 같이 들어오고 또 한 번 들어오면 저장 창고 내에서 정착하여 번식의 기회를 노리고 있으며 기계적인 방제도 어렵다. 따라서 저장의 조건의 조절로 침입자들의 번식을 막아야 한다. 이 경우 가장 중요한 것은 청소, 온도, 습도의 관리이다.

저장소에의 곳곳에 가루가 남아 있는 것은 벌레나 균류의 온상으로서 분진이나 먼지 제거가 중요하고 또한 적정한 온도와 습도가 필요하며 이와 같은 조절은 항시 자동 조절이 가능하게 한다. 상온, 냉장 저장 온도를 지켜야 하며, 수분은 곡분인 경우 15% 이상이 되면 문제의 원인이 될 가능성이 크다. 가령 입고시점에서는 원료 수분이 적더라도 저장 중의 습도가 높으면 재료가 흡습되어 수분이 증가하며 변패의 요인이 될 수 있다.

저장 장소로서 습도가 많은 장소나 발열체 근처에서 온도가 올라가기 쉬운 장소를 피하는 것은 당연하지만 북향의 신선한 장소를 골라 지붕, 벽, 바닥에 단열재를 사용하여 온도 상승이나 습도의 급격한 변화를 피하는 것이 바람직하다.

2) 제조 공정의 위생 관리

제조 공정의 위생은 작업 환경, 작업자, 제조 공정의 각각에 대한 종합적인 관리가 필요하다.

제면 공정은 반죽으로부터 절출 제선 공정과 가열처리, 건조, 포장 등의 2차 처리 공정으로 나누어 생각할 수 있다.

제면 생산 공장의 위생적 특징으로 원재료인 처음 입고된 밀가루 및 전분류에서 반죽을 거쳐 완제품으로 갈수록 위생상의 생균수가 증가되는 현상이다. 특히 반죽기와 숙성기 속의 밀가루 반죽에서 급격한 변화를 보였다. 이는 반죽 시 반죽기 속의 온도가 상승하고 수분이 공급되어 미생물이 증식하기 좋은 환경이 만들어졌기 때문일 것으로 사료된다.

청결 지역에서 가열 처리 이후 제품 표면이 공기 중에 노출되는 상태이다. 면 표면의 노출된 상태에서 실내분진, 미세먼지, 오염된 작업자의 손 등에 쉽게 교차오염되어 최종제품에까지 영향을 주기 때문에 장비, 설비, 기구, 작업자의 손, 낙하균 청정도 등의 미생물 평가를 실시하고 평가결과에 따라 세척 소독을 주기를 관리함이 바람직하다. 특히 작업자의 손은 미생물 위해평가결과 일반세균 뿐만 아니라 대장균군, 살모넬라, S. aureus의 오염이 심각하였다. 작업자의 손은 제품에 미생물을 전파시키는 가장 중요한 수단이므로 철저한 감시 감독을 통해 주기적이

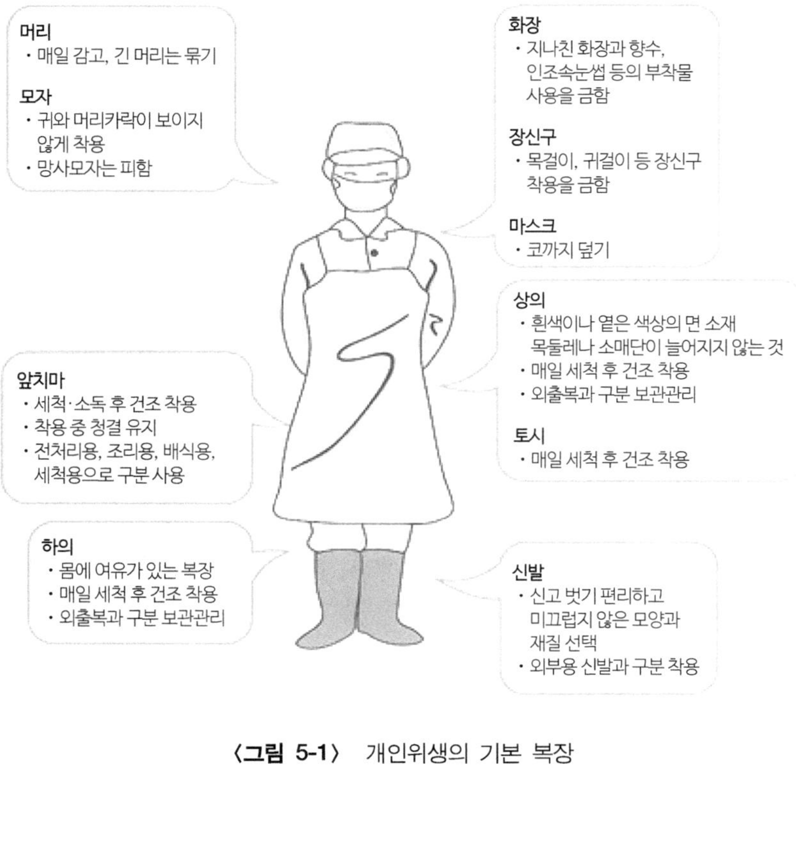

〈그림 5-1〉 개인위생의 기본 복장

고, 직접적인 손 세척 · 소독이 이루어져야 할 것이다. 또한 작업시간에 따른 미생물오염도검사 결과 작업자들이 작업장에 구비해 놓은 손 소독 시설을 제대로 활용하지 않거나 무시하는 경향을 보였으므로 위생교육을 통해 개인위생에 대한 인식변화가 무엇보다 중요하다.

3) 제조가공 설비 위생

모든 식품제조가공 공장은 자체적인 생산량, 품목, 생산의 특성에 따라 적절한 제조 · 가공 시설 · 설비를 가지고 있다. 시설 · 설비의 배치는 작업장 건물의 구조, 생산의 흐름, 작업자의 이동 등을 고려하여 배치를 하며 이동간의 오염 가능 여부, 세척 · 소독 및 유지 · 보수가 원활하도록 위치를 설정하여야 한다.

면류의 제조 · 가공에 사용되는 기계의 위생관리는 매우 다양하고 설비 가공기기들의 특징을 잘 검토하여 설비 관리 기준을 준비하고 청소 및 청결 상태 관리의 기준을 만들어야 한다. 작업 중 면류 제조 · 가공에 사용되는 장비, 도구의 위생관리는 다음과 같다.

- 작업대는 작업 후 깨끗하게 청소를 하고 작업대 위에 불결한 물건을 놓아서는 안 되며 정리 정돈이 잘 되어 있어야 한다.
- 작업기구 등은 작업 완료 후 세척을 하고 기구에 남은 세척제는 완전히 제거하며 소독 후 제 위치에 정리해 두어야 한다.
- 장비, 도구는 청소 후 완전히 물기를 제거하고 소독을 실시하며 미생물 증식을 억제해야 한다.
- 작업 전 설비는 작동 상태의 사전 점검을 실시해야 하며 세척수, 소독액 등이 충분한지 여부를 확인해야 한다.
- 종업원이 사용하는 모든 설비 및 도구는 안전한 수준까지 청결하게 유지, 관리되도록 적절하게 세척, 소독한다.
- 종업원이나 설비, 기구 · 용기 등을 충분히 세척하거나 소독할 수 있는 시설이

나 장비가 필요한 장소에 충분히 갖추어져 있어야 한다.

- 작업반장은 매일 작업 전 제조설비의 위생 상태를 눈으로 점검한다.
- 생산관리담당자는 제조설비의 위생 상태를 주 1회 점검하여 제조설비 위생관리 일지에 기록·유지해야 한다.
- 생산관리담당자는 청결구역, 준청결구역의 제조설비는 월 2회, 일반구역의 제조설비는 월 1회 검사를 실시하고, 그 결과를 제조설비 검사일지에 기록·유지한다. 생산관리담당자는 위생관리기준 이탈 사항 발생 시 즉시 조치한 후 HACCP 팀장의 승인을 받아 제조설비 위생관리일지의 이상 발생 내역란에 기록·유지한다.
- HACCP팀장은 관리기준 이탈 사항에 대해 자체적으로 대책을 수립하고 필요시 HACCP 위원회에 상정하여 대책 수립을 요구한다.[101)]

(1) 배합에서 면선 철출 공정

제면의 공통적으로 운용되는 제선까지의 공정에는 믹서와 제면기가 주요 기계이다. 이 기계는 연속사용 중에도 동일반죽 덩어리가 부착 등에 의해서 체류하면 균의 온상이 된다. 또한 기계가 쉬고 있는 중에는 기계가 차가워지며, 공정에서의 가열처리 때문에 공장 내부의 온도가 높아져 기계 표면에 수분이 응축하기 쉽다. 원료계량실, 배합실의 기계에 가루 먼지, 반죽 덩어리의 부착 등으로 수분의 흡수로 세균의 온상이 된다. 다음 제조시의 반죽 덩어리의 부착 등으로 누적되어 오염 온상이 되어, 다음 제조시의 반죽 덩어리를 오염시켜 제품의 초기 미생생물의 촉직으로 변질, 변패를 일으키게 된다. 특히 여름에는 이와 같은 문제가 표면화하기 쉽다.

일반적으로 믹서는 사용 후에 반죽 덩어리가 잔류하지 않도록 업무가 종료되면 필히 세척해서 잘 건조, 살균하는 것이 중요하다. 다음날 작업 전에 건조, 청결, 소독상태를 확인한다.

---

101) 이정훈·차욱진 외,「식품위생학」, 백산출판사, 2013.

씻을 수 없는 믹서의 내부, 롤 표면 등은 작업 전후에 잘 청소하고 알코올 등으로 닦아 소독하고 잘 건조하는 것이 좋다.

당일 생산 반죽이 남지 않게 생산계획을 잘 짜야 한다. 부득이 하게 남아 냉장했더라도 내부까지 냉각시키기는 시간이 걸리므로 사용결정 전에 안전성 검증절차를 거쳐야 할 것이며 검증을 거친 것이라도 오염이 되지 않도록 기록, 저장에 철저히 주의해야 한다.

배합에 사용되는 배합수를 당일 사용하고 휴일 다음날의 경우 등 탱크 내나 공장 내 배관 등 곳곳에 괴어 있는 물을 그대로 사용하면 오염원이 된다는 것을 고려하여 여름철에는 이 점에도 주의해야 한다. 제면기의 로라, 절출기 사용 전 시험가동을 통해 청소, 소독을 거쳐 청결한 상태에서 시작한다.

(2) 가열에서 포장공정

삶는 공정이 물의 사용량이 가장 많고, 기계 기구류의 세정이 나쁘면 오염원이 되기 쉽다.

숙면의 경우 삶는 중에 살균이 행해짐으로 면선 공정 중의 오염은 어느 정도 감소된다. 따라서 삶는 공정에서의 오염은 주로 물로 냉각 세척 이후의 공정에서 일어난다.

그러나 삶기 전의 공정에서의 오염은 어차피 삶으니까 살균될 것으로 안이하게 생각하는 것은 금물이다. 초기 발생 균수를 최소화해야 삶은 후에도 열에 강한 내열성 균수를 최소화시키는 것이 필요하다. 삶는 중의 세균의 감소는 일정률로 진행하기 때문에 삶는 시간이 같을 경우 다 삶은 우동의 균수는 삶기 전에 많은 것은 삶은 후에도 많다고 할 수 있다.

삶은 후의 면 취급은 취급 상태가 나쁘면 그대로 2차 오염으로 연결됨으로 세심한 주의가 필요하다. 가열된 면이 통과하는 컨베이어, 면 바구니용기, 수세조(물통), 수세수(水), 포장지, 포장기 등 모두가 오염원이 된다.

저온유통의 발달로 제조 후 3~4일에 소비되는 것은 초발생균수가 적으면 균이 가열살균은 필요가 없는 것이 보통이다. 냉동면의 경우에는 면을 가열하여 익힌 후에 바로 급속동결로 들어가므로 초기 세균의 최소화로 가열 전의 균 관리가 매우 중요하다. 장기보존용 개량숙면은 1차 포장 이후 다시 증기살균으로 숙면의 질이 다소 저하됨에도 불구하고 가열 살균을 한다. 유탕면의 경우에도 튀김 이후 거의 무균적인 냉각 컨베이어를 통해 냉각시킨 후에 포장된다.

각 기계 기구는 사용 후에 알칼리 세제로 충분히 세정한 후 물로 씻지만 특히 숙면이 통과하며 풀이 고착하는 부분(예를 들면 포장기의 호퍼, 쉬트)는 세정 후 차아염소산액(500~1,000배)에 적시는 등 살균 후 물로 씻어야 한다. 또한 이와 같은 부분은 가급적 제거가 되도록 루에 1~2번 교환 및 청소해 주는 것도 상황에 따라 필요하다.

공장 내에서 삶거나 찔 때는 수증기가 대량 발생함으로 증기의 배기 배출설비도 중요하다. 이것이 충분하지 않으면 실내 각처에 증기가 맺혀서 물방울이 되어 떨어지게 된다. 이 때문에 공정 내 특히 삶는 공정실은 바닥, 벽, 천정을 수세, 소독 살균 가능한 구조, 재질이어야 한다.

삶는 공정은 외기에 의한 오염을 방지하는 목적과 증기를 다른 공정으로 확산되지 않기 위하여 구분하는 것이 보통이다.

칸막이 하는 것도 좋지만 외기의 유입이 없으면 배기를 억지로 하고자 해도 증기는 실내에 가득 차게 됨으로 배기량과 밸런스를 취해 오히려 넉넉히 외기를 실내에 보내는 것도 잊어서는 안 된다. 이때 이것이 여과한 제균공기이면 이상적이다. 이와 같은 각 공정에서의 오염에 대한 배려와 더불어 작업요원도 또한 중요한 오염원이라는 것을 잊어서는 안 된다.

제품의 오염도 또한 제조공정 중의 오염원을 체크하기 위하여 생균수의 측정을 할 필요가 있다. 제품의 초기생균수의 목표를 설정하여 이것을 달성하고 유지하는 노력이 있어야 한다.

4) 선행요건의 작업장의 구분관리

식품제조 · 가공의 작업장은 식품의 위해요소중점관리, 즉 HACCP 관리 계획을 세워 본격적으로 HACCP에 의한 관리를 하기 위해서는 먼저 해야 할 조건으로 선행요건이 필요하다. 작업장은 원료처리실 · 제조가공실 · 포장실 및 그밖에 식품의 제조 · 가공에 필요한 작업실을 말하며, 각각의 시설은 분리 또는 구획(칸막이, 커튼 등으로 구분하는 경우를 말한다)되어야 한다. 작업장 환경관리에서 구획설정 및 구분을 해서 오염구역과 비오염구역(청결구역과 준청결구역)으로 구분하고 벽 등으로 교차오염의 방지가 가능하도록 구획되어야 하고, 작업자가 일반 구역에서 준청결구역이나 청결구역으로 이동시, 또는 준청결구역에서 청결구역으로 이동시 손 소독시설 및 발판 소독조 등을 설치하여 오염물질을 제거하고 지날 수 있도록 한다.[102]

작업장은 독립된 건물이거나 식품제조 · 가공 외의 용도로 사용되는 시설과 분리되어야 한다.

작업장의 출입문, 창문, 벽, 천장 등은 누수, 외부의 오염물질이나 곤충 · 설치류 등의 유입을 차단할 수 있도록 밀폐 가능한 구조이어야 한다. 작업자의 출입구에는 손세척 · 건조 · 소독시설을 설치하고, 작업복의 이물을 제거할 수 있는 시설, 머리카락제거 롤, 에어샤워 등 도구와 작업화의 이물 제거 장치 도구를 설치한다.

(1) 해충 방제

작업장은 외부로부터 해충 유입 방지 시설을 한다. 1차적으로 외부로부터 차단 유입 방지를 하고 건물 내 이미 유입된 해충의 제거를 해야 한다. 청결 구역에는 포장하지 않은 상태에서 해충의 유입 방지를 위해 세심한 주의와 관리가 필요하다. 특히 공장 설계 단계에서부터 제대로 시공을 해야 하며, 처음에 부실하게 만들어 놓고 땜질식 임시방편을 해서는 근원적으로 위생관리가 어렵게 된다.

---

102) 식품의약품안전처, 한국식품 안전 관리인증원「알기쉬운 HACCP 관리」, 개정판, 2015.

- 문에는 창문이 없는 전실(이중문, 삼중문), 에어샤워룸, 자동차단문을 설치한다.
- 출입구에 에어커튼, 포충기, 트랩 등을 설치한다.
- 원료, 포장재와 운반 자재 보관 창고를 제조 공정으로부터 격리시킨다.
- 모든 접합 부위는 틈새가 생기지 않도록 처리한다.
- 급·배기구 등에는 해충 및 쥐의 침입에 대비하여 방충망 등을 설치한다.
- 곡류 분말이나 먼지 등이 잘 쌓이지 않고 청소가 쉬운 구조 및 재료로 시공한다.
- 모든 배관의 관통 부분은 틈이 없도록 밀봉 시공한다.
- 공장 외부 배수로는 땅에 묻어 해충, 쥐의 침입 및 쓰레기 퇴적을 방지한다.

5) 제품의 보존 수명을 연장시키는 요인들

(1) 미생물의 생육

미생물의 생육은 주위의 환경에 의해서 영향을 받는다. 미생물의 생육에 필요한 최적 환경을 알게 되면 미생물을 왕성하게 증식시켜 발효에 이용할 수 있으며 생육을 억제하는 환경은 식품의 저장 기간을 증가시킬 수 있다. 생육에 필요한 영향 인자는 온도, 광선, 압력 등의 물리적 요인과 영양 성분, 수분, 수소이온농도, 산소 등 화학적 요인 및 미생물 간의 공생, 길항 등 생물학적 요인이 있다. 한편, 식품에 존재하는 미생물의 생육은 수분 함량, pH, 산화환원전위, 영양성분, 항생물질 등과 같은 식품에 존재하는 인자, 즉 내부 인자에 의해서 영향을 받는다. 반면에 생육에 영향을 미치는 외부 인자는 저장 온도, 상대 습도, 가스, 산소, 그리고 미생물의 존재 등의 식품을 저장하는 환경을 말한다.

(2) 수분 활성(water activity : Aw)

모든 생활세포의 생명과 증식을 위하여 수분이 절대 필요하다. 다른 생물과 같이 미생물에도 우선적으로 필요한 것은 수분이다.

미생물이 영양소를 세포 내로 섭취하거나 배설물을 체외로 배출한다는 것은 물에 용해된 상태로 행하기 때문에 물은 절대적인 요소이다. 미생물의 균체는 75~85% 정도의 수분을 함유하고 있다. 수분이 많은 식품을 따듯한 곳에 방치하면 부패된다. 이것은 식품에 미생물이 번식한 것을 의미한다. 수분함량이 어느 정도까지 적으면 미생물이 번식하지 않는 것은 식품에 따라 달라 어느 식품에는 그것이 60%일 때도 있고 어떤 식품에서는 40%가 될 수 있다.

즉 식품의 종류가 다르면 미생물의 번식을 억제하는 수분 함량은 다르다는 의미이다. 여기서 60%의 수분에서도 미생물이 억제되는 식품은 식염과 설탕, 아미노산 등의 성분 등의 가용성 성분이 많다. 이것에 비해 수분이 40%가 되지 않으면 미생물 번식이 저지 안 되는 식품은 가용성 성분이 적은 식품이다.

즉 가용성의 성분이 많은 식품은 수분 함량이 많아도 미생물의 번식이 억제되고, 가용성의 성분이 적은 식품은 미생물의 번식을 억제할 수 없다. 이것은 가용성의 성분이 많을수록 이것을 용해시키기 위한 물이 필요하여 물을 빼서 가서 미생물에 이용할 수 없기 때문이다. 수분 함량만으로 이와 같은 상태를 표시할 수 없어 〈표 5-3〉 식품별 수분 활성도 같이 식품 중의 물의 상태를 표시한 것을 나타낸 것이 '수분 활성도'라는 단위를 사용했다. 곰팡이나 세균은 번식에 필요한 최저 수분이 있지만 이것은 일률적인 것이 아니고 식품의 성질에 따라 약간의 차이가 있다. 즉 미생물의 번식에 관계하는 것은 수분의 절대량이 아니라 수분의 유효도이다. 이 유효도를 보는데 수분 활성도가 있다.

식품 중 수분 함량은 일반적으로 %로 표시하나, 식품 주위의 대기습도가 높으면 건조식품은 수분을 흡수하여 수분함량이 높아진다. 식품 중의 수분 함량은 대기 중인 상대습도에 영향을 받으므로 결국은 평형이 될 때까지 흡습하거나 건조한다.

수분활성(water activity : Aw)은 어떤 임의의 온도에서 그 식품이 나타내는 수증기압 P에 대한 그 온도에 있어서 순수한 물의 최대 수증기 P o 의 비율로 정의된다.

$$Aw\,(\text{수분 활성도}) = P \;/\; P_O$$

P : 식품의 수증기 압

P_O : 동일 온도에서의 순수한 물의 수증기압

물은 수분 활성도가 1이며 수분 활성도는 1보다 적다.

〈표 5-3〉 식품별 수분 활성도

식품의 종류	수분활성도	식품의 종류	수분 활상도
사 과	0.988~0.978	바나나	0.987
포 도	0.986~0.974	배	0.985
딸 기	0.991	수 박	0.992
달 걀	0.97	우 유	0.995
육 류	0.97	빵	0.96
잼, 젤리	0.82~0.94	말린 과실	0.72~0.80
꿀	0.76	설 탕	0.1
10% 식염수	0.93	10% 설탕물	0.994
밀가루	0.65	생 면	0.88
비스킷	0.33	냉동면	0.21

〈표 5-4〉 미생물의 번식 가능 최저 Aw수치와 같이 세균, 이스트, 곰팡이 등은 수분 활성이 높을수록 성장 번식을 잘 하기 때문에 Aw가 높은 식품은 비교적 빨

〈표 5-4〉 미생물의 번식 가능 최저 Aw수치

미생물	최저 Aw 수치
세 균	0.91
효 모	0.88
곰팡이	0.80
호염세균	0.75
고침투압 효모	0.60

리 부패한다. 식품공업계에서 Aw를 저하시키기 위해 건조법, 냉동법, 염장법, 당장법 등이다.

생면이나 반생면 등과 같은 중간 수분의 식품은 그 수분 활성이 미생물의 필요 한도와 비슷하다.

그래서 보존 효과를 올리는 연구가 진행되고 있다. 제면시의 가수량을 줄이거나 제면 후에 건조, 반건조, 튀김 등으로 제품의 수분 자체를 적게 함과 동시에 프로필렌 글리콜과 같은 보습성이 있는 식품 첨가물은 이용되기도 한다.

건면이나 즉석면류와 같은 낮은 수분의 제품은 유지의 산화에 의한 변패가 주 원인이 되고 있다.

(3) 저온 처리

보존성을 첨가물에 의존하지 않는 방법으로 위생적으로 제조하여 생균수가 적은 제품을 만드는 것이 절대 필요한 일이다. 그런 후에 제품의 균의 증식을 저온으로 함으로써 억제하게 된다. 숙면 중의 세균의 증식과 온도의 관계는 온도에 크게 의존하고 있음을 알 수 있다.

예를 들면 처음 발생하는 균수 10^3마리/g이라 하면 30℃에서는 하루, 25℃에서는 2일, 10℃에서는 4일, 5℃에서는 8일 이상 보존이 가능하다. 숙면의 유통기간이 4일이라고 보면 제품 온도가 10℃이면 온도관리만으로 보존이 가능하다. 물론 이 경우는 제조 직후부터 소비자의 손까지 갈 때까지 일관된 저온유통이 필요하다. 이 경우의 결정적인 방법은 위생적인 제면은 물론이고 삶은 후에 제품의 온도를 10℃ 이하로 어떻게 빨리 내리게 하느냐에 있다. 냉장고에 넣으면 냉각될 것이라는 생각은 통용되지 않는다.

냉장고는 본래 보온 냉장을 목적으로 하는 것으로 냉각능력은 약하고 급냉능력은 없다. 더구나 제품을 냉장고에 보관할 경우 냉기를 구석구석까지 미치게 하기는 어렵다.

세균의 증식은 빨라 적온에서는 1시간 이내에 배로 증가하기 때문에 삶은 후 냉각시간이 걸리면 100배 정도는 곧 증식하게 된다. 따라서 포장 전의 공정, 즉 수세 후에 냉각 공정을 설정하여 가급적 빠른 냉각이 필요하다.

순 효율적인 방법은 수세 후의 저온으로 낮을수록 좋지만 5℃ 정도에서 냉각시킨다. 냉수는 환 냉각해서 사용하면 에너지 부담은 적지만 위생적인 측면에서는 바람직하지 못하므로 이를 위해 충분한 능력의 냉동기가 필요하다.

(4) 가열 살균

숙면의 가열 살균에는 효율적인 열전도 가열법인 열탕이나 증기를 사용한 살균이 일반적으로 행해지고 있다. 가열 살균은 온도가 높을수록, 가열시간이 길수록 효과는 있지만 retort 살균과 같은 고온 살균(115℃~120℃)이 아닌 경우는 통상적으로 100℃ 이하에서 행한다.

숙면의 가열 살균은 포장 후에 행하므로 이 포장의 경우는 그 포장재의 완전한 밀봉이 보장되고 손실 부분이 크고 제품이 불안정하므로 증기를 이용한다. 따라서 100℃ 이하의 증기 살균이 일반적으로 사용되지만 멸균 정도의 효과를 얻지 못하므로 살균효과에는 한도가 있다.

그러나 저온 유통로 유통이 아닌 상온 유통 경우와 제조 후 1주일간 정도의 보존이 필요한 경우에는 포장 후의 가열 살균을 하게 된다. 또 장기간 보존의 효과가 있는 완전 포장면(일명 long life면 : LL면이라고도 불리운다)의 경우는 가열 살균이 필수적이다.

포장된 숙면을 증기 가열 살균의 경우 면선의 온도 상승을 95℃의 수증기 안에서 20분 후에 포장 중심부의 면선의 표면 온도로 80℃에 겨우 도달한다. 중심의 온도가 90℃ 이상이 되기에는 95℃로 40분 이상의 시간이 필요하기도 한다. 실제 공장의 조건마다 다소 차이가 나겠지만 면 중심부의 온도가 85℃에서 20분간 유지되어야 한다고 본다.

더욱이 미생물의 내열성에서는 효모, 곰팡이, 바이러스류는 거의 삶는 공정에서 사멸하지만 내열성이 높아 특히 통상 삶는 공정에서 사멸되자 않아 삶은 후의 생육이 가능하다. 포장 제품의 가열 살균만으로는 보존 효과를 기대하는 것이 무리가 있고 숙면의 가열 살균은 면질로 보아 면 품질에 악영향을 주기 때문에 장기보존 목적 이외에는 바람직하지 않고 많은 개선이 필요하다.

(5) pH 조절

pH는 용액 속의 수소이온 농도의 대수값으로 용액의 산도 및 알칼리도를 나타낸다.

미생물에는 생육에 적합한 pH가 있다. 결국 식품의 산도, 알칼리도에 따라 생육할 수 있는 미생물의 종류가 다르다. 일반적으로 세균은 혈액의 pH와 같은 중성 또는 약알칼리(pH 6.8~7.4)에서 증식이 가장 잘된다. 곰팡이와 효모는 pH 4~6의 약산성에 최적 pH가 있다. 우동의 pH는 약 6 정도이므로 곰팡이와 효모가 생육되기 쉽다. 또한 중화면의 pH는 9~10으로 세균의 생육하기 쉬운 조건을 가지고 있다.

일반적으로 세균들의 생육적정 pH는 중성(pH 6.5~7.5)이고 일부 젖산균 등을 제외하고 pH 4.5~5.0 이하에서는 잘 생육하지 못한다. 곰팡이와 효모는 약산성(pH 5~6)에서는 잘 생육하는데 pH 2 이하의 강산성에서도 생육하는 것이 있다. 미생물 포자의 발아도 pH의 영향을 받는다. 곰팡이포자는 pH 3~7 사이에서 발아한다. 예를 들어 *Aspergillus oryzae*의 포자는 pH 4.5~7.5 사이에서 발아하고 pH 3 이하에서는 발아하지 않는다. *Aspergillus niger*의 포자발아의 최적 pH는 6.2이고 7.2 이상에서는 발아하지 않는다. *Bacillus* 내생 포자의 경우 포자가 발아하는 범위는 중성 부근이고 pH 4.5 이하에서는 발아하지 않는다.[103)]

pH 4.5 이상의 식품에는 많은 미생물이 생육하고 있으며 *Clostridium*속, *Staphylococus*속, *Salmonella*속 등의 식중독균이 생육할 수 있다. pH 4.5 이하에서는 식중독 균은 거의 생육할 수 없고 독소도 생성하지 않는다. 따라서 pH 4.5를 기준으로 하여 중산성식품과 산성식품으로 나누는 것은 *Clostridium botulinum*이

---

103) 이정훈 차욱지 외, 「식품위생학」, 백산출판사, 2010.

pH 4.5 이하에서 생육을 하지 못하고 독소도 생산하지 못하기 때문이다.[104)]

면 제품의 pH를 미생물이 번식하기 어려운 조건을 하여 이것에 의해 보존 기간을 좋게 하는 방법으로 일반적으로 반죽에 넣는 방법과 유기산용액에 침적하는 방법이 있다.

사용되는 산은 일반적으로 사과산, 구연산, 초산, 젖산 등이 이용되고 있다.

개량숙면에서 산 침지 목적과 효과에서 앞서 설명했듯이 가열만으로는 충분한 살균효과를 얻을 수 없으므로 균의 내열성을 약화시킴과 증식을 억제하는 의미로 숙면의 pH를 낮추어 가열 살균하는 것이 보다 효과적이다. 특히 장기보존을 필요로 하는 경우에는 이것은 불가결하다.

배합에 넣는 방법은 한 번 사용량이 결정되면 일정량을 반죽에 첨가하면 편리하고 관리가 용이하나 반죽 속의 글루텐의 탄력을 나쁘게 하고 삶는 공정에서 면질상의 문제가 있어 사용량의 주의가 필요하다. 섞는 양은 삶는 물의 pH와의 관계가 있으므로 삶는 물의 pH를 5.5 이하로 조정하고 있는 경우는 밀가루 양의 0.1% 이하가 좋다.

침적하는 방법은 면을 삶은 면의 수세 후의 공정으로 글루텐의 점도에 크게 영향을 주지 않으나 지속적인 pH 조절과 맛에 미치는 관능상의 세밀한 관리가 필요하다.

장기보존용의 완전 포장면의 면선의 pH는 4.7 이하가 필요하다. 침적에 의한 방법은 침적액의 산농도, 액의 온도, 침적시간에 따라 산의 흡착의 비율을 알아 면선의 pH가 변화해도 충분한 관리가 필요하다. 어느 쪽 단독으로 보존효과를 높이는 것은 어렵고 가열 살균과의 병용해서 효과를 높일 수가 있다.

(6) 산소

미생물은 산소요구나 내성의 차이에 따라 〈표 5-5〉 산소 요구에 의한 미생물의 구별과 같이 편성호기성, 통성혐기성, 미호기성 등으로 구분한다.[105)] 미생물의 관

104) 박현정, 유인실, 김성곤, 이영수, 김영배, 「세균수에 의한 국수 저장성 예측」, 한국식품과학회지, 20(5), p.557-560, 1994.

점에서 산소농도보다 산화환원 전위(oxidation reduction potential : ORP)로 나타낸다. 식품 표면에 공기중의 유리산소가 침투하여 ORP가 상승하면 호기성균이 증식한다.

〈표 5-5〉 산소 요구에 의한 미생물의 구별

종류	산소와의 관계	예
편성 호기성균	산소가 없으면 증식할 수 없다.	곰팡이, 산막효모
통기성, 통성 혐기성균	산소가 있어도 없어도 증식한다.	대부분의 세균, 대장균
약 혐기성균	산소가 없어도 증식한다. 대기압보다 낮은 산소분압이 생육 필요	유산균
편성 혐기성균	유리산소가 존재하면 유해작용으로 증식이 안된다.	통조림 속 보틀리스균

(7) 냉동

냉동면 제품의 법적 규격에는 미생물에 관한 규격이 포함되어 있는데, 냉동면의 제조 공정 중에 미생물 오염 가능성이 높은 공정이 냉각 공정이므로 냉각 공정에서는 미생물의 제어가 무엇보다 중요하다. 따라서 냉동면류 제품별로 적절한 살균 방법을 선정하여야 하고, 주기적으로 살균 효과에 대한 검증을 실시하여야 하며, 살균제의 취급으로 인한 작업자의 위해 가능성에 대한 각별한 주의가 필요하다.

(8) 식염

미생물은 생육을 위해서 K, Mg, Mn, Fe, Ca, P 등의 무기염류의 미량이 필요하고 이것들은 효소반응, 세포막 평행유지, 또는 삼투압의 조절에 기여한다고 생각된다. 대개의 식품에는 미생물에 필요한 양은 함유되어 있다. 미생물은 일반적으로 고농도의 식염으로 독성과 삼투압 때문에 생육이 어렵다.

보통의 미생물은 식염농도가 높으면 증식이 저해되지만, 그러나 미생물 중에는 상당히 높은 농도의 식염에 대해 호염성이 있어 오히려 식염이 적은 배지에서는

105) 이정훈, 차욱진, 식품 위생학, 백산출판사, 2010.

증식이 안되고 어느 정도의 고농도의 식염을 가해야만 번식할 수 있는 호염균이 있다.

그 중에서는 20~30%의 식염의 존재에서 제일 잘 자라는 호염균이 있다.

또한 해수세균은 일반적으로 해수의 농도 정도(3%)의 비교적 낮은 염분에서 제일 증식이 잘되는 일종의 호염균이다(장염 비브리오균은 식염 무첨가 배지에서는 거의 자라지 않고 2~3%의 식염을 첨가하면 왕성하게 증식한다).

(9) 허들기술(Hurdle Technology)

식품제조기술에서 품질 변화에 영향을 미치는 미생물들이 도저히 극복할 수 없는 장애 조건(hurdle)을 여러 번 설치 및 제공하여 식품의 저장성을 향상시키는 방법이다.

식품에 사용되는 식품 보존료는 매우 종류와 사용량이 제한적이다. 오염이 심하거나, 살균이 불충분, 포장 등에 의한 2차 오염 등을 막을 수 없으면 보존료는 무용지물이고 보존료는 대부분 쓴맛이 있어서 기호도를 떨어뜨린다. 이러한 문제를 해소하고 앞서 설명한 제품의 보존 수명을 연장시키는 요인을 비롯해서 개발된 첨단기술의 방법들을 제조과정에 포괄적으로 적용한다.

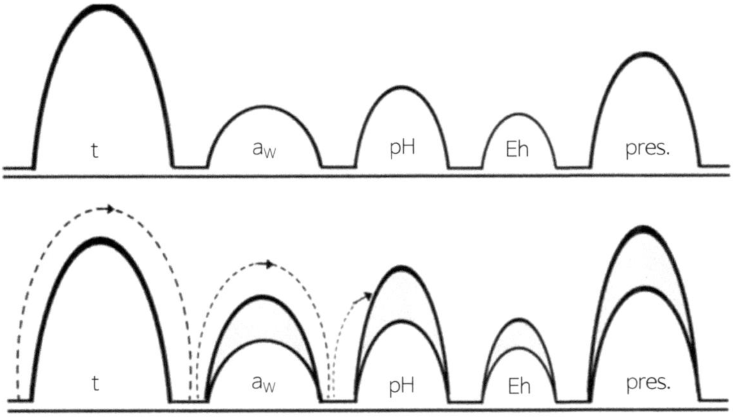

〈그림 5-2〉 허들기술의 원리

그래서 허들기술은 〈그림 5-2〉와 같이 공장의 위생적인 시스템을 기반으로 여러 가지 첨단 기술과 전통적인 위생 기술을 임의 조합하여 미생물을 제어하는 시스템이다. 이 시스템의 사용 목적은 식품 자체 내 존재하거나 2차 오염의 위해 미생물을 최소화하여 상품의 유효기간 내의 안전성 확보와 품질을 유지하는 것이다.

CHAPTER **06**

면류 가공 기계

1 면류 가공 기계의 종류

면류 가공기계의 종류는 우리가 생각하는 것보다 상당히 종류가 다양하다. 그 종류를 몇 가지로 구분하고 그 대표적인 공정에 관해서만 알아보기로 한다.

일반적으로 사용하는 용어로서는 제면 기계 혹은 제면 설비 등으로 일컬어지는 제조설비의 명칭은 국수류(생면, 건면) 등을 제조하는 기계설비로 사용되어 왔지만, 이 명칭은 광범위한 면류의 식품을 제조하는 대명사로는 계속 사용되어 가고 있다.

최근의 식품산업 발전 속도는 지난 시절에서 기억되는 변화의 속도보다 상당한 가속을 가지고 급변하고 있는 것이다. 각 식품업체나 외식체인 프랜차이즈 업소 등에서는 경쟁사회에서 우위를 확보하기 위해 수많은 종류의 독특한 맛과 유행을 창조하여 소비자를 창출하고 있으며 그에 따른 신제품을 생산하기 위한 새로운 공정은 계속해서 연구, 개발되고 있다.

여기에 따른 면류 가공 설비의 종류와 그 가공 공정의 특성별로 분류를 하여 설명하기로 한다.

1) 용도에 의한 분류

(1) 가정용

가정용 제면기라 함은 우리는 흔히 적당한 그릇에 양손으로 반죽할 수 있는 적당량의 밀가루와 소금물을 넣어 반죽 덩어리를 만들고, 이것을 수동으로 핸들을 돌려가며 소형의 롤러에 여러 번 통과시켜서 엷은 두께로 펼친 후에 세로절단 롤러에서 가늘게 세절하는 방법의 제면기를 말하며, 최근에는 전동으로 회전하는 스크루의 힘으로 반죽을 밀어내며, 작은 구멍(Nozzle)이 뚫린 헤드(Head, Mold)를 통과하며 나오는 압출 제면기도 개발되어 많이 사용되고 있다.

(2) 업소용

가정용 제면기에서 조금 더 발전하여, 구조가 견고하며 전동모터에 의하여 가동되는 기계로서, 반죽을 손으로 하지 않고 소형믹서에서 하여 압연기 및 세로절단기를 통과하며, 대개가 업소면적과 인건비를 고려하여 여러 공정을 할 수 있도록 다기능을 일체화시킨 제면기가 많으며, 소형냉면기(압출방식) 등도 포함하여 구분될 수 있다.

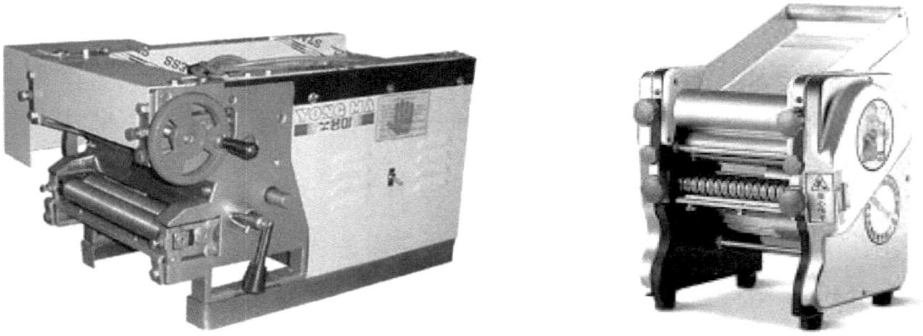

〈그림 6-1〉 업소용 제면기(麵機械)

(3) 산업용

산업용이라면 그 규모 면에서는 물론 크기도 하지만, 제품 자체를 요리하여 소비자에게 직접 전달하는 방식이 아니고, 유통조직을 갖춘 판매망을 통하여 제품을 납품하므로 소비자의 다양한 욕구(맛, 편리성, 기능성)와 유통구조에 따른 제품 보존기간을 충족시키기 위하여 여러 가지의 공정과 포장 방법 등에서 그 종류는 매우 다양하며, 신제품과 함께 계속 개선, 개발되고 있다. 전체 면류 시장의 80% 정도를 차지하는 라면제조설비는 이 범주에 속하며 산업용의 대표격이라고 할 수 있다. 제면기를 성형공정까지라고 가정하여 이를 1차 가공이라고 분류한다면 후속의 2차 가공의 종류는 증숙, 유탕, 건조, 냉동 등의 2차 가공 기계류와 포장설비 등에서 그 종류는 다양하며, 대부분 연속공정을 이루고, 자동화가 상당히 진전되어 있다.

2) 제조공정에 의한 분류

(1) 1차 가공(제면, 성형) 공정에 의한 분류

관련된 연구보고서를 참고하면, 면의 분류를 제면형식(성형)에 의하여 광의의 개념으로 3가지로 다음과 같이 분류될 수 있다.

① 세절면 : 면대를 형성하여 제면기계로 세절하는 공정

예 국수, 라면, 칼국수, 우동, 메밀국수 등

② 압출면 : 반죽 덩어리를 유압 또는 압출기계로 뽑아내는 공정

예 냉면, 쫄면, 막국수, 당면, 파스타류(마카로니, 스파게티) 등

③ 연신면 : 손으로 늘리거나 기계적으로 늘려서 뽑아내는 공정

예 중화면, 일본소면, 수연면(手延麵) 등

(2) 2차 가공(조리, 건조) 공정에 의한 분류

① 증숙 : 1차 가공되어진 면류를 증기가 가득 찬 터널을 통과시키며 호화가공을 하는 공정으로서, 세절면라인에 연결되면 생라면(증숙면) 등이 생산된다.

② 건조 : 1차 가공되어진 면을 바로 자연건조 혹은 이행건조, 다단열풍건조기를 통과하여 건조시키면, 건면(건국수, 소면 또는 건라면) 등이 생산된다.

③ 유탕 : 1차 가공 후 증숙터널을 통과한 면을 끓는 기름 속을 통과시켜, 2차 성형 및 건조가 되도록 하는 공정으로서, 인스턴트면이라고 할 수 있는 라면이 생산된다.

④ 열탕 : 1차 가공되어진 면을 끓는 물 속을 통과시켜서 면의 호화를 하는 공정으로서, 삶은 생면(숙면) 등이 생산되며, 살균을 행할 경우 장기보존이 가능하다.

⑤ 냉동 : 상기의 열탕을 통과한 면을 급속냉동을 시켜서 냉동 유통시키는 공정으로서 일반적으로 냉동면이 생산된다.

3) 유통방법에 의한 분류

(1) 상온유통

상온에서 변질되지 않고 유통기간이 비교적 긴 제품이 생산되는 설비공정으로서, 건조설비, 살균설비 등이 포함되어 있다.

(2) 냉장유통

냉장으로 유통되므로 비교적 유통기간이 짧은 제품이 생산되는 설비공정으로서, 설비규모가 간단해질 수 있는 장점이 있다.

(3) 냉동유통

냉동상태로 유통되는 제품이 생산되는 설비공정으로서 급속냉동 시스템이 필수이다.

4) 지역적 전통에 의한 분류

(1) 한국

각 지방별 전래되는 전통면류 식품으로서 밀가루 외에 지방특산물이 첨가되어 특별한 풍미를 지닌 것으로서, 첨가원료를 처리하는 설비와 약간의 부가 공정이 추가되어 있다.

(2) 일본

일본의 지형 및 기후조건은 우리나라보다 그 차이가 크며, 면류를 좋아하는 성향으로 인해 그 종류와 형태가 상당히 많고 공정 또한 다양하다.

(3) 유럽

우리가 일반적으로 알 수 있는 제품군(파스타, 스파게티, 마카로니 등의 용어)이 거의 대표적이며, 공정은 거의 압출성형이 대부분이다. 단지, 압출시 상온조건을 유지하거나, 가열, 냉각으로 호화(gelatinization)를 시키는 공정으로 1차 가공을 하며, 나머지는 거의 건조공정 일색이다. 가정용, 업소용 등의 기계가 많이 사용되며, 산업화는 대량생산 체제로서 자동화수준은 상당하며 생산 코스트는 매우 저렴한 편이다.

2 산업용 면류 가공 기계

1) 전처리 설비

(1) 소맥분의 저장 및 공급

소맥분의 사용 시 소량사용의 경우는 단위 포장된(22kg/1포) 소맥분을 팔레트(Pallet) 위에 적재하여 놓고 믹서 옆에 운반 후 직접 투입할 수 있으나, 대량사용의 경우는 물류비 절감을 위하여 벌크백(Bulk-bag)이나 탱크로리(Tank-lorry)를 이용하여 운반하고 사일로(Silo)에 저장한 뒤 필요에 따라 공기이송방식(pneumatic tube)에 의해 각 생산라인의 원료 배합공정으로 보내어진다.

① 소맥분 투입 및 이송장치(Flowr shifter & Pneumatic conveyor)

지대포장 소맥분을 사용할 경우에 주로 사용되며, 믹서에서 직접 투입할 경우 분진에 의한 작업환경 저해와 소맥분 운반에 따른 근로조건 악화를 방지하기 위하여 하나의 시스템으로 믹서 여러 대에 공급할 수 있다. 주요 구조로는 소맥분을 털어 넣는 호퍼(Hopper)가 있고, 하부에는 스크루피더(Screw feeder)가 소맥분을 옆으로 밀어내며, 그 소맥분의 이물질은 회전체(Rotary-sifter)에서 걸러진다. 링블로워(Ring blower) 등에 의한 압송공기는 관내에서 소맥분을 불어올려 믹서상부의 뱃치탱크(receiving bin/holding tank)에 저장된다. 그 후 믹서 취급자가 필요에 따라 슬라이드 게이트(Slide gate)를 열면 믹서로 소맥분이 투입된다.

② 소맥분 저장탱크 및 자동계량 이송장치(Silo & Pneumatic system)

원재료의 운반, 계량, 투입 작업은 그 작업 특성상 3D 업종으로 분류될 수 있으며 작업자들이 기피하는 경향이 있으므로, 최근 인력난으로 인한 자동화가 불가피하게 되어 신설되는 대량생산 공장에는 거의 사일로 시스템을 도입하고 있다. 주요 구성 장치로는 제분공장에서 벌크트럭(탱크로리/Tank lorry)으로 운반되어 온 소맥분은 사일로(Silo) 하부에 있는 호스 커플링에 연결되어 사일로 상부로 불러올려져 사일로 내부에 저장된다.

사일로 하부에는 브릿지현상을 방지하고 배출이 원활하게 될 수 있도록 진동 혹은 공기의 힘으로 소맥분을 서서히 배출되도록 하는 호퍼가 있으며 뉴메틱 이송관 사이에는 로터리 밸브(Rotary valve)가 차압을 차단시켜준다.

파우더(powder)류의 관로이송은 압송식이나 진공이송식이 적용되며, 수송관 중에는 이 물질을 걸러주는 필터가 있다. 여러 가지 원료가 혼합 계량되는 계량탱크가 있으며 여기서 믹서 1회 배합분이 전량 믹서 상부의 홀딩빈(Holding bin)으로 이송된다. 이 모든 행정(cycle)은 연속으로 이루어지며 전적으로 믹서와 이후 공정이 일사불란하게 연동되어 시행된다.

(2) 배합수 제조 및 공급

배합수는 즉 염수를 말하며, 면의 물성에 중요한 역할을 하고, 면의 종류에 따라 그 성분은 조금씩 다르게 배합되어지나, 역시 그 주성분은 물과 소금이다. 그러므로 배합수의 제조장치는 물탱크와 소금을 풀어주는 교반기가 전부이다. 여기에서 용해된 배합수를 펌프를 통하여 계량탱크로 이송하며, 계량탱크는 1회분을 저장한 후, 믹서의 전기적 신호나, 작업자의 밸브조작에 의해서 믹서로 투입된다.

〈그림 6-2〉 물 공급 및 혼합 탱크

① 연수기(Water Softner)

쫄깃하고, 노화지연, 삶는 시간 등 면의 품질을 향상시키기 위해서 물의 경도를 낮추는 경수연화 장치로서, 이온교환수지를 사용하여 원수 중에 포함되어 있는 Ca, Mg 등을 제거하는 장치로서 이온교환수지는 일정량의 원수를 처리한 후 염수(NaCl)로 재생시켜 계속해서 사용할 수 있으므로 수명은 반영구적이다. 주요 구조로는 수지탱크(Resin tank)와 염수탱크(Brine tank)가 있으며 이를 자동으로 조절하는 피스톤(Piston), 이젝터(Ejector), 타이머(Timer)가 부착되어 있다.

② 마이크로 필터(Micro–filter)

물에 함유되어 있는 미량의 탁도 성분을 여과 제거하는 간단한 방법의 필터로서 필터의 교환조작이 쉽고 설치면적이 적어 유용하게 쓰인다.

③ 연수 저장탱크(Soft-water storage tank)

설비의 처음 가동 시에는 탱크에 물을 충만하기 위해 다량의 물이 필요하게 되나 단시간에 물을 처리하면 양질의 연수를 얻기가 곤란하므로 사전에 조금씩 처리하여 저장해두는 탱크이다.

주요 구조로는 스테인리스 스틸 탱크에 상부에는 적정수위를 유지하는 전극봉식 레벨센서가 있고, 이에 제어되는 솔레노이드밸브 하부에는 배출밸브가 있다.

④ 배합수 교반탱크(Mixing water Solution tank)

교반탱크는 물을 적정수위로 받고 그 수위의 눈금에 적당한 양의 소금을 투입하여야 하므로 상부의 소금 및 기타 첨가원료를 투입할 수 있는 개폐용 뚜껑과 물의 공급배관이 있고, 공급되었던 배합수를 사용치 않을 시에 회수할 수 있는 배관이 되어 있다. 내부의 교반기(Agitator)는 처리용량에 따라서, 1단 혹은 2단의 날개가 있으며 회전수는 첨가되는 원료에 따라서 서로 다르게 설정되어진다.

계절의 변화에 따라서 면의 품질이 안정되지 못하는 경우가 있으므로 온도를 일정하게 유지하기 위해서는 탱크에 재킷(jacket)이 있는 구조로 제작하고 여기에 온수나 냉각수를 통과시킨다. 실내온도를 조절하는 방법도 있다. 연속작업으로 대량의 배합수를 사용할 경우는 여분의 탱크를 1대 추가하여 저장 및 서비스탱크의 개념으로도 사용한다.

⑤ 배합수 계량탱크 및 배관(Measuring tank & Sanitary-piping)

계량탱크는 믹서의 용량에 맞도록 항상 일정량을 충진하여 준비하는 것으로서 최대사용량의 약 130% 정도의 크기의 원통에 수위를 조절하는 레벨센서가 있고 하부에 배출밸브가 부착되며, 상부는 공급배관과 오버후로 배관이 있으며, 각 밸브는 자동화의 정도에 따라 전자밸브(solenoid valve) 또는 공압밸브(pneumatic valve)를 사용한다.

일반적인 생면 등의 제조시는 염수사용이 대부분이므로 위생상은 크게 염려가 되지 않으나 라면 등의 제조시는 첨가원료의 변질이 빨리 옴으로 반드시 분해청소가 쉬운 위생배관(sanitary-piping)을 하여야 한다.

2) 1차 가공설비

(1) 반죽기/믹서(Dough mixer)

원료의 배합 및 반죽을 위하여 사용되는 믹서는 그 종류가 다양하며 각기 특성을 가지고 있다. 다양한 혼합기의 형태가 있지만 주로 많이 사용하고 있는 반죽기는 1축 혹은 2축의 회전체를 갖는 구조로 되어 있다. 라면업체, 대형공장 등에서 가장 많이 사용하고 있는 횡형 믹서와 일부 제면공장에는 소용량용 수직형 믹서가 있다. 또한 진공상태로서 반죽공정을 수행하고 탈기기능을 가지고 있는 진공믹서가 있는데 소맥분 내의 공기에 의한 수분침투를 지연시키고 균일한 혼합이 이루어지며 반죽시간 단축과 반죽의 밀도, 면의 품질 향상에 기여하는 효과를 갖는다.[106)]

① 횡반원통형 단축믹서

〈그림 6-3〉 횡형 1축믹서 내부와 같이 반원의 드럼형상을 한 용기와 그 중앙을 통과하는 축이 있으며, 축에는 반죽봉이 방사형으로 붙어 있다. 축과 반죽봉은 외부에 연결된 구동모터에 의해서 회전되어진다. 속도는 일정한 속도를 사용하기도 하며 고속, 저속의 2가지 회전수를 사용하는 경우도 있다. 이는 원료의 혼합시 처음에는 골고루 섞어주기 위해 고속을 사용하며, 점도가 서서히 커지면서 고속 회전시 열이 발생하여 품질에 나쁜 영향을 주고, 무리한 작용에 의한 기계수명에도 지장을 초래하므로 이를 개선하기 위함이다.

상부 뚜껑에는 배합수를 투입시 살수효과를 주기 위한 다공판이 있으며, 원료의 투입과 배출 또한 상부도어에서 이루어지며, 드럼을 반전시켜서 배출하게 되는데 이때의 반죽의 형태는 밤알 크기 정도로 뭉쳐져서 나오는 것이 좋다.

본 믹서가 이용되는 제품은 생면, 건면 등으로서 1회(1batch) 처리용량이 100

106) 김성수, "건면, 숙면, 생면 및 냉동면 제조기술", 농산물이용연구부, p.80, 1996.

kg/batch 이하인 것은 일반적으로 이 믹서를 사용하고 있다.

〈그림 6-3〉 횡형 1축믹서 내부 및 배합기와 수직 단축믹서

② 횡반원통형 2축믹서

내부구조는 상기의 단축믹서와 흡사하다고 볼 수 있으나 그 작용은 조금 다르다. 축과 반죽봉이 2개로 평행되어 있는 것은 보다 많은 양을 처리하기 위하여 드럼이 커지면서 구조상 반죽봉의 회전부하를 줄이면서 골고루 배합되도록 하기 위함이다.

또한 반죽봉의 배열을 스크루 방향형태로 하고 각도를 줌으로써, 배합분의 이동을 좌우로 로테이션 시킴으로써 균일한 배합이 되도록 효과를 증대시켰다. 일반적으로 라면, LL면 등 대용량의 제조설비에 사용되므로 원료의 투입은 상부로 하고 배출은 하부로 한다.

하부도어는 수동으로 핸들을 돌려 열거나 모터나 공압구동으로 자동화되었으며 배합수의 공급은 드럼내부의 상단부에 관과 노즐이 있어 초기 배합 시 분사되어 소맥분 등과 혼합된다.

③ 수직원통형 단축믹서

원통형의 내부 중앙에 수직으로 축이 있으며, 초승달 모양의 반죽봉이 회전하면서 배합분을 위로 밀치는 효과를 내며 배합을 하게 되는데 혼합효과가 빠르므로 배합시간을 많이 단축할 수 있는 것으로 알려졌다. 원료의 투입은 상부로 하고 배출은 하부측면의 댐퍼를 열고 촌동 스위치를 누르며 배출시킨다.

④ 횡반원통형 양축믹서

횡원통의 내부에 좌우측면에 대칭으로 축과 반죽봉이 부착되어 있으며 이는 각각 별도로 구동되며 주로 수분이 많은 차진 반죽에 적합하게 쓰인다. 압출 냉면, 쫄면 등의 제조에 사용되고 있다.

⑤ 횡반원통형 진공믹서

최근 들어 진공믹서가 상압믹서에 비하여 다가수가 가능하여 고수분 기계반죽에 의한 생산수율이 향상되고, 색상은 밝고 투명하게, 물성은 진공에 의하여 생지의 조직이 치밀하게 되어 좀 더 탄력 있고 쫄깃한 식감을 유지할 수 있다.[107] 배합시 반죽 내의 기포를 제거하여 수분의 흡수율을 높이고 온도의 상상을 방지하기 위하여 기존의 수평원통형 믹서에 −400 mmHg∼−650 mmHg의 진공상태를 조성하는 것으로 밀폐가 가능한 축봉 장치와 진공 발생을 위한 진공펌프, 탱크 및 배관으로 구성되어 있다.

(2) 반죽숙성 및 공급기(Dough-aging & feeder)

연속 공정에서는 믹서에서 배출된 반죽을 곧바로 압연기에 넣으며 작업하기에는 곤란하다. 이유는 많은 양이 한꺼번에 압연 롤러 위에서 적재될 수도 없으므로 조금씩 보내져야 하고, 그 반죽은 면대가 끊이지 않도록 연속적으로 공급되어야 한다. 반죽 자체도 내부 물성은 계속적인 변화과정에 있으므로 시간을 적당히 지체하는 것이 숙성 효과를 내며, 품질향상에 도움을 줄 수 있다.

① 원형공급기(Round feeder)

일반적으로 산업용 생면, 라면류의 생산설비에 사용되어 온 형식으로서 믹서하

107) Jeong. W.H (2004). "Physical properties of noodle made by vaccum mixingmethod", Department of Food Science & Technology, Graduate School, Dongguk University, Seoul, Korea, p.3.

부에 설치되어진 수직원통형의 낮은 드럼에 믹서에서 배출된 반죽이 낙하하여 쌓이게 되고 중심부에 있는 축과 임펠러(impeller)가 회전하면서 반죽을 일정한 양씩 드럼바닥의 배출구로 쓸어 내린다.

이러한 형식은 대체로 반죽의 덩어리가 크지 않고 점성이 약한 물성의 반죽 공급장치로 사용된다.

② 숙성컨베이어 및 분리기(Aging conveyor & scratching device)

진공믹서를 이용하거나 전분함량이 많은 조건에서 생산되는 반죽은 덩어리가 커지거나 점성이 강한 상태가 되므로 원형공급기의 사용이 불리하므로 벨트컨베이어 위에 반죽을 받아 서서히 이동시키며 숙성을 시킨다.

이때에는 덩어리현상이 증가하여 나타나므로 압연기에 투입 전에 분리기를 통과하도록 되어 있으며, 분리기는 컨베이어 종단부에 설치되어, 믹서와 흡사한 형태의 축과 방사형 봉이 회전하면서 덩어리를 작게 부서지도록 하는 역할을 한다. 숙성의 시간과 효과는 컨베이어의 길이에 좌우될 수 있다.

〈그림 6-4〉 배합기, 공급기, 로라 연결 통합제면기

(3) 면대 성형기(Rotary forming press/former)

부정형의 반죽을 평면상으로 압연하는 기계로서 최종두께로의 가공이 아니라 1차 성형으로서 다음 공정에서 연속적인 압연을 위해서 사전 예비가공의 역할을 한다. 단, 압출성형 가공에서는 완제품의 규격으로 생산할 수도 있다.

① 복합압연기/이중압연형식(Twin type-compound rolling machine)

상부에는 반죽을 투입하는 호퍼가 있고 호퍼 하부는 2개의 슈트(chute)가 있어서 반죽을 2개의 롤러에 나누어 내려 보낸다.

〈그림 6-5〉와 같이 서로 대칭되어 있는 2쌍의 압연롤러는 최초의 면대를 성형하고 그 2개의 면대는 하부 컨베이어에 포개어 얹혀서 이송되며 다음 압연기에서 하나의 면대로 만들어진다. 면대의 끊어짐을 방지하기 위해 2쌍의 롤러 상부에는 반죽을 눌러주는 다지기판이 장치되어 있어서 일정한 간격으로 반죽을 밀어넣어 주게 되어 있다. 면대의 두께는 조정핸들로 롤러 간극을 상하로 이동시켜 조정하며 압연시 다음 롤러와의 두께차이는 너무 큰 것은 좋지 않으며 50% 정도의 감소율을 적용하는 것이 좋다.

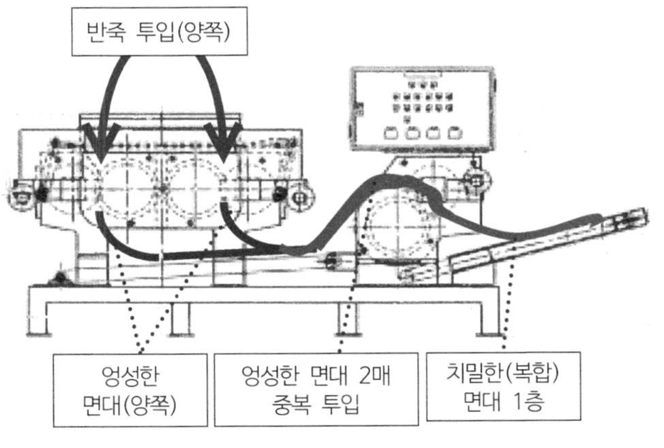

〈그림 6-5〉 복합기의 구조와 복합 기능

② 복합압연기(Single-type-compound rolling machine)

상부에는 반죽을 투입하는 호퍼(hopper)가 있고 호퍼 하부는 1쌍의 대형 롤러가(직경 ϕ400 이상) 있어서 하나의 면대를 만들고, 이를 하부의 면대 겹침장치에 의해 벨트컨베이어 위에 다중으로 겹쳐지며 이송된다. 이것은 다음 압연롤러에서 하나의 정상적 면대로 형성된다.

〈그림 6-6〉 연속 압연기

③ 진공압출 면대기

원통수평형의 배럴(barrel)에 반죽을 투입하면 내부의 스크루(screw)가 회전하며, 반죽을 강제로 압송한다. 배출부위는 직사각형의 구조로서 면대를 성형할 수 있도록 되어 있으므로 이를 통과하면 연속된 면대가 만들어진다. 이때 밀폐된 공간에서 내부를 진공으로 유지하면 면조직의 기포 등을 제거하고 수분흡수 및 확산을 촉진하여 글루텐형성에 좋은 효과를 얻을 수 있으므로 진공장치를 포함한다.

④ 다단 수직압연기

4~5쌍의 롤러를 수직으로 배치하고 상부의 호퍼로 반죽이 투입되면 수작업의 의존 없이 각단의 롤러를 통과하여 최하단의 벨트컨베이어로 면대가 형성되어 나온다. 수직으로 배치하므로 상부투입구가 높고, 각단의 면대가 겹칠 우려가 있으므로 면대의 종방향 결정막 구조가 불규칙하게 형성될 수가 있다.

(4) 면대 숙성기(Aging system)

면의 글루텐 활성화를 유도하여 조직의 점도, 탄성, 식감을 향상시키기 위한 목적으로 물리적 가공이 아닌 온도, 습도 시간 등의 조건에 변화를 주는 장치이다.

① 숙성실(Aging room/비연속식)

면대 형성이 된 후 이를 수작업으로 감아서(15kg 정도) 숙성실 내부에 적재하여 두거나, 직사각형으로 절단하여 용기에 넣은 후 숙성실에 4~12시간 정도를 저장하는 방법으로서 숙성실의 공조환경은 제습기나 항온항습장치를 이용하여 유지시킨다. 숙성시간의 조정은 유리한 반면 수작업에 의존하는 단점이 있다.

② 숙성컨베이어(Aging conveyor/연속식)

밀폐된 챔버(chamber) 내부에 다단컨베이어가 있고, 면대가 얹혀서 서서히 이동하는 중에 내부 공조환경을 항온항습기를 이용하여 적절히 조정하여 준다. 연속공정으로서 자동화되어 있으나 숙성시간은 20~60분으로서 그 이상의 조정에는 한계가 있다.

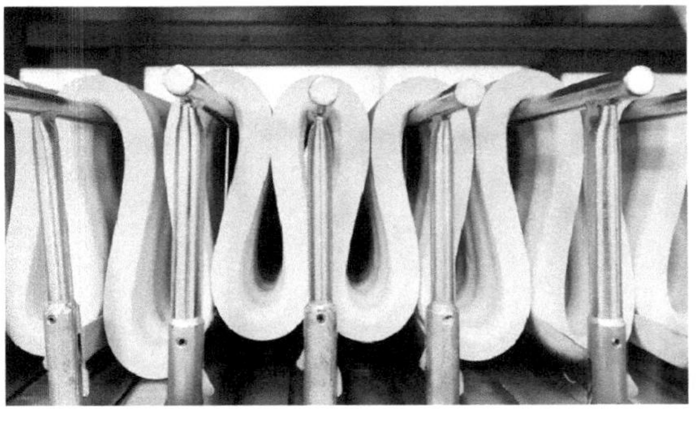

〈그림 6-7〉 진공 압출면대기

(5) 연속면대압연장치(Continuous rolling system)

1차 성형된 면대를 여러 단계의 압연기를 거치며 조금씩 그 두께를 얇게 압연하여 최종 원하는 두께를 완성시키는 기계로서, 압연 롤러의 경우 그 단계는 3단에서 7단까지 종류가 다양하며 압연율은 처음은 35% 정도, 나중은 25% 정도가 적당한 것으로 알려져 있다. 최근에는 손으로 반죽하고 눌러주는(수타식 : 手打式) 효과를 내기 위해서 다양한 장치를 개발하여 적용하고 있으며 우선 조사된 종류는 아래와 같다.

① **단일구동 연속압연기**(Continuous rolling machine)

일반적으로 가장 많이 사용되어 온 형식의 압연기로서 롤러의 구성은 3단, 5단, 7단 등으로 나누어지며 처음 롤러는 직경이 240mm~300mm로 시작되어 말단은 120mm로 끝나며, 3단 압연기는 소량생산의 가공업체에서 건국수, 생면 등을 생산하는 용도로 주로 사용하였으며, 5단 압연기는 건면, 우동, 생면, 소면의 대량생산용으로 사용되고, 6, 7단 압연기는 주로 라면류의 대량생산에 사용해 왔다. 단일구동이라 함은, 여러 개의 롤러를 하나의 모터와 체인 및 기어를 연결하여 회전하도록 한 것이며, 숙달된 운전자에 의해서는 생산성이 매우 우수하다.

② **개별구동 연속압연기**(Continuous rolling machine)

최근에 다품종 소량생산의 형태에 적합하도록 구성된 형식의 압연기로서 롤러는 주로 5단으로 구성되며, 각 롤러는 개별로 구동되므로 속도를 다양하게 조절이

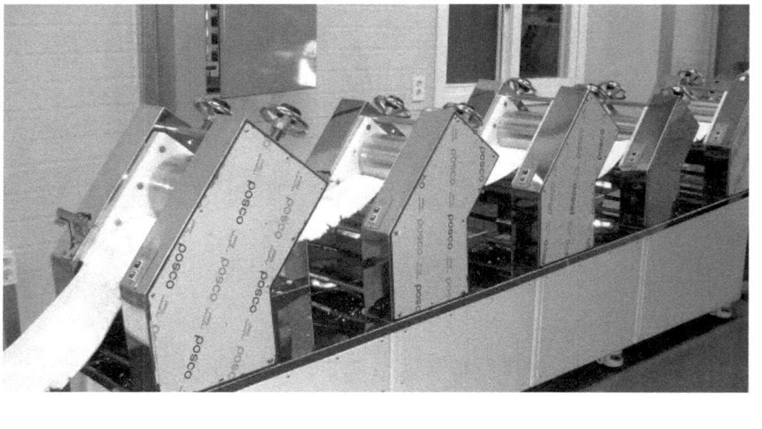

〈그림 6-8〉 개별구동 연속압연기

가능하다. 또한 각 롤러 간에 면대의 늘어짐 정체 등 제품의 규격이 자주 변경되는 상황이나 비숙련 운전자에 의한 실수를 보완할 수 있는 장치가 부착되어진 기계가 사용되고 있다. 즉 센서(sensor)에 의해 면의 정체현상 등이 감지되어 다음 단계의 롤러를 멈추게 하는 것으로서, 편리함은 더해 주고 있으나 생산성은 다소 떨어지므로 라면류의 고속생산 라인에는 적합하지 못하다.

④ **평 프레스 압연기**(Flat-press type sheeter)

견고한 바닥판 위에 벨트컨베이어가 있고, 그 위를 면대가 이동되는 중에 상부에는 여러 대의 평판 유압프레스가 설치되어 면대를 누르고 다시 들어올려진 후 면대를 접는 작용을 반복함으로써, 면의 질감향상(탄력성)을 증대하는 장치이다.

⑤ **롤러 프레스 압연기**(Roller-press)

진행하는 면대 위에서 롤러가 들어 올려진 후 낙하하며 면대를 누르고 롤러는 자중과 면대의 이동마찰에 의해 회전하게 되어 있다. 여러 개의 롤러가 교대로 반복작용을 하는 과정에서 글루텐이 생성된다고 하며, 제조업체는 기계명칭을 글루텐생성기라고 칭한다.

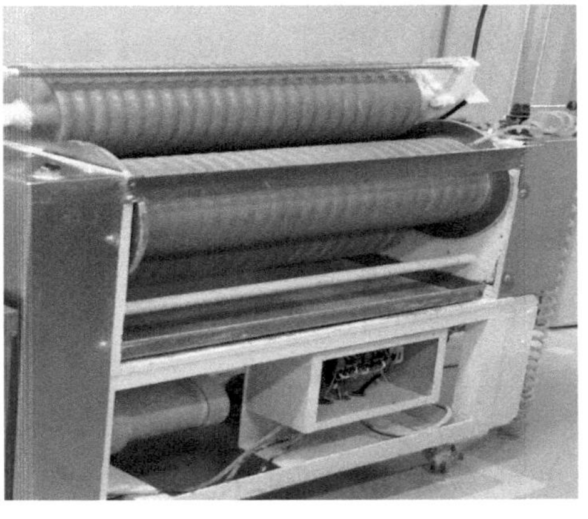

〈그림 6-9〉 파형 롤러

⑥ 정역컨베이어 및 압연기

롤러를 가운데 두고 양쪽에 정역 컨베이어가 있으므로 사각의 면대를 압연하며 그 두께를 조정하고, 면대의 조직을 한 방향으로 형성되는 것을 방지하기 위해 면대를 90℃로 돌려주는 장치도 포함되어 있다.

(6) 면선 성형기(Slitter/Noodle-former)

최종 압연과정을 거친 면대를 종방향으로 세절하게 되면 비로소 면이 형성되어 기본적인 제면과정은 끝나게 되고 이후의 2차 가공 과정에 의해서 여러 가지 형태의 제품이 만들어지게 된다. 이러한 면선의 성형과정은 세로절단기(절출기, 切出機)의 절단폭에 의해서 소면, 중화면, 우동, 생면 등으로 구별되어지고, 가로절단기에 의해서 중량이 조절되나 라면의 경우는 별도의 파형모양을 형성하는 장치가 있어서 파형을 형성 후 증숙공정(Steam-cooking)을 거친 후 절단한다.

① 절출 및 절단기(Slitter & cutter)

대개가 마지막 압연롤러(ϕ120)의 하부에 장치되며, 절출기는 롤러와 같은 구동을 사용하므로 속도의 조절에도 문제가 없다. 단, 세로절단시 면대를 약간 당기는 듯이 절단 되도록 20~30% 정도가 빠른 기어변속비를 주어진다. 면의 종류별 슬리터(Slitter)를 손쉽게 교환하며 사용할 수 있는 구조를 가지고 있고, 길이절단(Cutter)기는 길이를 변경할 수 있도록 변속기가 부착되어 있다.

최하단에 위치하여 절단된 면을 배출하는 벨트컨베이어는 같은 속도가 주어진다. 생면, 우동 등의 생산에 사용되며, 건면의 경우는 봉을 하단에 적재하면 자동으로 면을 봉에 걸어 올려 이행컨베이어에 연결되도록 한 장치가 추가되어 있다.

② 절출 및 파형기(Slitter & wave device)

주로 라면의 제조를 위한 장치로서 슬리터는 상기의 방법과 동일하나 슬리터의 바로 아래에 파형기를 부착하여 면선이 파형을 이루며 내려오도록 한 것이다. 파형의 모양은 파형기의 박스(Box)폭과 벨트컨베이어의 속도를 변경하여 조절된다.

〈그림 6-10〉 면선 절출기를 통과하는 모습

③ 면선 압출기(Screw extruder)

반죽을 면대의 형성과정이 없이 바로 면선 압출하는 것으로서, 스크루(Screw)가 회전하며 반죽을 밀어내면 헤드의 노즐(Nozzle of Head)을 통하여 면선이 압출된다. 면선의 규격은 몰드(Mould)의 형상에 따라 결정되며, 단순히 면선을 뽑아내는 것 외에 배럴(Barrel)을 가열 또는 냉각하여 원하는 호화도(糊化度 : α化)의 품질을 얻는다. 이때 가열하는 쪽의 장치를 쿠킹 익스투르더(Cooking extruder) 혹은 젤라티나이저(Gelatinizer)라고도 하며, 상온 또는 냉각하는 쪽의 장치를 콜드 익스트루더(Cold extruder) 혹은 포머(Former)라고 한다. 압출기는 구조에 따라 단축 압출성형기(Single screw extruder)와 쌍축 압출성형기(Twin screw extruder), 조작 방법에 따라 저온 압출성형기(Cold extruder)와 압출성형 조리기(Extrusion cooker)로 나뉜다. 작동 원리는 동일하다.

쌀가루, 밀가루, 전분가루 등과 같은 전분이 주성분인 식품에서는 압출할 때 물을 첨가하여 수분 함량을 증가시키는데 전분은 높은 온도에서 강한 전단 응력을 받아 전분 입자는 팽윤되고 물을 흡수하여 호화된다. 또 이때 전분자의 구조가 파괴되어 점성을 가진 물질로 형성되어 사출된다. 회전축의 배럴의 온도가 높아짐에 따라 증가하여 180～200℃의 익은 상태의 온도가 올라간다. 또한 단백질이 주성분인 식품 원료는 공급 부분에서 가수되어 반죽 상태로 되며, 스크루를 따라 이동하면서 고온, 고압 하에서 용융상태로 변하고 사출구를 통해 압출되면서 급격한 압력 강하로 인해 팽화된다. 이 과정에서 단백질은 중합되고 재조합되어 섬유상 구조를 갖는 조직화 식물 단백(TVP : texturized vegetable protein)을 형성한다. 최근 관련업체에서 개발 연구 보고된 자료에서는 쌀을 주원료로 한 압출면 제조 공법을 실험하여 개발을 완료하여 놓은 바 있다. 상기에 의한 방법으로 제조되는 제품은 냉면, 당면, 우동, 쫄면 등과 유럽의 파스타류(Pasta)를 생산하는 기본공정이다. 그밖에, 유압의 직선운동에 의한 압출기도 있으며, 국내에서는 업소용 냉면 제조시 사용하기도 한다.

〈그림 6-11〉 압출기의 형태

3 면류 가공 기계의 선정 및 유지관리

생산공정의 조건과 좋은 품질의 유지를 위해서는 식품기술(Soft ware)이 중요하지만 이를 충족시키는 제조설비 기술(Hard ware) 또한 중요하므로 기계설비의 사양을 검토하고 결정하기 전에 다음과 같은 몇 가지 검토방법을 설명하고자 한다.

1) 일반적 검토사항(용도, 생산능력, 안전, 위생, 기계재질 등)

(1) 설비의 용도

식품가공용 기계설비는 비 식품용의 기계설비보다는 그 구조와 메커니즘이 비교적 간단하다고 생각할 수 있으나 온도, 습도, 화학적 물성변화가 일어날 가능성이 항시 잠재되어 있으므로 균일한 품질유지를 하기에는 오히려 매우 까다로운 편이다. 그러므로 기계의 선정이나 개발시에는 많은 변수의 작용을 예견하고 또 경험하여야 하므로 단순한 검토의 선정은 곤란하다.

(2) 생산능력

각 기계는 해당공정에서의 요구되는 능력(capacity)이 있으며 이를 기계선정이나 설계에 적용할 때는 정상가동시의 능력보다 약 120%의 여유량을 생각하는 것이 좋다. 그러나 작업성 따라서 그 이상의 능력을 필요로 할 수가 있으므로 단순히 단위공정을 기준하기보다는 앞뒤의 연결설비와 균형을(Line balance) 충분히 고려하여야 한다.

(3) 기계의 재질

식품과 접하여서 불필요한 반응이 일어나거나(화학적, 전기적) 부식, 혹은 마모가 심하면 이것은 적합하지 않은 재질이다. 또한 다른 종류의 제품을 생산할 때라도 잔여성분이 남아서 맛과 향 등이 변하지 않도록 흡수성이 없어야 한다. 특히 중금속의 범주에 속하는 재질(동, 아연, 카드뮴, 안티몬, 납 등)은 피해야 한다.

(4) 안전

특수한 물성 등으로 위한 제약조건이 있거나, 위험성을 고려할 것 등을 별도로 기술하여 문제를 사전에 방지할 수 있도록 한다.

(5) 유틸리티(Utility)

공장의 설비는 기계가동을 위해 각 용도에 따라 물, 전기(동력), 증기, 연료 등을 필요로 하게 되며 이것들을 매시간 당의 단위로 소모량을 계산하여 공장 전체의 부대설비 규모를 계획하고 결정하게 된다. 또한 경제성 검토를 위한 원단위 분석 시에 필요한 사항이다.

2) 2차 가공설비

(1) 건조장치(Drying equipment)

면의 보전기간을 장기간 유지하기 위해서 가장 먼저 사용되어진 것은 바로 건조에 의한 방법이었다. 초기의 가내공업에서는 면을 직경이 작은 대나무 봉에 걸어서 평행의 각목 위에 걸치고 자연풍에 의해 건조하는 방법을 써왔다. 그 뒤 산업용으로 바뀌며 이행컨베이어에 의한 자동이송시스템과 건조실에서 강제송풍에 의한 건조방법을 사용해 왔다. 최근에는 반생면이나 증숙면의 건조장치 등도 사용되고 있다.

① 건조실 및 이행(移行)장치(Drying room & shifting equipment)

산업용 건면 제조에 가장 많이 사용되는 방법으로서, 넓은 건조실 내부에 면의 이행 컨베이어가 있어서, 아래층에서 이송되어 오는 면을 여러 번 왕복시키며 건조하게 되는데, 건조실 내부의 온도는 50℃ 이하의 저온건조를 원칙으로 하며 천정에는 프로펠러 팬이 저속으로 돌며 건조를 촉진시킨다. 품질향상을 위해서는 건조실 조건과 시간을 자동으로 조절되도록 하는 것이 좋다.

과건조 등으로 인한 파손제품이 생길 경우를 대비해서 바닥은 청결하게 유지되는 구조로 할 것과, 파손제품을 재사용 할 수 있는 분쇄 및 저장, 재공급 장치가 구비된 곳도 있다.

〈그림 6-12〉 건조실 내부 장치

② **증숙면용 건조기**(Dryer for non fried noodles)

라면이라고 일컬어지는 인스턴트면은 주로 기름에 튀긴 유탕면이 주류를 이루고 있는 실정인데, 같은 증숙이 공정을 거친 후에 유탕을 하지 않고 건조만을 시켜, 담백한 기호를 좋아하는 소비자를 위해 만들어지는 것으로서, 기계의 구조는 연속공정을 감안하여 다단 컨베이어로 구성하며, 라면을 개별적으로 넣어 이송시키는 곤돌라형이 틀에 넣어져서 이송되며, 단열이 된 챔버 내에서 건조를 시킨다. 열원은 증기를 이용한 에로핀 히터(Aerofin heater)에서 공기를 가열하고 이를 여러 대의 송풍기로서 위에서 아래의 방향으로 뜨거운 공기를 회전시킨다.

③ **반생면용 건조기**(Dryer for Half-dried noodles)

완전건조된 제품은 장기보전에서는 유리하나, 면에 수분이 많이 존재하는(30~40%) 생면 상태에서의 질감이나 풍미에는 다소 뒤질 수밖에 없으므로, 이를 적당히 절충하여 개발된 것이 반생면이다. 즉 유통기간을 약 3개월 정도까지 유지할 수 있으면서 수분도 적당히 보유하도록 하여 품질을 개선한 것이다. 설비의 구조는 상기의 2가지 방법을 접목시킨 것으로서, 이행장치는 건면건조기의 흡사하나 1

행에 3단으로 면이 걸려있으며 건조실은 건물이 아니고 단열이 된 건조챔버 내에서 행하여진다.

(2) 증숙장치(蒸熟, steamer)

여기서 증숙이라 함은 증기의 직접 접촉 열로서 식품을 익히는 것으로서 면을 증기로 익히는 것이다. 우리가 예로부터 전통식품인 떡을 시루에서 찌는 방법으로서 사용한 방법이 최적의 증숙방법이라고 전문가들은 말한다. 다만 비연속식이므로 생산성에만 뒤질 뿐이다. 산업용에서는 라면류 및 만두류를 생산하는 과정에서 사용하고 있다.

① 1단 터널식 증숙기

단열판으로 제작된 터널(Tunnel) 가운데를 와이어 메쉬 벨트(Wire mesh belt) 컨베이어가 통과하여 이동되며, 그 위에 파형기에서 나온 면이 얹혀서 이송되면서, 벨트하부에서 증기가 분사되어 면을 익혀주게 된다. 부대설비로는 증기의 압력과 질을 조절하는 증기공급장치와 전후면의 증기배출 덕트 그리고 내부에 증기분사관이 있으며 내부청소 등을 위한 상부열림장치가 있다.

② 3단 터널식 증숙기

상기의 조건과 동일한 상태에서 공장의 스페이스(Space)를 충분히 활용하기 위해 3단으로 구성하여 길이를 짧게 한 구조이다.

(3) 유탕장치(Frying equipment)

유탕이라고 하면 끓는 기름 속에 식품을 넣어 익히는 것으로서, 튀긴다고 표현한다.

면에서의 유탕은 맛도 고려를 하였겠지만 상기의 장기유통을 위한 건조의 의미가 크다고 볼 수 있으며 실제 30~40%의 수분이 3~5%로 제거된다. 가정용 튀김용기에서의 수작업에 의한 튀김은 매우 단순한 공정이지만 산업용의 연속자동화

공정에서의 적용은 생각보다 쉽지 않으며 복잡한 편이다. 물론 기계적인 면도 그렇지만 기름의 관리와 제품의 품질에 관해서는 매우 어려운 편일 것이다. 라면은 포장방법에 따라서 제품구별이 되지만 유탕공정도 구별이 된다. 즉, 사각도시락 형태의 용기면, 컵, 사발형태의 용기면, 일반사각형태의 봉지면, 둥근형태의 봉지면 등이 있어 이에 따라 설비의 구조는 서로 약간씩 다르다.

① 연속식 간접가열식 프라이어

프라이어의 주요 구조로는 우선 기름을 담고 있는 직사각형의 긴 오일 팬(Oil pan)과 면을 틀 속에 넣어 잠행시키는 납형 컨베이어가 있으며, 상부는 유리지방산 가스를 배출시키는 후드와 덕트(Hood & Duct)가 있고, 증기로 기름을 가열하는 열교환기와 증기공급장치, 그리고 기름을 순환시키는 펌프와 배관라인이 주요 구조이다. 145℃를 기준 온도로 하여 온도를 정밀하게 자동조절되고 증기공급량을 조절하여 온도를 제어한다.

면충진 납형(Retainer or Mold)의 모양에 따라 용기면, 봉지면 등이 결정되며, 제조설비의 능력에 따라서 3열, 6열, 8열, 10열 등의 납형이 사용된다.

② 연속식 직접가열식 프라이어

예전에 사용하던 구형의 모델로 일반적인 구조는 상기의 조건과 비슷하나 기름을 가열하는 장치는 직접가열식으로서, 오일 팬이 긴 편이며 재질은 스테인리스강보다는 연강을 사용한다. 열교환기 등은 없으며 배관 및 펌프도 필요치 않다. 그러나 가스 혹은 기름버너가 사용되고, 연소실이 필요하다.

(4) 열탕장치(Boiling Equipment)

면을 끓는 물에 삶는 장치를 말하며, 주로 생면을 끓여 우동 등을 제조하는 공정으로 사용한다. 흔히 고속도로 휴게소에서의 우동은 열탕에서 익힌 숙면(熟麵)으로서 유통을 위해 냉장, 냉동을 하여 저장한 후 다시 끓는 물에 데워서 공급하고 있다.

직사각형의 보일링탱크에 면 3~5kg/batch용의 버킷을 수평 다단으로 배치하여 면을 릴레이(Relay) 하며 익혀나가는 벌크식(Bulk式) 열탕장치와 단위중량(약 220 g)별로 담겨서 삶아질 수 있도록 좁고 폭이긴 버킷에 칸막이가 되어 있으므로 중량관리가 용이한 연속 컨베이어식 열탕장치가 있다.

① 벌크식 다단버킷 열탕기(Multi-bucket type boiling equipment)

주요 구조로는 2개의 스테인리스 보온탱크와 내부에 면바스켓이 있고 하부에는 가열용 스팀코일과 폭기용(면 강제순환작용) 에어노즐 파이프가 있으며, 상부에는 발생되는 수증기를 배출하기 위한 후드와 배출 팬이 있다. 스테인리스 스틸 파이프를 내부 바닥에 배열하여 스팀과 물이 열 교환하여 물을 끓이는 역할을 한다.

온도의 조절은 자율식 온도조절밸브나 비례제어식 모터컨트롤 밸브를 사용하고 있으며, 면의 교반을 위해서는 스테인리스 스틸 파이프에 상부 1열의 작은 구멍(Nozzle)이 있어 압축공기를 공급하면 분사되는 힘으로 물과 면을 위로 밀어올리는 작용을 한다. 물의 공급은 수동밸브를 개폐함으로써 행해지며, 별도의 레벨자동조절장치도 가능하다. 물의 배출은 거품과 함께 상부로 넘치거나, 제품이 함유하고 나가므로 특별히 연속적으로 요구되는 것이 아니나, 탱크 내의 오염정도에 따라서 수 차례 하부로 배수시켜 주어야 한다.

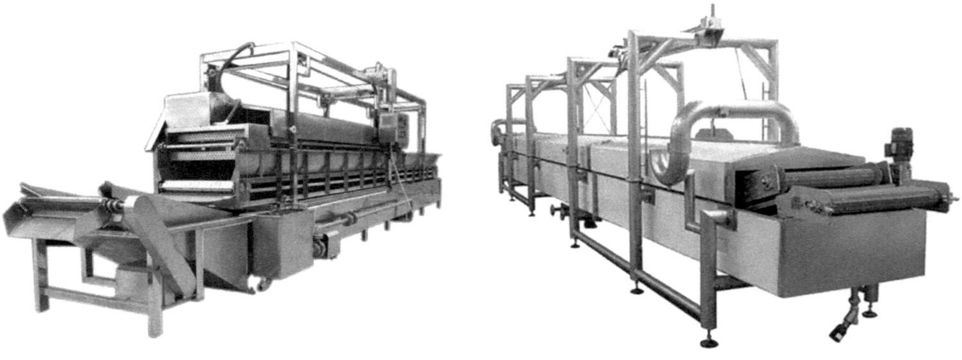

〈그림 6-13〉 연속식 바스켓 열탕기와 연속 컨베이어식 열탕기

열탕조 상부에서 발생되는 수증기를 실내에 환경을 오염시키지 않도록 실외로 배출시키기 위해서 스테인리스 스틸판으로 제작되어 있는 사각형의 후드와 배기 팬으로 구성되며 말단부에는 축류 팬(Axial fan)이 설치되어 강제로 흡입, 배출시킨다.

② 연속 컨베이어식 열탕기(Continuous boiling equipment)

4열, 6열, 8열 등의 단위 중량별의 납형이 체인망에 매달려서 이동되면서 끓는 물속으로 잠수하여 면이 익혀지고, 익혀진 면은 다시 냉각 컨베이어로 인계하도록 되어 있다.

(5) 수세, 냉각, 냉동장치(Washing, cooling, refrigeration system)

① 수세(水洗)

부유물질, 전분거품 등을 씻어내기 위해 삶아진 면을 상온의 물로 수세시키는 장치로서 수세탱크와 바스켓, 에어실린더, 그리고 에어 블러스팅 파이프로 구성되어 있다. 바스켓 덤프유닛 등 형식은 열탕조와 같은 구조로 되어 있다.

② 냉각(冷却)

면이 불지 않도록 수세된 면을 2~5℃의 냉각수로 급속히 냉각시키는 공정으로서 앞의 수세조와 구조는 동일하나, 별도의 냉각수 공급라인이 연결되어 있다.

③ 냉동(冷凍)

장기 보존을 위해서 면을 급속 해동시키는 것으로서 1단 터널식과 다단 스파이럴식이 있다.

〈그림 6-14〉 급속 동결 라인(터널식과 스파이럴식)

참고문헌 및 자료

1. 小田聞多, 新めんの 本, 食品産業新聞社, 1980, 日本.
2. 新島 繁, 柔田 茂久, 麵類百科事典, 食品出版社, 1987, 日本.
3. 長井 恒, うどんの 技術, 食品出版社, 1989, 日本.
4. 사단법인 한국제분공업협회, 제분공업 통계연람, 도서출판 한통, 1996, 서울.
5. 통계청, 광공업 통계조사 보고서, 1995.
6. 한국면류제품연구회, 한국 면류 제품의 기본 정의, 1995.
7. 한국 식품 공업 협회, 식품 공전, 서울, 1997.
8. 畑中 和憲, 食品の微生物 管理と 保存性 向上 技術, 日本食品工業誌, 30(5), 1985.
9. 白石 埈訓, pH 調整劑に よる 食品の 保存性 向上, 食品と 科學 5, 1995.
10. 鈴木 勝義, めんの老化 現象に ついて、食品と科學, 3, 1995.
11. Chuck Williams, Pasta, Time Life, 1992.
12. 邦須奎介, 健康食そば, 社團法人 農山漁村文化協會, 1995, 日本.
13. 社團法人 日本セルフサービス協會 발간, 卽席めん入門, 1984, 日本.
14. 美國小麥協會, 밀가루의 품질과 이용, 1997.
15. 日清製粉 柱式會社, 小麥粉 その 他の 穀粉, 1997.
16. 芝崎 勳, 笹島 正秋, 天然物に よる食品の 保藏 技術, 有限會社 お茶水企劃, 1985.
17. 八森 豊, これからの 麵を 考える、食品と科學, 7, 1984.
18. 日本冷凍食品協會 監修, 最近冷凍食品事典, (株)朝書店倉, 1987.
19. 太田靜行, 鄭 大聲 外 2人, つゆ 類 その化學と 製造, 光珠, 1992.
20. 한국 제과 고등 기술학교, 제면기술 1, 1997.
21. 卽席めん入門, (社)日本卽席食品工業 協會 監修, 日本食糧新聞社, 1981.
22. 이성우, 동아시아 속의 한국면류사고, (J. East Asian of Dietary Life), 2(2), p.181-200, 1992.
23. 石毛直道, 윤서석 외 8명 역자, 문화면류학의 첫걸음, 신광출판사, 2000.
24. 장지현, 한국전래 면류음식사 연구, 수학사, p.374-414, 1994.
25. Bin Xiao Fu, “Asian noodles : History, classification, raw materials, and processing”, Food Research International, 41, pp.888-902, 2008.
26. 서명수, 산시, 석탄국수, 나남, 2014.
27. KBS 누들로드 제작팀 이욱정, 누들로드, 예담, 2009.
28. 齊民要術, 9권, 餠法, 第 82條.
29. 王 薌編著 飮食天地出版社 出版 1984년 7월 출간.

30. 조선말큰사전(hangeul.or.kr), 1957.10.19 한글학회, 을유문화사, p.423
31. w.foodsafetykorea.go.kr/foodcode/식품의약품안전처 홈페이지/식품 및 식품첨가물 공전
32. 식품의약품안전처, 2016년 식품 및 식품첨가물생산 실적, 식품의약품안전처, (정책-식품-2016), 24.
33. 한국제분공업협회, 한국제분공업 현황, 2005.
34. 한국농수산식품유통공사 홈페이지, 2021.
35. 농림부, 식품산업종합 통계, 한국농촌경제연구원, 2005.
36. 수입밀과 국내산밀의 품질과 가공특성 비교, 최재필, 충남대 석사논문, 2019.
37. 사단법인 한국제분공업협회, 밀과 밀가루, 1997.
38. 김성곤, 경질과 연질 밀가루의 이화학적 성질연구, 식품과학회지, vol.11, no.1, 1979.
39. 고병경, 한국산 소맥과 수입 소맥의 단백질 특성 비교, 한국 식품과학지, vol.31, no.3, 586-592, 1999.
40. http://www.woorimil.or.kr/bbs/우리밀살리기 운동분부홈페이지
41. Hinton, J. J. C. The distribution of ash in the wheat kernel, Cereal Chem, 36 : 19-31, 1959.
42. 윤연희, 김성곤, 호주산제면용밀가루 리올로지 성질과 입도분포, 한국농화학회지, 41권 5호, p367-371, 1998.
43. 주옥수, 정용면, 소맥분제분시 발생하는 손상전분이 제빵적성에 미치는 영향, 농산물저장유통학회지, 8권 4호, 2001.
44. 면류백과사전, (주)식품출판사, p.456, 일본, 1985.
45. 밀 품종 혼파와 밀가루 혼합에 따른 품질 및 가공적성 분석, Korean J. Crop Sci., 64(3) : 225-233 (2019), DOI : https://doi.org/10.7740/kjcs.2019.64.3.225
46. 秋田県総合食品研究所報告 秋田県総合食品研究所報告 第5.
47. Toyokawa H, Rubenthaler G, Powers J & Schanus E. Japanese noodle qualities. II. Starch components. Cereal Chemistry, 66(5), 387-391, 1989.
48. Oda, M, Yasuda, Y, Okazaki, S. : A method of flour quality assessment for japanease noodle, Cereal Chem. 57 : 253(1980)
49. 改訂 4版 乾めん入門, 安藤剛久, 日本食糧新聞社, P.64, 2011, 日本.
50. 신숭녕·김성곤, 우리나라 생면용 밀가루의 성질, 한국식품과학회지, 37권 3호, p.418-424, 2005.
51. 李再貴, 劉洛寧, 張秀金, 石谷孝佑, 中國における雜穀の生産 · 加工と總合利用, 「食品工業(日本)」, 50(22), pp.64-70, 2007.
52, 메밀, 농업기술길잡이, 농촌진흥청, 국립식량과학원, 2018.12.28. 초판 1쇄 발행.
53. 강원대, 농업신소재로서의 약용메밀 신품종 육성 및 재배 이용기술개발, 농림부연구보고서, 2006.
54. 심태흠 외, 한국산 메밀의 성분, 식품과학회지, 30(6), p.259-266, 1998.
55. 김수정 외, 쓴메밀종자의 추출방법에 따른 루틴 및 퀘세틴 함량 비교, 한국식품과학회, 49 : 258-264.
56. 윤병성, 이건순, 박철호, 건강별미 메밀이야기(역서), 일본면류업체 연합, 광문각, 2003.
57. 농촌 진흥청 영양 개선연구원 분석, 1992.
58. 池田 清和, 池田 小夜子, 蕎麥硏究の 最近の 動向, 「New Food Industry(日本)」, 52(3), pp.32-36, 2010.
59. 한경오피니언, 초격차 평양냉면을 만들어 보자[문정훈의 푸드로드], 2021.10.20 지면 A33.
60. 이상영 외, 메밀의 영양성분과 냉동건조막국수의 이화학적 성질, 한국영양학회지, 20(4), 1991.
61. 김용순, 김현수, 메밀가루와 밀가루 복합분의 건면 제조실험, 한국영양학회지, 16(3), 1983.
62. 김진성 외 3인, 생면품질에 미치는 각종 인산염의 효과, 한국식품조리학회학술대회, p24, 2003
63. 조영화 외, 아밀로펙틴 함량 변화와 하이드로콜로이드 첨가에 의한 밀가루 반죽 및 국수의 특성, 한국 식품과학회

지, Vol.39, No.2, pp.138-145, 2007.
64. 조희정 외, 천연고분자 첨가에 의한 쌀국수 제면성 연구, 경북대농학지, 29(2011.12), 55-62.
65. 한민식, 전분 첨가에 따른 생면의 품질특성에 관한 연구, 석사논문, 서울과학기술대학교, 2018.
66, 麪類百科事典, 株式會社食品出版社, 日本, 1987.
67. www.yamatomfg.com. yamato 면 homepage, 2004.
68. http://www.yamatomfg.com/newsite, 熟成なんの意味, 2002.
69. 平山一政, 면류의 열가공 증자면, 일본 식품공업, 11, 1995.
70. 河合隆範,めんののびとその對策, 食品と科學 8, p.67-75,1994
71. 윤병인, 증숙열탕 공정이 숙면의 품질 특성에 미치는 영향, 서울과학기술대학교 석사논문, 2018.
72. (사)일본면류업 단체연합회, そば, うどん百味百題, p.186, 1991.
73. 內田晴彦, 생, 증자면류의 근황과 기술적 과제, 일본식품과학, p.6, 1996.
74. 문유진, 국산밀의 건면 제조특성과 건조조전 및 효소처리에 따른 품질 개선, 부산대학교 식품영양학과, 2019.
75. 井川房欣, 「有機酸による 食品の 保藏」, 天然物による 食品の 保藏, お茶水企劃, p.134-181, 1985.
76. 白石俊訓, 「果實酸の 機能性について」, 香料, 157(9), p.91-112, 1992.
77. 차욱진, 「유기산이 숙면의 저장성 및 물성에 미치는 영향」, 한국 농화학지, 41(2), p.166-174, 1998.
78. https://www.ncs.go.kr/NCS 국가 직무 능력 표준화/식품 가공분야/건국수류제조.가공학습모듈
79. 장학길, 이영택, 「식품가공학」, 신광출판사, p.56, 2004.
80. https://www.ncs.go.kr/NCS 국가 직무 능력 표준화/식품 가공분야/면류가공학습모듈
81. http://www.alic.go.jp/即席めんとでん粉, 般社団法人日本即席食品認定協会 理事長 任田耕一
82, http://www.geocities.jp/mentukuri/tyuuka/index.htm : 中華めん(らーめん)
83. 李永玉, 佐竹隆顯, 國産米粉活用事例 - ライスヌードルの開發, 「New Food Industry」(日本), 52(1), pp.47-54 2010.
84. 한국공개특허, 20-044-1547, 제면기, 2008.
85. 한국공개특허, 10-2014-0115048, 밤국수제조방법, 2013.
86. 한국식품 Extrusion 연구회, Extrusion 기술 2, 서울 : 유림문화사, 1988.
87. 류기형·이철호, 원료 곡분의 성성과 압출 조건이 extruder 내부 온도 분포에 미치는 영향, 한국식품 과학회지, vol.20, no3. pp.303-309, 1981.
88. 과학원고전연구실, 『역주동국세시기』, 서울 : 한국문화사, pp.10-15, 1999.
89. https://namu.wiki/w/당면
90. 대한민국특허국, 공개특허번호 10-1998-0057249, 당면제조 방법, 공개일자, 1998.
91. https://myfoodbook.com.au/파스타
92. Essential Pasta cookbook, THUNDER Bay press, san diago, USA, 2000.
93. 마크베트리, 데이비스요하임, 마스터링 파스타, 한스미디어(주), 2018.
94. Simple Pasta step by step, Thunder Bey Press, Sandiego, USA.
95. 白石道春, 冷凍めんのすべて, 食品産業 新聞社, 1990, 日本.
96. 日本冷凍食品協會, 最新冷凍食品事典, 朝倉書店, 1987, 日本.
97. 畑中 和憲, “食品の微生物 管理と 保存性 向上 技術”, 日本食品工業誌, 30(5), 1985.
98. http://www.maruzen-kitchen.co.jp/냉동면해동기/전기 냉동면 솥
99. ひろせぁきお, 冷凍めんの製造·流通における品質管理上のポイント, Japan Food Science, 7, p.33-37, 1987.

100. 김성수, 건면, 숙면 및 냉동면 제조기술, 식품기술 9권 1호, p.77-89, 1996.

101. 食品化學新聞社, 冷凍食品, フードゲミカル, p.101-108, 2-1986, 日本.

102. https://www.ncs.go.kr/국가직무능력 표준홈페이지/식품가공/면류식품가공/면류위생관리

103. 식품의약품안전처, 「식품위해요소중점관리기준」, 2014-21호.

104. 김지혜, 제면회사의 HACCP도입을 위한 미생물위해평가, 경상대학교 석사논문, 2008.

105. 식품의약품안전처 고시 제2015-97호(2015.12.22, 제정), 식품 및 축산물 안전관리인증기준.

106. 이정훈·차욱진 외, 「식품위생학」, 백산출판사, 2013.

107. 식품의약품안전처, 한국식품 안전 관리인증원 「알기쉬운 HACCP 관리」, 개정판, 2015.

108. 박현정, 유인실, 김성곤, 이영수, 김영배, 「세균수에 의한 국수 저장성 예측」, 한국식품과학회지, 20(5), p.557-560, 1994

109. 김성수, "건면, 숙면, 생면 및 냉동면 제조기술", 농산물이용연구부, p.80, 1996.

110. Jeong. W.H (2004), "Physical properties of noodle made by vaccum mixingmethod", Department of Food Science & Technology, Graduate School, Dongguk University, Seoul, Korea, p.3.

저자약력

차 욱 진

1953년 서울 출생
건국대학교 공과대학 발효공학과 졸업
아주대학교 공과대학원 생물공학과 공학 석사
건국대학교 대학원 농화학과 이학박사
1976년 주식회사 SPC 삼립 입사
2000년 혜전대, 신안산대, 선문대, 경북대, 건국대 강사
2004년 KISTI 한국과학기술정보연구원 전문위원
2018년 연성대학교 정년퇴직

현재 식품기술사, ISO 22000 국제인증 심사원
대한민국 산업 현장 교수
심천 식품기술 컨설팅 대표

저서 식품 위생학, 제과제빵 실기, 제과제빵 재료학, 제빵 기능사, 유산균 발효(Sour Dough)빵의 기술 동향,
면류식품가공(NCS), 식품가공 R&D(NCS), 곡류·서류·견과류 가공(NCS) 등

박사논문 *Lactobacillus acidophilus*를 이용한 밀가루 발효물의 특성과 이를 이용한 면의 품질 특성에 관한 연구